細菌
我們的生命共同體

BUND FÜRS LEBEN

WARUM BAKTERIEN UNSERE FREUNDE SIND

HANNO CHARISIUS
哈諾・夏里休斯

RICHARD FRIEBE
里夏爾德・費里柏

合著

許嫚紅——譯

Veronique Ansorge——繪圖

【推薦序】

培育個體內的微生物生態系統花園

王永樑

這是一本介紹細菌的科普書籍，也是我讀過將細菌微生物的歷史、最新知識與觀念寫得最鉅細靡遺的科普書！

我的細菌，就是你的細菌

只要談到細菌，大部分的人都是負面的想法，多半是避之惟恐不及。打從幼兒園的教育開始——「勤洗手，避免細菌、病毒感染」養成的良好習慣，加上臺灣歷經一次SARS病毒感染的死亡威脅，以及幾年前H1N1流行性感冒的爆發，大家已經習慣性地把細菌及病毒當成我們的敵人，是所有疾病的始作俑者。尤其臺灣人總是喜歡將一件事情簡單化——細菌等於「不乾淨」，不乾淨等於「會生病」，這種簡單的思維深深地灌輸在每個人腦海中。舉凡生活周遭事物，從公車的座位把手、捷運站的手扶電梯，到百貨公司美食街的座椅，到處都可以看到「已經消毒殺菌，請安心使用」的字眼，讓民眾更加深信「細菌就是造成疾病的問題之首」！所以全體動員，拼命清潔消毒，消滅所有的細菌！

我在大學是教授微生物學的，首先把病毒與細菌分開來：病毒的確是造成幾個重要感染性疾病的根源；細菌則不然，細菌充滿了整個地球環境，細菌是有細胞的個體（病毒是絕對寄生的微生物），細菌的種類是多樣性的，最重要的是——有好菌與壞菌。由此可知，我們不能一味地將所有的細菌都消滅掉，至於說，一般大家很少知道的，身體內到底有哪些好菌，或者是我們所接觸到的細菌到底哪些是好的，哪些是不好的？這本書都有很詳盡的說明。

吃糞便變健康

怎會有這種事？自從二〇一二年美國〈臨床胃腸病學期刊〉首次發表這種醫學治療方法；雖然大部分的醫師還是拒絕使用這種令人作嘔的治療方法，但是這幾年來，腸道中益菌的用途及好處開始受到民眾的重視，大家紛紛開始重視有益的細菌。益生菌不只是大家所知道的酵母菌或者發酵的細菌而已。上述提到的吃糞便來治療某些腸道發炎疾病，其實正式的名稱為「糞便細菌移植術」，就是把捐贈者的糞便稀釋後注入患者體內。這麼做的主要目的就是把益菌群落植入缺乏健康腸道菌的患者體內。很多動物其實都會食用自己的糞便，最熟知的例子就是兔子：兔子這種類型的動物就是因為牠們的胃中的細菌數目有限，所以要想辦法回收糞便中隨著食物一起被排出的細菌，因此兔子這類的動物都會食用自己的糞便。當然，還有其他小動物（爬蟲類等）也都會吃自己的糞便，來增加吸收食物中的維他命，所以說，人類也應該要認清並且重視存在腸道內的十幾億隻細菌。本書針對這部分有詳細並且非常生活化的說明。絕對值得讀者仔細研讀，並且分享給身旁的親朋好友。

益生菌、益菌生

本書作者一開始以生活趣事的方式帶領讀者認知，細菌對於人體的影響並不輸於我們日常生活中攝取的飲食，利用這些例子告訴讀者，留下好的細菌，勢必對人體的健康會有更多的幫助。等讀者開始有了這個觀念，作者再開始引用很多科學文章的論點，深入淺出地介紹人類微生物群系計畫，闡明全面性瞭解微生物的重要性，這本書也利用演化的觀點，來介紹腸道細菌——一般大眾最重視的細菌群落。接下來才提到我們大量使用抗生素來消滅細菌，會帶來危害人體健康什麼樣的危機。當然，從糞便療法的介紹中，作者同時也提到了細胞療法、微生物療法、豌豆食療法、寄生蟲療法，甚至於醫學界未來想要發展的「微生物生態系療法」，在本書中都有詳細的介紹。最後，本書也提到兩個易混淆的名詞：「益生菌」及「益菌生」，前者是體內有益腸道的活菌，後者則是可以刺激腸道內好菌生長的「食物」。此外，本書也特別提到了，人類吃了有益的細菌，可以減輕精神疾病，改善關節疼痛，可以延年益壽等相當顛覆傳統觀念的知識，這些論點都是俱有科學的根據。相信只要讀完這本書，對於細菌的生態與人類健康相互合作的關係，將會有新的認知與觀念。

我想，「細菌：我們的生命共同體」這個書名取得真好，無非是希望改變過去我們一直將細菌視為敵人的觀念；以及無論好菌或壞菌，一律將它們趕盡殺絕的做法。試著接受細菌就是我們人體的一部分，也就是書中提到的——我們每個人都有個「細菌我」的存在，正視細菌對於人體健康的付出與貢獻。也許不久的將來，我們真的會把自己體內的微生物生態系統當作一座花園培育，細心地調整養分，好好地善待體內的益菌，相信它們也會產生更多的魔力，來回饋主人的健康。

本文作者為長庚大學生物醫學系副教授

【推薦序】

一起來認識你的原核成分

陳俊堯

如果我是在二十年前講書裡的這些內容，一定有人會覺得我瘋了。因為以當時微生物學的知識來判斷，這些事是不可能會發生的，就像沒電話就不能跟國外的人講到話一樣。

在過去的那個世界裡，人和細菌是對立的，大部分人類認識的細菌都是危險而不懷好意的。而今天我們到底多知道了些什麼呢？腸道裡的細菌能影響健康，不意外。但是細菌居然可以影響肥胖？神經內分泌系統也都會受細菌影響？影響情緒？連社會行為都要受到細菌左右？自閉症也可能是細菌造成的？原來腸子裡不起眼的細菌們竟然在某種程度上掌控了我們的生活！

跟腸道細菌相關的研究及知識正以驚人的速度累積。在今天，談人體或動植物的共生微生物已經成為最熱門的話題，因為細菌似乎能以各種你想不到的方式影響你的生活。談人體微生物的科普書一本接一本問世，但還是填不滿人們對這些微形室友的好奇心。這群最貼近我們，但事實上我們卻對它們全然陌生的盟友們，到底會怎麼影響到我們的日常生活呢？這本書正好是本好玩而又有點深度的入門書。

每個細胞裡都有一隻共生細菌

細菌跟很多生物都有著密切的共生關係。這現象其實也該是理所當然的，因為細菌比動物、植物都還早來到這個星球上，而且早了上億年。直到現在，我們身體的每一個細胞裡都還住著一隻改頭換面的細菌。在古早古早以前一隻細菌被招募進入另一隻古菌的細胞裡共生，組成了第一個真核細胞，而當年那隻細菌變成細胞裡的胞器粒線體。真核細胞有了粒線體的能量支持而變大，從單細胞變成多細胞的生物，體型逐漸巨大化。而它的那些在外闖蕩的野生同伴們，有些轉而進入這個巨大生物體裡，選擇共生或是成為敵人。其實想想這如果把主角換成人，這故事就會變成一群兒時玩伴在動盪的時代裡討生活，有的人在命運捉弄下成了拔刀相向的仇敵，有的人還默默在一旁守護著你，即使你根本沒注意到它的存在。

細菌的世界裡才沒有人類這些無聊又複雜的情感糾葛。但是它們唯利是圖，只要有利，總是會有細菌去嘗試然後用那種方式來生活。細菌發現共生對它們有利，就會有細菌去和動植物共生。最近十年來成堆的研究明確指出，不管你是動物還是植物，統統擺脫不了和細菌共生的命運。有些細菌住在植物的組織裡面，製造植物荷爾蒙來影響植物的生長。昆蟲體內也有細菌，可以決定這隻蟲兒能不能成功養育出下一代。身為動物的我們，腸子裡也住著以各種方式影響我們健康的細菌。而且就像書裡說的，我們還是從媽媽那裡「繼承」了這些細菌。植物會把共生菌放進種子裡，昆蟲會把共生菌放在蟲卵邊，就是要讓自已的下一代一出生就沾上細菌，和它們建立合作關係。原來細菌也是種傳家寶呢。最近的研究結果還懷疑細菌可以從外面控制那隻困在我們細胞裡的同伴，來增進自已的利益。如果把這些細菌故事收一收來編劇本，我想可以再拍一部電影續集了吧。

為什麼該讀這本書

這本書是本值得推薦的入門書。書裡收集了這些年來引領腸道微生物研究的重要人物和研究，讓他們一個一個在書裡現身。作者巧妙地串起這些原本該是艱深的研究成果，將它們變成俏皮的故事，讓你輕鬆吸收進入這個領域所需要的知識與概念。這本書裡提到很多你不知道的真相，原來細菌是我們在這個世界的第一個朋友，原來我們自以為能主宰意志，卻沒意識到細菌悄悄在影響我們的情緒及判斷。連你轟轟烈烈的愛情故事，可能也有細菌干政的痕跡呢。你還是你自以為的那個萬物之靈嗎？科學家逐漸接受生物體應該是這隻生物和附生微生物加起來的集合，這些微生物應該被視為一個器官那樣地參與這個生物的生活。所以你身上的細菌們該算是你的一部分，而你應該要一起來認識自已的原核成分。

本文作者為慈濟大學生命科學系助理教授

【推薦序】

恍如星夜

黃生

「每個人都是一顆星球，提供了微生物不計其數、豐富多樣的生存環境！」這本書從宏觀角度看微生物群系，再進而微觀人類的生態系統：「這個生態系裡有乾燥荒漠，偶有洪水來犯，跟我們的指甲很是相像；水氣豐沛的雨林則近似陰道或肛門，潤澤的大草原形同腋窩，而水晶般透澈的湖泊彷彿人類雙眸，種類繁多的綠洲像是肚臍，山林如髮梢，而暗黑洞穴就是耳朵、鼻子和喉嚨。」同時提醒我們某個生態區位的生物多樣性組成和功能：「直腸可說是地球上最適合微生物生存的空間，大量豐富的微生物就在胎兒出生、母體擠壓下腹部的過程中，黏上了新生命，和新生兒結下了生死之交。」

細菌的多樣性動輒千種，也難怪需要藉著像「肚臍多樣性計畫」這樣的怪專題來探索；其實，「皮膚生態學家除了肚臍還能研究什麼領域呢？」這是何等有趣的問題呀？這本書裡有趣的問題還真不少，舉幾個例：

其一、為什麼有些人特別容易招引蚊子，而有些人卻連蚊子都避之唯恐不及？為什麼陰道微生物群落的多樣性程度是人體全身上下最低的？

其二、如何藉由改變全球牛隻的腸道細菌，讓牠們不再排放出甲烷這類比二氧化碳破壞力更強的溫室氣體？

其三、穆利斯在八〇年代發明了聚合酶連鎖反應，因而獲得諾貝爾獎，卻被認為是科學史上的一大諷刺，這有什麼不對嗎？

其四、二十世紀中期開始，抗生素加劇了人類和微生物之間的緊繃關係，迫使細菌終究棄人類遠去：細菌已經和我們共存了這麼長一段時間了，如果牠們消失，我們會發生什麼變化呢？

其五、農人為了讓豬隻肥美而給予牲畜生長促進劑，那麼換作把這些添加劑餵養給孩子時，又會有什麼樣的結果呢？全球有十分之一的人口過重，過胖與使用抗生素有關係嗎？肥胖、纖瘦會傳染嗎？

其六、「一肚子學問」這句話，說的其實是「腸腦軸線假說」，腦袋與肚子間的作用機制和細菌又有甚麼關係？

我特別喜歡這本書的理由很多，我個人學的是生態演化，這本書一開始就抓住了我；我是個老腦筋，但還不至於使用「糞便懸浮物口服處方」或吃點「童便」以獲得兩歧桿菌，解決我的拉肚子問題。我還喜歡書裡像是「發酵、發酵、發財讓人呵呵笑」等等的大小標題，邊看就忍不住吃了一口原味優格。此外，本書的旁徵博引也真是引人入勝，第八章裡「親吻無法獨力完成」那段文字簡直美極了：「拿破崙在他遠征埃及的途中可能曾在給約瑟芬的信裡提到『別再沐浴，我旋即歸來』。」這該是和「微生物匹配」有關，真是天曉得！可是也就是這樣平易近人的妙語散在書中各處，讓我在讀這本書時恍如在欣賞梵谷的〈星夜〉（Starry Night over the Rhone）。

這是一本很好的科普讀物，內容豐富，許嫚紅譯得又好，特別推薦給愛看書的朋友們。

本文作者為國立臺灣師範大學生命科學系名譽教授

中文版序

在每年諾貝爾獎宣布前夕，媒體對於誰會得獎、獲獎人的專業領域為何，總是有諸多的揣測。這幾年間，「微生物」、「腸道細菌」或「益生菌」等名詞從未跳出討論的範疇。其中最無庸置疑的，是這個領域中的頂尖科學家——聖路易斯華盛頓大學的傑佛瑞．高登（Jeffrey Gordon）遲早會接到來自斯德哥爾摩的電話。

近年來，興起對於人類與體內外微生物共生的探索，部分生物學和醫學的支流也隨之快速發展。然而這不是因為人們突然明白，微生物對人類健康的意義有多重要，也不是因為希望能提供給醫生和一般民眾預防和治療諸多疾病的方法，而是因為細菌——和其他微生物，是健康生活的必需品。

我們的《細菌：我們的生命共同體》在歐洲獲得多個科普類書籍獎項提名，書中描述了那總是令人驚嘆的發現：人類和所有其他的高等生物，都與無數有益的微小生物結成生命共同體、超級生物體，以及協調一致的共生關係。這些微小生物不僅幫助我們消化，還保護我們不受它們的表兄弟——也就是那些致病微生物——的侵襲；它們不僅是不可或缺的伴侶，更近乎全方面地影響我們的健康。它們和其所生產的物質能防止蛀牙、過敏和癌症，也極有可能影響心臟疾病的消長，甚至能決定我們快樂或沮喪。它們是如此地舉足輕重，因而成為生物技術和醫療保健行業中主要成長的領域之一。

哈諾．夏里休斯和我都非常高興這本書將在臺灣以中文出版，對我來說意義尤其特殊。我經常待在臺灣，我的妻子是臺灣人，我們的兒子至少有一半臺灣血統。從基隆一直到臺北、宜蘭、花蓮、臺中、臺南、高雄和墾丁，我結識了這塊土地和其上極其友善和有耐心的人民。我期待著有一天，收到讀者在某家書店和我們的書自拍的照片。

基於自己在臺灣的經驗，我深信本書提到的許多事例，臺灣讀者和西方人一樣，不會太過吃驚。因為我對臺灣的認識除了城市和鄉村、寺廟和國家公園、山峰和海灘以外，當然還有臺灣美食。當中的許多元素，例如大量的新鮮蔬菜，和臭豆腐等各類發酵食品，現在都廣泛地被建議用來維持腸道菌群的平衡，使人們擁有更健康的腸道，這讓享受臺灣美食變得更加順理成章。而我們天天在家裡吃的新鮮優格，更是我親愛的岳母從臺灣替我們購買了器具及新鮮益生菌來製作而成的。

在臺灣，對於人類和細菌健康共生這個領域，也不乏專家學者的深入研究。臺灣大學的潘子明教授及陽明大學的蔡英傑教授都是知名的細菌、益生菌研究員。臺大生物多樣性研究中心也從資料中發現，嬰兒之所以能夠從哺乳中獲益，是由於母乳的成分讓嬰兒的腸道細菌組成特別穩定且有效率，讓病菌無機可趁。此外，對植物微生物進行的研究，對農業發展來說意義重大，其中的佼佼者如臺大的林乃君副教授。也有臺灣學者在世界級的研究機構中工作，像是哈佛牙醫學院聯盟的麻省劍橋市福塞斯研究所（Forsyth Institute）的Tsute（George）Chen。以及許許多多叫得出名字的學者在這個領域努力耕耘。

近幾年來，世界各地包括臺灣的微生物學研究者和相關的研究項目，皆翻倍地成長，民眾對微生物的興趣也急速上升。幾年之前，這個領域根本還沒有人能問鼎諾貝爾獎，如今卻在大學、研究機構、生物科技企業、科學出版品、醫療院所、科普文章、電視節目中隨處可見。如同你們現在手中的這一本書。

哈諾·夏里休斯和我都期望你們能從這本書中獲得啟發。

里夏爾德·費里柏

二〇一六年一月於柏林

目錄

第二部・自我對抗的人類

第三部・消毒的疾病

第四部・微生物療法

第五部・向錢進

[引言]

「腸道微生物對食物的依賴，使得人體得以調整體內的菌叢：促進有益微生物增生，取代有害微生物。」

——埃黎耶·梅契尼可夫，一九〇八

細菌是我們的敵人，是疾病的始作俑者，也是腐臭氣味的源頭。凡細菌所及之處，就是不乾淨的，而不乾淨就是不好的。「抗菌」（Antibackteriell）是少數幾個以「Anti」為字首、聽來卻帶有正面意涵的單詞。長久以來，人們利用抗菌物質或抗生素抑制細菌，並獲得了前所未有的成效。抗生素在二戰期間首度被用來治療急性感染的患者，拯救了無數人的性命，因而成為今日最常見的處方藥。我們拼命清潔消毒，只為了徹底消滅所有細菌。

即便如此，比起過往只靠清水和肥皂維持衛生的年代，現在的人們卻絲毫沒有比較健康。隨著我們向細菌全面宣戰，層出不窮的疾病和健康問題也陸續湧現，像是糖尿病、病態性肥胖、過敏、自體免疫性疾病……等病症不約而同蔓延開來，難道這些現象只是偶然？或者是人類成功戰勝細菌必須一併承擔的風險與副作用？我們和那些存在於我們身上及體內，或是瀰漫在生活周遭的微生物已經和平共處長達數千、甚至好幾百萬年了，這種長期以來平穩的共生狀態為何會突然成為一種困擾？我們因此生病了嗎？在大部分的時候，與其說細菌是我們的敵人，不如說它更像是我們的朋友，難道不是嗎？

在這本書裡，我們試圖為這個問題找出答案。

不用動刀的移植手術

對現在的病患來說，在網際網路上搜尋來的知識幾乎與家庭醫生的說法同樣重要。二〇一二和二〇一三的兩年間，患有慢性腸炎的人們接二連三地造訪了格拉本斯特音樂協會的所屬網頁。為了籌措建造排演廳的資金，基姆湖當地積極的音樂家們發起「捐助演奏用椅」的活動，只要民眾捐出五十歐元，便可為排演廳添購一張椅子供協會使用。

然而，對長期受慢性腸炎折磨的患者來說，這項活動毫無誘人之處。

一般來說，會透過網路搜尋「糞便捐贈」[1]相關訊息的人通常是有腸胃不適、腹瀉，或是發燒以及食物過敏等困擾，不過有時也會有遭受其他病痛糾纏的患者，像是免疫力不足，甚至是心臟病患者，關注這項活動的進展與動態。所謂糞便捐贈就是藉由他人腸內健康的菌群來減緩腸疾患者的病情，甚至使之完全康復，醫學上將這種從腸道到腸道的轉移稱為「糞便細菌移植術」。這項治療方式所仰賴的基本原理是：跟患有腸道疾病的患者相較起來，健康的人所排出的糞便或排泄物裡，通常住著較健康的菌群，如果能將健康的菌群成功移植並讓其存活在生病的腸道裡，那麼理論上生病的腸道應該能重新恢復健康。

這種作法就好比把整支足球隊的球員全部汰換掉。以二〇一三年上半賽季的漢堡隊為例，我們可以從多特蒙德或拜仁慕尼黑足球俱樂部中，精選出十一位體能狀態良好、與隊友合作無間，而且能完美執行教練戰術的球員，讓他們取代漢堡隊裡面那些體力不濟、不具團隊精神且不聽從教練指示的傢伙上場比賽。[2]

直到數年前，醫學界裡幾乎還找不到能接受糞便捐贈和糞便細菌移植術這項新式療法的醫生，不過到了現在，大概就只剩下各大藥廠還堅決抵抗，畢竟這些天然產品對藥品的銷售業績帶來了莫大衝擊。此外，在各種科學或醫學雜誌中，我們也愈來愈常見到關於這種新式療法的研究報告或文章。

1 譯注：德文 Stuhlspenden 這個字同時有「糞便捐贈」和「捐贈椅子」兩種意思，作者在這裡利用雙關語來帶出後續內容。

2 譯注：拜仁慕尼黑（Bayern München）與多特蒙德（Borussia Dortmund）足球俱樂部為德國足壇的傳統強隊，漢堡隊近年來則較為萎靡不振；二〇一三年賽季中，拜仁慕尼黑和多特蒙德分居德甲聯賽的冠、亞軍，漢堡則徘徊降級邊緣，故作者用其來比喻好菌和壞菌。

短短數年間的轉變

久負盛名的《德國醫師雜誌》（*Ärzteblattes*）在二〇一三年二月十五日出版的刊號中有這麼一篇報導：一群烏爾姆的內科醫師首度在德國境內的專業出版刊物中敘述了一則「以糞便移植治療由困難梭狀桿菌（*Clostridium difficile*）引起的難治性結腸炎」的案例。[3]結腸炎即是大腸炎，難治性則是指大腸發炎的現象在接受治療後仍舊一再重演，而其中**困難梭狀桿菌**正是讓這種慢性疾病變得棘手的主要禍首，糞便移植我們先前已經有略為提過了。

即使身為醫學門外漢，我們也能輕易從這八頁充斥著專業術語與口吻的報告裡，嗅出案例中七十三歲高齡的女性患者在歷經無數次投以各種新型抗生素的療程後，對這項前所未有治療方式始終抱持著懷疑的態度。通常這名患者從腹痛一路到腹瀉的症狀只能獲得短時間的減緩，用不了多久，同樣的噩夢又會再度上演，而且還每況愈下。我們不難想像醫生是多麼地束手無策：在給予最好的醫療照護並投以新型藥物後，患者病況獲得改善，而檢驗報告也證實**梭菌屬**（*Clostridium*）已被全數殲滅。然而數週後，病原體又重振旗鼓、捲土重來，聲勢甚至更勝以往；想當然爾，這位女性患者就得再次重返醫院接受治療。

「這類患者通常疑慮甚多，這不但嚴重影響到他們日常生活的品質，精神上也承受了極大壓力。好比說，每當接受一份邀約後，他們總擔心在出席場合上是否會吃進不該吃的食物。」全程參與上述案例的烏爾姆大學附設醫院內科主任索伊弗萊（Thomas Seufferlein）指出。

讓我們長話短說。那位七十三歲的患者在接受新式治療法後就恢復了健康，根據她自己的說法則是：彷彿獲得重生。就某種程度來說，事實的確如此，因為她腸道裡的微生物全是新的。通常這些成千上萬的菌群會跟著食物被我們一起吞進肚裡，並且提供身體所需的養分，不過除非經由偶然間排出體外的氣體，一般人無法察覺自己到底攝取了哪些養分。完成腸道清潔後，這位女士再次服用了抗生素，緊接著醫生透過結腸鏡將她十五歲姪女所提供的排泄物植入她的腸道裡。她很快便恢復了健康。索伊弗萊指出，根據基因分析的結果，她體內現存的細菌組合的確和糞便捐贈者的一致，而那些舊有的壞菌組合再也沒有重返。這與過往的治療結果非常不同，就連**困難梭狀桿菌**也徹底銷聲匿跡。

後來索伊弗萊和我們分享，直到二〇一三年十一月為止，他和同事又陸續以新式療法治療了八位病患，其中有七位在首次接受治療就選擇了糞便細菌移植術，而第八位則是在第二次療程才嘗試了新療法。「所有人的復原狀況都相當良好，」這位教授這麼告訴我們。據索伊弗萊所知，在德國大約有二十個由內科醫生所組成的團隊採取類似的方式治療這類腸道炎，首次嘗試便獲得成功的比例約達九成左右。那篇《德國醫師雜誌》的報導在醫學界引發不少正面迴響，甚至連患

---

[3] Kleger et al.: Stuhltransplantation bei therapierefraktärer Clostridium-difficile-assoziierter Kolitis. Deutsches Ärzteblatt, Bd. 110, S. 108, 2013

者的「接受度都出乎意料地高。」

換作是數年前，醫學界和患者肯定不會是這種反應，那時的專業期刊根本不可能刊出糞便捐贈和糞便細菌移植的文章。但是情勢在短時間內發生了逆轉，有些醫生也開始嘗試用糞便細菌移植術治療其他病症，像是第二型糖尿病和代謝症候群[4]，同樣大大改善了這些病症的生理學數值。[5]

上述諸多案例再再指出了一個致命性的盲點：長期以來，我們之所以輕忽身體裡某個掌控我們健康、決定我們是否遭受疾病侵擾的部分，不單是因為這個部分總製造出令人不悅的氣味，更是由於我們對此一無所知。

未知的國度

最後一個尚未被全面透析的研究對象。不計其數的稀有生物終其一生「活在」那片不見天日的黑暗中，仰賴為數不多的食物維生。這裡有無數值得我們進一步探究的奧祕，或許不單出於純粹的好奇，更有可能因為它就值得我們這麼做。

過去幾年裡，我們經常可以從報章雜誌讀到以上述字句作為開頭的報導，這裡指的當然是被許多人視為「最後一塊處女地」的深沉海底，也是地球上最後一個未經探索的事物，最後一塊未知的國度。在這個年代裡，無論從火地群島一路到紐芬蘭島，或是從比熱戈斯群島到加拉巴哥群島，沒有 Google 地球和旅遊套裝行程到不了的地方，相形之下，這塊隱匿的瑰寶之地成為探索靈魂所剩無幾的活躍之境。事實上，這段開頭也能套用到研究另一個區塊的文章或書籍裡，這個區塊同樣藏身在肉眼不可見的深處，全境亦是伸手不見五指。不過這地方並非遙不可及，每個人體內其實都存在這麼一塊無人知曉、全然未經探索的處女地，裡頭住著難以計數的生物。直到不久前，才終於有位科學家有幸瞥見了它們之中微乎其微的一小撮，一般人就更不用說了，而這地方就是人稱「腸道」的祕境。

這個地方充滿各種活躍的生命，對承載著它們的人體來說至關重要，它們手握人類的生殺大權，更是決定病痛的關鍵因素。

微生物可說是我們的第二基因體。

4 醫學上所稱的代謝症候群（Metabolischem Syndrom）係指同時有大量腹部脂肪、高血壓、脂肪代謝不良和糖尿病前期症狀等問題出現，這類症候群會增加梗塞形成的機率，中風和心臟衰竭的風險也會隨之升高，嚴重者甚至必須面臨癌症或失智症的威脅。不過代謝症候群是否應該被視為一種疾病向來是個備受爭議的問題，批評者們指出這是醫療院所基於商業考量所創造出來的一種疾病。

5 Vrieze et al.: Transfer of intestinal microbiota from lean donors increases insulin sensitivity in individuals with metabolic syndrome. Gastroenterology 2012;143:913 – 16 e7

人類體內的塞倫加蒂不該喪命

微生物是維繫生命不可或缺的關鍵要素，長久以來我們對微生物的認知卻錯得離譜。只因為數以千計的好菌中潛伏了少數病原菌，我們就利用滅菌劑和抗生素大舉撲殺。愈來愈多的醫師和科學家都認為這簡直是瘋狂的行為，寇特（Roberto Kolter）也是其中一員，這名哈佛大學教授對微生物界的貢獻就好比研究行為科學的葛資梅克[6]之於塞倫加蒂的大型動物群。

葛資梅克這位傳奇動物攝影師說話時總帶著簡潔有力的鼻音，寇特的英文則會伴著親切的瓜地馬拉口音。不過，如同葛資梅克投身為非洲野生動物捍衛生存空間，寇特也竭盡全力為微生物發聲。「在過去一個世紀裡，人們無憑無據地將細菌和危險畫上等號，我想告訴世人事實並非如此，細菌對我們是有益處的。」他認為人體與寄居其中或表面的共生菌是一個維持著微妙平衡的生態系統，這個系統會說話、奔跑和進食，也懂得愛與閱讀；當這個系統的平衡受到侵擾，我們就會生病。抗生素這類殺菌藥物之所以被視為「生態災難」，主要是因為它們在消滅病原體的同時，也一併摧毀了其他的益菌，這麼一來，我們的某個部分也會跟著死去。

科學家習慣將不屬於病原體的細菌稱作「共生菌」，若不考慮皮膚病學的觀點，這些共生菌就像是寄居的共食者，與我們同桌用餐，卻又不會真正打擾我們，不過也不會提供任何反饋。然而，有一點是明確的：出現在腸道的大量細菌幾乎不可能完全無害或者無益，勢必或多或少會對人體造成影響。細菌會在代謝過程中分解養分，從中製造出其他物質供給其他細菌利用，或是以各種可能的方式發揮效用，這些物質也可能影響腸道細胞或穿過腸壁進入血液，遍及身體的各個角落，進到肺部接受重組，如此這般不停運轉。

一千億個工作伙伴

保守估計，寄居在人體內的生物體約有一千億個，大多集中在消化道，這個數量幾乎是人體細胞的十倍，甚至還要更多。科學家分析了全球不同人種的腸道菌，截至目前為止，他們發現其中約有三百三十萬種基因會對人體產生影響，相較之下，人類的遺傳基因總共也才不過兩萬個。沒有人知道每個人身上到底帶有多少種微生物和其變異株，可能有上百種，也可能高達數千種，一般推估的數值約在一〇〇〇到一四〇〇之間，不過實際數量可能更可觀也說不定。它們彼此互動的模式就和任何一個生態區位（Biotop）裡的生物一樣，為了爭奪空間和糧食相互競爭，或為了獲取食物而共同合作。此外，它們同樣會受到所處環境條件的限制，當原有的生態平衡受到干

6 譯注：葛資梅克（Bernhard Grzimek, 1909-1987），德國知名動物學家，曾拍攝《塞倫加蒂不該喪命》（Serengeti darf nicht sterben）一片，紀錄東非坦尚尼亞塞倫加蒂國家公園一帶每年著名的動物大遷徙，該片於一九五九年獲得奧斯卡最佳紀錄長片獎。

擾，它們會感受到壓力，並且找回原有的平衡（如果做不到，就會有新的平衡出現）；當然，它們也得抵抗毒物，好在自然災害中存活下來。

正當雨林和果園遭受嚴重破壞，老虎和蘭花也逐漸絕跡之際，身為人類的我們似乎還是一貫地聳聳肩輕鬆以對，反正超級市場的貨架上還是擺滿了琳瑯滿目的商品，事實上，生態浩劫已經在我們體內橫行肆虐，生物種類也急遽減少，我們是否能察覺到這項危機就是另一個問題了。

那些因為感染**困難梭狀桿菌**而引起腸道發炎的患者想必一定能夠感受到其中的迫切性。他們疼痛不已、腹瀉不止，全身上下都不對勁。他們的腸道失去了原有的秩序，細菌多樣性也低於正常值，甚至少了很多健康腸道應該具備的典型菌種。

不過，有些時候就算腸道的運作有些不對勁，甚至是完全失控，人們也不見得能察覺異狀。「錯誤的」腸道菌可能在我們渾然不覺的情況下釀成大禍，比方說，腸道菌可能一聲不響地引起發炎或是影響荷爾蒙系統和代謝作用的運作，而且不僅止於腸道，身體的各個角落也都是它們的攻擊範圍，連帶引起腫瘤、心臟病，甚至是憂鬱症發作。這些全是錯誤的、不好的細菌。

微生物的力量：從腸道到心理，再到腫瘤

那麼好的細菌呢？好的細菌協助人類突破重重關卡，對人體的健康來說，擁有好菌就跟維持

正確的飲食習慣和規律運動同等重要。

細菌細胞和其基因對人類的生活、健康，以及人體細胞與基因同樣是不可或缺的重要角色，此外，益菌對人體的影響也不輸那些我們吃進肚裡、同時餵養細菌的養分。因此，無論是針對癌症、心臟病、腸道炎、心理疾病或是任何健康問題：如果我們想知道吃進不同食物會分別帶來什麼後果，唯一可行但其實成效有限的辦法就是將食物磨成粉狀，然後送進化學實驗室裡加以分析；如果我們想知道食物的作用，那麼就得將在腸內的共食者一併納入考量；如果我們想了解某種疾病以及它的運作機制，那麼就不能將患者體內及身上的細菌排除在外。假使有人對上述建議一概置之不理，那麼他很快就會再次走進死胡同；就像那些耗費數十年醫治胃潰瘍卻徒勞無功的醫生，直到最後才發現一切都是細菌惹的禍，或是像那些眼睜睜看著結腸炎患者一再受到困難腸梭菌折磨卻束手無策的內科醫生們，直到他們終於嘗試全面撤換腸菌組合。

要是我們能區分好的和壞的微生物，同時在不造成傷害的前提下將壞的剔除，只留下好的讓它們續存，勢必對人體健康會有更多一點的助益。直至目前為止，我們已能區分出其中一些，相信在不久的未來我們將掌握更多，本書會詳細介紹這些進展。

而糞便細菌移植術僅是諸多選項當中的一種。

[第一部]

微觀人類

第一章

人類超級生物體

每個生命的誕生都代表著一個人類和十億細菌共生的開始，這是由雙方共同組成的生命聯盟。

一道拉得長長的淒厲尖叫。這道尖銳喊叫的本質，可能就連大文豪海明威或聖修伯里都無法以筆墨形容，換作村上春樹應該也拿它莫可奈何。我們所知道的大概就是：這聲尖叫幾乎從腦門一路貫穿到了腳底，一波又一波的超高音頻不斷襲來，首當其衝的那名男子看來有些倉皇失措。他一手抓著白得發亮的棉花輕拭女友的額頭，另一隻手則緊握著她的手，試著要對上她的目光，然後他轉頭困惑地望著助產人員。他的女友則瞪大了雙眼凝視著遠方，目光約莫落在產房裡白色牆壁和奶油色天花板的交界處。

才剛喘了口氣，下一波陣痛又隨即襲來，又是一道撼天動地、如玻璃般清亮卻令人毛骨悚然的淒厲喊叫。子宮頸張得很開，已經可以見到小小的頭顱了。助產人員不斷催促著女人繼續用力、用力、再用力。沒錯！沒錯！就是這樣……接下來的一切就發生在轉瞬間：小小的頭顱滑過了子宮頸，助產人員以熟練的口吻和手法從旁協助女子，持續鼓舞著她。胎兒小巧的身軀就這麼從女子的體內被帶了出來，呱呱墜地那一刻，胎兒便成了嬰兒。切斷臍帶、擦乾身體後，看來沒什麼大礙的寶寶就可以送回媽媽身邊了。周遭頓時靜了下來，剛當上爸爸的男子默默流下了眼淚，嬰兒母親的視線則落在小小的頭顱上，眼裡閃爍著耀眼光芒。恭喜他們！

像這樣平凡但順利的生產過程，只要親眼見過一次，就絕對忘不了，對醫院的實習生來說便是如此，本書作者之一就屬其中的一員。親自迎接新生兒到來的父母親當然更不可能忘記，儘管許多人聲稱自己在那個當下情緒過度緊繃、激動不已，以至於後來只留下了模糊的印象。

產房裡一陣熱鬧喧騰，護理人員們則細心地清理善後。一個全新的生命正式向世界報到。與此同時，一旁也有了其他動靜，靜悄悄地、一點也不衛生，而且非常不正式，但同樣生氣蓬勃。

曾經參與過生產過程的人，一定都會對下列的場景留下了深刻印象：產房裡一塵不染，醫護人員用的是潔白無瑕的棉花，全室更是瀰漫著一股與其他科別截然不同的氛圍。胎兒必須自己想辦法通過母親的陰道，眾所皆知，女性的陰道有各式各樣的微生物活躍其中，絕大多數是乳酸菌。母體擠壓下腹部的過程中，通常腸內也會有東西跟著從肛門排出，落在胎兒必須通過的地方；直腸可說是地球上最適合微生物生存的空間，裡頭住著大量豐富的微生物，胎兒不但被這些微生物包覆著，也會把微生物吃下肚，然後在股溝的地方轉入小直腸，另外，小巧的指甲下方也藏了東西跟著一起移動。隨著胎兒的出生，種類繁多且不計其數的微生物也有了新的宿主，儘管清洗或擦拭新生兒會除去一些微生物，但是用不了多久，微生物的數量便會翻倍成長。母親將新生兒抱在懷裡時，皮膚上的細菌會轉移到嬰兒身上；當她哺乳時，會有更多的細菌經由乳頭進入嬰兒嘴裡。如果有人覺得這真是噁心，不但不衛生，還可能危害新生兒，甚至因此大病一場的話，那麼可就錯得離譜了。

細菌們，生日快樂！

人們總希望新生命能健康快樂、長久地活在世界上，然而出生當天——也就是每個人的第一個或是第零個生日，視個人的算法而定——卻不單單只是一段生命的起點，這天同時也是我們生命共同體的生日，一段結盟的開端，直到死亡那天才會瓦解分離。一切是如此理所當然，安靜低調又不引人注意。初始時，這段關係波動不已且變化多端，慢慢地才逐漸平穩下來。進入穩定期後，人類和微生物彼此磨合、互利共生。在漫長的一生中，隨著個人成長狀況、生活環境或是飲食習慣的改變，作為宿主的人體或多或少會發生變化，但絕大多數的盟友仍會與我們攜手共進，直到生命的終點。

為了生存，微生物群系（Mikrobiom），也就是寄生在人類體內和身體表層所有微生物的統稱，和它們的宿主自始至終都保持著理想的友好關係。

一般認為，「微生物群系」一詞是由獲頒諾貝爾獎的知名細菌學研究者，同時也是分子生物學家的萊德柏格[1]在西元二〇〇〇年左右所創造的，至少當代微生物學權威高登[2]在其專論中是這麼認為的。[3]「第二基因體」一詞的出現則和人類首次完成基因體解碼差不多同時，是由數百萬個尚待進一步研究的微生物基因所組成。實際上，像這樣的基因體不只一個，我們通常將一整群細菌的集合稱作微生物相（Mikrobiota），也有人使用腸內菌叢這個聽來頗富詩意但稍嫌過時的叫法，儘管腸子裡頭並沒有長出任何植物。

過去幾個世紀以來，人們慢慢意識到細菌，包含許多真菌、甚或是病毒並非只是一群在生命旅途中搭了我們便車的傢伙，或是賴在三十七度人體內取暖的寄生食客。事實上，它們在許多意想不到的地方幫了我們不少大忙。直到最近幾年，我們才發現這些寄生者不僅是益我良多的好伙伴，一個人的生、老、病、死，是否健康無礙，或是病痛纏身，也都與它們息息相關。

打從生命的一開始，我們就和超過一千種以上、總數約數百兆個微生物共同生活在一起。

如同生活中許多尋常的小事，除非我們察覺到不對勁或懷疑少了些什麼，才會意識到那些平日被視為理所當然的小細節竟是如此重要。要是少了這些共生的伙伴，我們的麻煩可就大了。首先，我們就再也無法好好消化平日豐富多樣的飲食，我們的皮膚也可能不再具有保護的作用，更糟的是，這麼一來，我們幾乎等於對所有微生物門戶大開，其中當然也包含了讓人生病的危險病毒。

舉例來說，想要避免有害的**鏈球菌**（*Streptokokken*）攻擊，最好的辦法就是擁有好的鏈球菌，因為好的鏈球菌能快速有效地阻擋同屬的致病菌種。這就像是一套運作健全的生態系統：當某個生態區位已被既有物種盤據，對於任何想要入侵的新物種來說都是一件相當不容易的事，除非新物種所挾帶的強大優勢足以壓制早已站穩地盤的競爭對手。

由生物性的「我們」作主

我們對自己身而為人的認知大多建立在個體性的基礎上，每個人都是獨特且與眾不同的。無論男女，人人都有他或她專屬的特質，像是性格、天賦、能力、無可取代的眼神、聲調和基因。不過這並不表示每個個體都只有自己孤零零一個人，即便是紐芬蘭島上離群索居、性情乖僻的隱

1 譯注：萊德柏格（Joshua Lederberg, 1925-2008），美國分子生物學家，因發現細菌遺傳物質及基因重組現象而獲得一九五八年諾貝爾醫學獎。

2 譯注：高登（Jeffrey Gordon, 1947-），美國微生物學家，是人類寄生微生物，尤其是腸道寄生物跨學科研究的先驅。

3 Hooper und Gordon: Commensal host-bacterial relationships in the gut. Science, Bd. 292, S. 1115, 2001

士也絕非是全然孤獨的，因為在他體內、生活周遭，以至於皮膚上都覆蓋著滿滿的微生物。

還不只這樣，我們和這些微生物的連結極為緊密，若以知名的心理社會人類學判準來界定，雙方往來的融洽程度可說是不分你我。附著在皮膚上的細菌就和皮膚細胞一樣，具有保護皮膚的作用；另外，跟腸道裡分泌的酶比起來，腸內菌有時更能有效分解食物，而分佈在女性陰道的細菌或許不像精子和卵細胞能生生不息、繁衍後代，但這些細菌亦有所貢獻，更不用說它們是讓女性倖免於尿道感染的守護者。

從社會學的角度來看，每個人基本上都是一個「超級生物體」，也就是一個由眾多單一生物體所構築起來的群體。這些單一生物體各自有其個體性，也各有所好與所求，但也同時與其他生物體持續進行交換、溝通或相互箝制，進而成就一個看似完整且多數時候維持穩定運作的大整體。這個大整體可以是喜劇角色馬爾參的辛蒂[4]，也可以是來自克爾彭的舒馬克[5]或是來自波鴻的流行歌手赫伯特[6]。就目前所知，單是人類這個範疇裡就有整整七十億個這樣的超級生物體，這還不包括其他各形各色的動物，因為牠們也跟人類一樣，並非純然無菌，而是有大量微生物寄居其中、附著其上。當然植物也不例外，它們從葉片、根部、樹皮和果實全都被這些不但無害，反而益處多多的微生物層層包覆，甚至連影響葡萄酒風味的風土人文條件也要歸功於葡萄串上的微生物。[7]

生物學家更發現有些生物實際上是一個由多種生物密切合作、互利共生的社群整體，珊瑚便是一例，他們為這種生物創造了「共生功能體」的概念。套用瑞士文學家弗里施的話來說，人類也是以共生功能體的形態出現。[8]

如果換作社會民主黨的黨員，那麼他們會說：由「我們」作主。[9]

這種共生功能體或超級生物體的存在形式並不代表平準化或是去個體化；相反地，每個「我們」都是獨一無二的。

每個微生物群系都是獨一無二的

每個人都有專屬自己的指紋、獨特的口音或腔調、他人無法複製的生命歷練和舉世無雙的基因組合（即便是同卵雙胞胎也會有些許差異），同樣道理，微生物指紋也是因人而異的。

---

4 譯注：馬爾參的辛蒂（Cindy aus Marzahn），德國相當受歡迎的獨角喜劇角色，由女演員依卡貝莘（Ilka Bessin, 1971-）扮演詮釋，自二〇〇〇年開始活躍於舞臺表演及電視節目。

5 譯注：即廣為人知的車神舒馬克（Michael Schumacher, 1969-）。

6 譯注：赫伯特．格林邁爾（Herbert Grönemeyer, 1956-），德國當代首屈一指的暢銷流行歌手。

7 Bokulich et al.: Microbial biogeography of wine grapes is conditioned by cultivar, vintage, and climate. PNAS 2013 doi: 10.1073/pnas.1317377110

8 譯注：弗里施（Max Frisch, 1911-1991）在一九七九年出版了《人類出現於全新世》（*Der Mensch erscheint im Holozän*）一書，此處原文「Auch der Mensch erscheint inzwischen als Holobiont」即是套用了弗里施書名的格式。

9 譯注：由「我們」作主（Das Wir entscheidet.）為社會民主黨（SPD）於二〇一三年德國總理大選所採用的競選口號。

我們找不到如出一轍的兩個人，寄生在人體身上的微生物群聚也不可能完全一致。就我們目前所知，這種寄居關係不但穩定且具有抵抗外侵的能力，也是我們出版本書的原因之一。不過，這些關係同時也是變動的，比起讓單一基因或「基因們」發生變異，我們倒是能輕易改變微生物的寄居模式。比方說，一名來自都會區的五歲孩童到鄉村度假三個星期後，身上的微生物指紋必然會發生明顯變化；又或者受到細菌感染的患者服用大量抗生素消滅病原體，體內的菌叢也會徹底改頭換面，而這樣的結果或許是患者所期望的，至少這麼做趕走了壞菌。

當然，抗生素同時也會消滅部分益菌，值得慶幸的是，通常這些盟友還會再度重返（見第九章）。對我們有幫助的正是這種微生物群聚的回復能力，否則抗生素或居家使用的清潔劑將造成更多難以修補的傷害；然而，也正是同一種能力使得我們利用微生物進行治療時面臨重重困境。要用對健康有益的好菌取代既有的壞菌並非易事，這就跟把足球名將巴拉克[10]從德國國家隊淘汰掉同樣吃力，也因此，本世紀的醫學研究無不迫切尋求有效方法，希望一方面增強健康微生物群系的抵抗能力，以便針對不同的醫療需求提供更多益菌，另一方面則能消滅誤入歧途、受邪惡力量控制的微生物群系。

你的微生物地址是……？

我們該從何得知一個人是否居住在某個特定的城市裡呢？看他的證件？調閱他的戶籍資料？或者注意他用什麼字眼指稱自己（例如：馬爾參的辛蒂），又怎麼標示一塊黑膠唱片（4360 波鴻）[11]？對那些稱不上惡劣、但在國稅局官員眼裡看來擺明就不懷好意的傢伙來說，無從驗證的居住事實成為他們最佳的擋箭牌，因為他們大可把戶籍登錄在避稅港，卻在萊門、喀爾本或波鴻等地方快活度日。就算透過基因檢測，我們仍舊無法得知那些名人是否盡了居住在戶籍地的義務，不過細菌基因卻會洩漏他們的行蹤。

凡是我們曾經停留的地方都會在微生物群系裡留下紀錄，海德堡歐洲分子生物實驗室的勃爾克是率先開始研究這項主題的學者之一，根據他的說法，只要分析腸道菌的基因便能準確得知一個人是否長期在海德堡生活。一名前往海德堡採訪勃爾克實驗室的記者才在當地停留短短數日，他的細菌基因分析結果就顯示了這個內喀爾河岸小鎮的印記。

---

10 譯注：巴拉克（Michael Ballack, 1976-）原為德國足球國家隊隊長，二〇一〇年南非世界盃前夕因傷無法參賽，改由他人暫代隊長，之後逐漸遠離球隊核心，並與球隊有所齟齬，二〇一一年卸任隊長職務，並退出國家隊。

11 譯注：德國流行歌手格林邁爾於一九八四年所發行的專輯「4360 Bochum」直接以其成長的都市「波鴻」為名，4360 為當地的郵遞區號。

人類的微生物群系雖然穩定，卻是持續變動的。它們身上刻畫著各種印記，有些會跟著它們一輩子（先天既有的種類），有些則只會停留幾個星期（居住在海德堡），還有一些經過數日就會銷聲匿跡（到海德堡旅行）。

人類微生物群系是一個獨立的個體，同時也涵蓋許多大小不一的群體，像是「從海德堡來的人」或是「養狗當寵物的人」，當然也可能有人「住在法國」。勃爾克和他的同事試圖將這些群體按照國家分類，而他們所仰賴的判準便是讓細菌得以抵抗抗生素的基因。每個國家似乎都有一套典型的抵抗力基因模組。

那麼細菌是從哪裡來的呢？從飲食中、我們接觸到的每個表層、每一雙握過的手、每一片親吻過的唇，或者，就這樣飄散在空氣裡。聽來似乎不怎麼誘人，不過——先說在前頭——它們並不會傷害我們，遺憾的是：這個星球原本就覆蓋著一層薄薄的排泄物，凡是居住在柏林腓特烈斯海因的人一定都懂，說得明白點，那裡有太多狗了。在希臘，只要繞行某個小島一圈，濃郁的山羊糞便味就會糾纏好幾個禮拜揮散不去。要是有人認為那些撒在農田裡的糞肥或許有些氣味，但也不至餘臭氣沖天，那可就大錯特錯了。細菌和它們的孢子會瀰漫在我們呼吸的空氣中，之中有不少會選擇降落在超級生物體人類身上，可能只是短暫停留，或是永久定居。

來自母親的第一份生日禮物

我們似乎把前面提到的那位產婦和她的新生兒擱在一旁太久了，讓我們將目光轉回本章一開頭迎來新生兒的小家庭。剛當上父親的男子將坐在輪椅上的妻兒推回了恢復室，喝過奶的嬰兒被送回了母親懷裡。她的乳頭分泌了少許汁液，不過看起來不怎麼像是乳汁，這些最先流出來的清澈液體所挾帶的物質似乎讓新生兒在生產過程中獲得的細菌更容易在消化道找到藏身處。緊接在後的才是所謂的初乳，也是增強嬰兒防禦系統的主要功臣。

一直要到第二或第三天，產婦才會分泌出真正的母乳供給嬰兒必須的熱量和水分。此外，我們在陰道裡發現的大量乳酸菌並非偶然，事實上，直到新生兒接受哺乳之前，它們掌控了主要的局勢。隨著人類開始餵食，乳酸菌的數量才會逐漸減少，不過它們會持續協助其他益菌在人體存活，而新生兒體內的第一批益生菌，也就是腸道益菌，就是從母親身上獲得的。

之後，新生兒就得靠自己了——在接下來的幾個月裡，他將用嘴巴探索這個世界。幼兒的身體甚至可能削弱自己的免疫系統來支持細菌生長，至少在老鼠身上我們發現了這樣的現象，[12]這麼一來，微生物可以輕易地在新宿主身上定居下來。頻繁的細菌感染也會隨之而來，不過這本來

12 Elahi et al.: Immunosuppressive CD71+ erythroid cells compromise neonatal host defence against infection. Nature, 2013 doi:10.1038/nature12675

就是讓微生物大舉進駐得要付出的代價。

出生第二天左右，新生兒的腸內便會出現一堆雜亂的混合微生物，這些微生物跟他剛出生時體內所攜帶的菌種明顯不同，不過和那些可能緊緊依附同一個宿主長達八十二年之久的微生物比起來，兩者間差異就沒那麼大了。

其他像是皮膚表層、耳道和口腔內部等地方也會陸續湧入各式各樣的新訪客。

人非孤島，英格蘭詩人鄧恩[13]如此寫道，但每個人還都是一顆包羅萬象的星球，從頭（胳肢窩）到腳（指甲）廣納萬千生態系統。因此，我們將派遣一支探索隊前往下個章節。

13 譯注：鄧恩（John Donne, 1572-1631），英格蘭詩人，〈人非孤島〉（No Man is an Island）為其名作。

第二章

「我們」國度大探索

每個人都是一顆星球，提供了微生物不計其數、豐富多樣的生存環境：雙眼猶如兩潭湖泊，指甲彷彿沙漠，肚臍則成了綠洲，還有大草原和濕地。無論哪一區，微生物都很喜歡！

本書作者之一在住家牆上掛了一幅洪堡德[1]年輕時的畫像，這張老舊的印刷品是他在柏林花了五歐元向一名在卡爾・馬克思大道[2]流連的傢伙買來的。畫像上頭有些刮痕，時間留下的痕跡顯而易見。除了這張畫像，房子裡擺的全是家庭照片。不過為什麼獨鍾洪堡德呢？對一名寫作題材涵蓋各種不同科學領域的作家來說，洪堡德有著與眾不同的意義。尚在求學期間的洪堡德就已經接受了完整的科學及人文教育，之後他不但成為一名多產的研究學者，更有著與生俱來的演講天賦。對他而言，談論科學必須一併將文化、社會發展和政治情勢納入考量，同時，他也積極為社會弱勢發聲，更挺身反對奴隸制度。他是率先針對全球化現象進行研究分析的學者之一，也是第一個提出精良可靠的科學必須經過一而再、再而三準確的測量和比對才有可能實現，而他自己也徹底遵守了這項原則。

不過，關於寄生在人類腸道、皮膚上和口腔裡的細菌，洪堡德可就一無所知了。既然如此，為什麼要在這裡提到他？就某種程度來說，他為人體和人類體內的生態系統研究奠定了重要的基礎，因為作為第一個研究地球生態系統的學者，洪堡德曾觀察了植被在不同氣候區、高度和緯度的差異，並且將其中的規律性記錄下來。

現今的科學家也做了類似的研究，只不過跟洪堡德不一樣的是，他們並沒有投入南非「生物相」[3]的研究，而是關注人類的「微生物相」。這個生態系裡有乾燥荒漠，偶有洪水來犯，跟我們的指甲很是相像；水氣豐沛的雨林則近似陰道或肛門，潤澤的大草原形同腋窩，而水晶般透澈的湖泊彷彿人類雙眸，種類繁多的綠洲像是肚臍，山林如髮梢，而暗黑洞穴就是耳朵、鼻子和喉嚨。此外，還有一片不見天日、空氣稀薄的深沉海底，僅有珍貴稀有的生物藏身其中，就和我們的腸道沒兩樣。

洪堡德曾形容自己會「鍥而不捨地緊咬同一個研究對象不放……，直到通盤了解為止」。若以此為標準，那麼我們目前對人體微生物的生物地理學認知就還處於摸索階段，不過洪堡德在親訪南美洲雨林和眾多高山側翼前，也曾就觀察得來的非科學證據做出缺乏系統的描述。跟當時他所處的境況一樣，人體生態系統中也有些地區已有較深入的探索，有些則乏人問津，其中有個地區的物種和變異株（以及基因）豐富多樣，加上數量驚人的生物，幾乎跟亞馬遜河沒兩樣，讓研究人員快喘不過氣來。相對來說，其他地方的生態多樣性和個體數量顯然就單調稀疏許多，不過或許我們應該觀察得更仔細一些。

指甲測試

為了證實彩繪過的短指甲是最不利微生物生存的地方，世界知名的研究機構耶魯大學進行了一項實驗。[4]不過卡茨（David Katz）在實驗室得到的結果並未帶來太大的驚喜，因為指甲這個環境幾乎和歐倍德賣場[5]的水泥地停車場沒兩樣，也許有幾塊隨便種的草皮散落四處。指甲油的成分全是有毒物質，主要是甲醛和鄰苯二甲酸酯，不但有礙人體健康，也不利微生物生存。若要作為微生物的生存環境，經過修剪和磨亮的指甲前端當然比塗了指甲油來得好，但還是比不上長長

1 譯注：洪堡德（Alexander von Humboldt, 1769-1859），著名普魯士科學家，研究跨越多種領域，享有「哥倫布第二」、「科學王子」和「新亞里士多德」等美譽，著名小說、電影《丈量世界》（*Die Vermessung der Welt*）即以洪堡德為主角。

2 卡爾．馬克思大道（Karl-Marx Allee），貫穿德國柏林市中心的大道，東德政府在一九五〇年代將之視為戰後重建的社會主義樣板大道建造，故以馬克思為名，具有一定的歷史意義。

3 生物相（Biota）係指一個生態系裡所有生物的總和，同理，微生物相便是一個生態系裡所有微生物的總和。換言之，人類的微生物相就是人體裡裡外外所有微生物的總和，腸內有腸道微生物相，在皮膚上的就叫皮膚微生物相，以此類推。

4 更多關於耶魯大學所進行的手指甲實驗：http://health.ninemsn.com.au/whatsgoodforyou/theshow/694617/what-really-lives- under-the-nails-we-chew

5 譯注：歐倍德公司（OBI），德國跨國大型連鎖建材裝飾零售賣場，類似特力屋（B&Q）。

的指甲，因為裡頭不但潮濕，還藏了不少汙垢，是細菌和黴菌最佳的食物來源。

沒有塗上指甲油的角蛋白層是光滑、乾燥的，能隔離水和細屑，通常在表層也能發現一些微生物，不過躲在指甲底下的數量會多上好幾倍。對皮膚來說，這裡是典型的酸性環境，至於微生物是如何在這樣的條件下維持一定平衡，同時不受傷害地安然生存，這點我們至今仍舊無法得知。人們之所以察覺它們的存在是因為雙手感染了麴菌屬（*Aspergillus*）、孢菌屬（*Acremonium*）等黴菌或是念珠菌屬（*Candida*）這類的酵母菌。指甲黴菌感染的範圍相當廣泛，受到感染的指甲表面會失去光澤、變得粗糙，甲床也容易發炎，還可能引發其他疾病。大多數的黴菌其實很正常，並不具破壞力，甚至可能對人體有益。美國國家衛生研究院的芬莉（Keisha Findley）和同事找來了一批健康且沒有明顯病徵的受試者，在未給予任何刺激的情況下，研究人員在每個受試者的腳趾甲上發現了各式各樣的黴菌。他們在後來的研究報告指出：「生理屬性和地形……透過不同方式影響這些……微生物群落。」簡單來說，意思大概是：不管你的指甲是薄是厚，穿著純棉或是合成纖維布料的襪子，一天洗兩次腳或是偶爾想到才洗，這些無害的微生物都還是過著快活的日子，而且不管哪一種都一樣。[6]

寄生在指甲的細菌主要附著在表層和底層，其中較為人所知的有假單胞菌屬（*Pseudomonas*）和葡萄球菌屬（*Staphylococcus*），另外還有從未聽聞的不動桿菌屬（*Acinetobacter*）。這些細菌以菌膜（Biofilm）聯盟的形式相互合作，因而得以在某種程度上抵禦殺菌劑或抗生素的攻擊。作為細菌的藏身處之一，指甲除了能隔離肥皂和殺菌劑，最重要的功能或許就在於：無論好菌壞菌，直到它們轉往下個去處或移居到另一個宿主身上之前，指甲都是絕佳的中繼站。

人工指甲可說是超大型的細菌彈射器，不過直至目前為止，這項人工產品似乎還沒有任何值得一提的正面效益。一開始人們還期待它能帶來比指甲油更好的抗菌效果，然而，最後證實人工指甲也不過就是從指甲油衍生而出的新型產品。這只塑膠貼片的抗菌效果顯然不比表層的塗料，與人體貼合的黏接處更形成了大量全新、狹小且遮蔽性佳的生物棲地。護士配戴的人工指甲已被證實是致命性細菌轉移到孩童身上的最佳跳板。[7]因此，下次將新生的小姪子交到阿姨手上之前，記得先好好檢查一下她的手指頭。

蚊子磁鐵

只要輕輕一躍，微生物就能從指甲跳到皮膚上。附著於皮膚表層的微生物種類有一部分跟指

6 Findley et al.: Topographic diversity of fungal and bacterial communities in human skin. Nature, Bd. 498, S. 367, 2013

7 Moolenaar et al.: A prolonged outbreak of Pseudomonas aeruginosa in a neonatal intensive care unit: did staff fingernails play a role in disease transmission? Infection Control and Hospital Epidemiology, Bd. 21, S. 80, 2000

甲上的一模一樣，這些各異其趣的種類從個體、生活方式、年齡到所謂的「地形學」都不一樣。每個人的皮膚上各有專屬於他的菌叢，就和我們的指紋一樣，只不過這種微生物印記可能發生改變，在不同的身體部位也會呈現出不同的樣貌。住在手肘上的菌群跟那些待在鼻尖上或是腳底板下的並不相同，手肘跟腳底板也各有自己的獨特氣味，而人體表層所散發出的氣味絕大多數都是微生物所造成的。

容易出油的皮膚較不利於多樣態的生物生存，比方說臉部；相對地，像臂膀和大腿這樣的乾燥部位，微生物的種類就相當豐富。[8]此外，奧地利的研究也發現，跟素顏的路人比起來，有化妝習慣的人皮膚上會有較高程度的生物多樣性。[9]我們曾在本章開頭分享了作者之一的生活趣事，而現在我們可以繼續這個故事。假設世界上真有一份名為蚊子磁鐵的工作職缺，想必我們兩人一定能拿下這份好差事，因為一旦這個人在蚊子王國裡坐下來，四周立即籠罩在一片風雨欲來的靜謐中，然後下個瞬間，所有的吸血鬼便會一湧而起向他迎面撲來。

為什麼有些人特別容易招引蚊子，而有些人卻連蚊子都避之唯恐不及？關於這個問題各家理論自有其見解，有些研究認為是體香劑愛好者的「甜美鮮血」招來了這些不速之客，而有些則強調皮膚上的丁酸才是真正的誘因。這之中也有經過具體實驗得出的結論，荷蘭瓦赫寧恩大學的菲爾胡斯特（Niels Verhulst）和德國布倫瑞克工業大學的舒茨（Stefen Schulz）以及葛恩哈根（Ulrike Groenhagen）一同合作，研究人類皮膚上的細菌種類和數量多寡是否會影響個人對瘧疾感染源**甘比亞瘧蚊**（*Anopheles gambiae*）的吸引力。[10]結果相當明確：皮膚表層細菌種類豐富或甚至有細菌變異株的人，比較不容易受到這些可怕六腳小怪獸的青睞；相反地，有大量細菌寄生且多樣性程度偏低的皮膚則會讓瘧蚊愛不釋手。至於那位身為蚊子磁鐵的共同作者聽聞這項結果時，心裡會做何感想，在這兒就不多說了。不過，德國啤酒花園裡的蚊子是否會跟遠在熱帶地區的表親做出同樣的選擇，我們倒是無法得知。菲爾胡斯特聲稱他會設法找出這個問題的答案，但真正讓他感到「高度興趣」的其實是「用細菌製成的防蚊劑」。我們可以在生物反應器製作防蚊劑，然後跟防曬油或體香膏混合在一起，這麼一來，曾經風行一時的 Bac 體香膏廣告流行語「我的 Bac 就是你的 Bac」[11]就有了一層全新的意義。

如果有人想藉由增加皮膚上的細菌種類來減低被蚊子叮咬的機率，那麼成為輪式曲棍球隊的

8 Costello et al.: Bacterial Community Variation in Human Body Habitats Across Space and Time. Science, Bd. 326, S. 1694, 2009

9 Staudinger et al.: Molecular analysis of the prevalent microbiota of human male and female forehead skin compared to forearm skin and the influence of make-up. Journal of Applied Microbiology, Bd. 110, S. 1381, 2011

10 Verhulst et al.: Differential Attraction of Malaria Mosquitoes to Volatile Blends Produced by Human Skin Bacteria. PLoS ONE, Bd. 5, S. e15829, 2010

Verhulst et al.: Composition of Human Skin Microbiota Affects Attractiveness to Malaria Mosquitoes. PLoS ONE, Bd. 6, S. e28991, 2011

11 譯注：Bac 是從一九五二年開始在德國販售的老牌體香膏，有趣的是，這個品牌名稱是取自一種名為 Bactericid 43 的殺菌物質，作者此處正是取其雙關之意。

一員或許是可行的辦法，美國尤金市奧瑞岡大學的梅多（James Meadow）經由實驗得到的結果支持了這項假設。[12] 輪式曲棍球是一種有大量身體接觸且排汗量極大的運動，梅多挑選了翡翠市、矽谷以及華盛頓特區女子輪式曲棍球隊的女孩為研究對象。分析結果顯示，同一支隊伍的女孩會交換彼此身上的微生物，這使得她們的皮膚擁有相似度極高的生物棲地。比賽進行時，她們也會和其他隊伍的女孩交換大量細菌，至於受試者是否因此得以維持程度較高的菌種多樣性而不易被蚊蟲叮咬，則有待進一步釐清。倒是有一點或許值得好好研究：相較於獨來獨往或偏好自己一個人運動的人，參與團隊運動或是與他人有大量身體接觸的人是否會有較多樣的皮膚菌叢，因此就平均值來說比較健康。同樣道理，養狗的人從寵物身上獲得的不只有愛，還有細菌，這使得愛狗人士的微生物多樣性一路從皮膚到腸道呈現直線上升，而且他們似乎沒有因此染上疾病。[13]

看看肚臍

我們可以將唐恩[14]視為洪堡德正統的後繼者之一，這位任教於美國北卡羅萊納州立大學的教授出版了不少科普著作，他早年曾研究過雨林生態，後來則轉向探索和雨林相近的生態環境，比方說肚臍。唐恩之所以將兩者相提並論，並不是因為肚臍的濕氣更重，也不是因為它在六塊肌或啤酒肚的包圍下更加悶臭，而是因為兩者的生態形式相當類似。舉例來說，兩者的多樣性程度都相當驚人，有些肚臍裡還藏著前所未見的物種，這一點跟亞馬遜河流域也很像，只要一次大規模的砍伐，就足以將這些僅在特定環境條件生存的稀有物種全面消滅。除此之外，當然也有勢力範圍龐大且通常數量不容小覷的種類，在原始森林中我們稱這類物種具有絕對優勢。唐恩和他的學生展開「肚臍多樣性計畫」來探索這個位於人體中央的部位，而在當時，絕對優勢還是一個屬於原生林生態學的概念。他們用棉花棒從自願受試者的肚臍上採樣，然後送進實驗室培養，透過 Your Wild Life（www.yourwildlife.org）這個網站我們可以追蹤這項實驗的最新進展。進一步分析培養結果後，唐恩在部落格寫下：「肚臍裡似乎也存在著絕對優勢。」[15]幾乎在每個肚臍裡都可以發現屬於**桿菌**（*Bacillus*）的**梭菌屬和微球菌屬**（*Micrococcus*），數量剛好都是一打，而原本被稱作古細菌（Archebakterien）的古菌（Archaea）並不在絕對優勢之列，直到美國微生物學家

12 Meadow et al.: Significant changes in the skin microbiome mediated by the sport of roller derby. PeerJ, Bd. 1, S. E53, 2013

13 Song et al.: Cohabiting family members share microbiota with one another and with their dogs. ELife, Bd. 2, S. E00458, 2013

14 譯注：唐恩（Rob Dunn），北卡羅萊納州立大學生物學系教授，科普作家中的新起之秀，首部著作《眾生萬物》（*Every Living Thing*）即榮獲美國國家戶外圖書獎（National Outdoor Book Award），《我們的身體，想念野蠻的自然》（*The Wild Life of Our Bodies*）一書則有中文版。

15 關於肚臍裡形形色色、多到令人目不暇給的菌種，可見唐恩的部落格文章：blogs.scientificamerican.com/guest-blog/2012/11/07/after-two-years-scientists-still-cant-solve-belly-button-mystery-continue-navel-gazing/

烏斯[16]發現它們其實是獨立的生命根源，甚至可能是我們最最原始的祖先。在眾多受試者中，唐恩只在一個人身上發現古菌的蹤跡，顯然這傢伙已經好幾百年沒好好清洗自己的肚臍了。

後來，唐恩和其他皮膚生態學家不再只是——按照他自己的說法——「繞著肚臍打轉」，而是將觸角擴展至另一個領域：胳肢窩。或許他們會在那裡發現更多重的面貌，畢竟此區的影響變因又更多元複雜了一些：用肥皂洗、用 pH5.5 的施巴洗，或是完全不洗？刮了腋毛或是沒刮腋毛？有沒有使用體香劑？選擇了法國 Axe 身體噴霧或塗抹了德國世家鼠尾草香味的身體乳液？

除了指甲、肚臍和腋下，人的皮膚還有許多不同區塊的生存環境值得好好探索，像是頭皮、腳底、膝蓋、蓄了鬍子或是光溜溜的下巴，以及耳朵，光是從這些地方採集到的樣本，研究人員就發現到前所未見的細菌種類。[17]這些新發現不只令人感到好奇，對長期耳道感染的人來說，更是值得加以關注，因為我們或許能從中找出有效保護耳道免於感染的微生物。

美國登頓市北德州大學的董群峰也在眼睛裡發現微生物的蹤跡，[18]這裡的細菌似乎有固定的活動空間，不會隨著澎湃洶湧的淚水四處奔流。採樣時所施的力道不同，就會採集到不同的微生物的組合，像是**變形菌門**（*Proteobacteria*）這類菌種活動的區域大概是在較深層的結膜，而屬**厚壁菌門**（*Firmicutes*）的細菌則是停留在表層。董群峰還發現了一套普遍的規律：所有受試者都有一組「核心微生物群系」，其中密度最高的菌種占有絕對優勢，而有些微生物則只出現在某些受試者身上。

讓我們談談性吧！

我們就不繞遠路了。接下來登場的是性器官，說得明白點，就是陰道和陰莖。陰道是每個人初次與微生物接觸的地方（見第一及第十一章），經由剖腹來到這個世界的人則不在此限。在那裡，早就有各式驚喜等著迎接我們，比方說，一般認為豐富的微生物多樣性就是一種健康的徵兆，甚至能減少蚊子叮咬的機率，不過在陰道裡可不是這麼一回事。根據人體微生物群系計畫的研究結果，陰道微生物群落的多樣性程度是人體全身上下最低的。[19]我們可大致將它們分為五種「型」，其中四種由乳桿菌屬（乳酸菌）主導，最後一種則跟明顯和其他群落不同，而這一群也正是容易引發細菌性感染的罪魁禍首。[20]乳酸菌的主要功能便是確保陰道長期處於低酸鹼值狀態，透過製造乳酸菌讓環境持續呈現酸性。正常情況下，陰道內的酸鹼值會維持在四點五左右，這個酸鹼值能保護陰道不受細菌和其他外來者侵害；換句話說，健康的陰道其實是嚴峻的生存環

---

16 譯注：烏斯（Carl Woese, 1928-2012），美國微生物學家和生物物理學家，為首位提出「古菌」概念、並為之定名劃域的科學家。

17 Liu et al.: The Otologic Microbiome. A Study of the Bacterial Microbiota in a Pediatric Patient With Chronic Serous Otitis Media Using 16SrRNA Gene-Based Pyrosequencing. Archives of otolaryngology – Head & Neck Surgery, Bd. 137, S. 664, 2011

18 Dong et al.: Diversity of Bacteria at Healthy Human Conjunctiva. Investigative Ophthalmology & Visual Science, Bd. 52, S. 5408, 2011

19 The Human Microbiome Project Consortium: Structure, function and diversity of the healthy human microbiome. Nature, Bd. 486, S. 207, 2012

20 Srinivasan et al.: Temporal Variability of Human Vaginal Bacteria and Relationship with Bacterial Vaginosis. PLoS One, Bd. 5, S. E10197, 2010

境，寄生在人體全身上下的微生物幾乎都敬而遠之，只有少數的細菌群落能夠在這裡存活下來。

跟陰道比起來，我們對龜頭的認識更是少之又少，這裡的活動空間也更小一點，不過它所提供的生存條件跟周遭環境倒是差異不大。

雖然割除龜頭上的包皮會導致細菌多樣性降低，但優點是不易感染人類免疫缺陷病毒（HIV），不過這之間並不存在必然的因果關係，因為割除包皮實際上只是將容易受到病毒入侵的結構去除。另外，精液裡也存在著大量的細菌，其中有好菌，當然也有不那麼好的，上海的研究團隊則在生育力偏低的男子身上發現**厭氧球菌屬**（*Anaerococcus*）的細菌。[21]

我們在屬於酸性環境的陰道裡也發現了通常只存在鹼性精液中的細菌，這些活躍在環境酸鹼值介於七到八之間的細菌很有可能原本就在偏弱鹼的區域活動，後來才趁著射精順勢一起進入陰道裡。儘管有些細菌在極酸或極鹼的環境下都能適應良好，男女性器官各自分踞酸鹼值的兩個極端自然有其道理，這也是兩性之間永無寧日戰爭的一部分。隨著精液射入陰道的同時，原本呈酸性的環境會受到鹼性物質的影響而發生小小波動。一項針對中國女性所做的研究發現，跟完全沒有防護措施的性行為相比較，固定使用保險套的女性陰道會有較多益菌。[22]

口腔裡的戰場

人的嘴巴裡也住著不少細菌，這項認知主要是由牙醫、牙科技師或牙醫助理等專業人士灌輸給我們的，而這些工作大多還挺不賴的。絕大多數的口腔微生物都是無害、甚至是有益的，就連致齲菌對牙齒也不具破壞性。不過這些細菌所製造出來的酸性物質可就一點都不簡單了，只要將蛀牙洞裡和健康口腔的細菌兩相比較，馬上就能看出其中的明顯差異。[23]

口腔細菌是人類透過顯微鏡觀察到的第一種微生物（見第六章）[24]，這不僅使口腔成為人類微生物學的起點，也是腸胃消化道的開端，更是每個人出生之際首批進駐細菌的必經之地。

經過分析健康的口腔微生物群系後，我們得知微生物會隨著宿主的口腔狀態、居住地和生活方式而展現不同的多樣面貌，不過某些具有絕對優勢的菌種幾乎在每個人身上都能發現。鏈球菌

---

21 Hou et al.: Microbiota of the seminal fluid from healthy and infertile men. Fertility and Sterility, Bd. 100, S. 1261, 2013

22 Ma et al.: Consistent Condom Use Increases the Colonization of Lactobacillus crispatus in the Vagina. PLoS One, Bd. 8, S. e70716, 2013. Online abrufbar unter: plosone.org/article/info:doi/10.1371/journal.pone. 0070716#authcontrib

23 Belda-Ferre et al.: The oral metagenome in health and disease. ISME Journal, Bd. 6, S. 45, 2012

24 十七世紀末，雷文霍克（Antoni van Leeuwenhoek, 1632-1723）從自己的牙齒上刮下碎屑作為樣本，成為史上第一個透過顯微鏡觀察到細菌的人。有趣的是，這副樣本同時也可分析一個人的基因，微生物學家大衛．雷曼（David Relman）在一九九九年證實，寄生在人體身上的微生物群聚不但比當時人們已知的來得多，也比我們能夠在實驗室裡培養的還多。

屬通常不被視為益菌，因為它們可能引起扁桃腺或腦膜發炎，然而大量分布在口腔裡的鏈球菌屬不但無害、甚至可說是有益的。挪威的科學家阿斯（Jørn Aas）和來自奧斯陸的同事在研究報告中指出，孿生菌屬（*Gemella*）細菌實際上要比其名聽起來還要厲害得多。[25]在這個只有三名受試者的研究裡，阿斯和同事總共清點了大約五百種不同的細菌，並發現其中兩名受試者身上有百分之七十五的種類完全相同。事實上，口腔提供了相當多元的生存環境以符合各種寄生的需求，像是一望無際的唾液汪洋，或是舌頭、牙齒、牙肉以及上顎等形形色色的表面，所有生存在此的微生物最終會形成密切合作的共生社群，也就是所謂的「菌膜」，這層防護牆不但讓它們得以抵禦外來的入侵攻擊，更能將抗生素這類毒物徹底阻絕在外。

接吻、咬傷、妨礙

口腔猶如一扇來者不拒的大門，舉凡吃的、喝的，還有空氣，甚至是愛情，無不夾帶著大量細菌前來湊熱鬧，各路人馬在此聚頭，上演一齣又一齣的精彩戲碼，可能是爭得你死我活的分子大戰，也可能是不分你我的攜手合作。比方說，口腔裡可能充滿了噬菌體這種專門感染細菌的病毒，而細菌則會以 CRISPRs 作為回應。這串聽來清脆響亮的字母其實是「常間迴文重複序列叢集」（clustered regularly-interspaced short palindromic repeats）的縮寫，指細菌的防禦機制，像是鏈球菌屬的 CRISPRs 就很明顯因人而異。

不僅如此，宿主的性荷爾蒙似乎也加入了這場混戰。不少女性一定都有過在排卵期間牙齦發炎的痛苦經驗，類似情況也常在青春期或懷孕期間發生，這可能是因為女性類固醇[26]一方面激發了發炎媒介物質，另一方面也提供了良好的成長條件給導致牙齦發炎的細菌，其中有些特定受刺激的細菌經過代謝再製後會為性荷爾蒙的製造所用。

近年來有愈來愈多研究發現，口腔健康對人體的整體健康具有關鍵性的影響，牙齦慢性發炎或是牙根感染的人通常也會有心臟和血管方面的疾病，甚至罹癌機率也會偏高。相反地，一篇在二〇一三年秋天發表的研究報告明確指出，如果能有效抑止口腔發炎，血管壁的病態腫脹也會跟著停止。[27]我們應該釐清的或許是慢性發炎對身體造成的負擔，研究人員甚至在同一個人的口腔裡和他血管鈣化的沉澱物中發現同樣的細菌。就連失智症都和口腔細菌脫不了關係，根據某項先驅性研究的結果，健康的人身上比較不容易出現梭桿菌門的細菌，而失智症患者身上則很常見**普雷沃菌屬**（*Prevotella*）的細菌。不過參與上述研究的學者也指出，這項結論必須經過更大型的研

---

25 Aas et al.: Defining the normal bacterial flora of the oral cavity. Journal of Clinical Microbiology, Bd. 43, S. 5721, 2005

26 譯注：性荷爾蒙在結構上是一種類固醇。

27 Desvarieux et al.: Changes in clinical and microbiological periodontal profiles relate to progression of carotid intima-media thickness: the oral infections and vascular disease epidemiology study. Journal of the American Heart Association, Bd. 2, S. E000254, 2013

究進一步驗證，以確保目前的發現並非只是偶然。[28]

這項研究結果可能會讓那些長期疏忽口腔衛生的人緊張得連吞好幾口口水，這麼一來，我們會通過同樣有大量微生物寄生的食道，來到胃部。由於胃部會分泌胃酸，所以早期人們認為微生物並無法在其中生存，不過後來證實，胃裡不但有名為**幽門螺旋桿菌**（*Helicobacter pylori*）的細菌常駐（見第七章），更有豐富多樣的抗酸性細菌，其中有些我們已經在口腔見過，另外還有一些盤踞在連接胃部的小腸裡。關於這點，我們在下一章會有更詳盡的介紹。

---

28 Cockburn et al.: High throughput DNA sequencing to detect differences in the subgingival plaque microbiome in elderly subjects with and without dementia. Investigative Genetics, Bd. 3, S. 19, 2012

第三章

腸道同居宿舍

長久以來，人們習慣將八公尺長的腸道想像成一根輸送管，裡頭滿載著奔流不息的雜混物質。事實上，這道長長的管子裡自有一套運作的秩序，每個參與其中的成員各安其位、各司其職。對腸道主人來說，這套分工系統比什麼都還重要。

初來乍到的新住民不免遭遇諸多難題，不例外地，想在腸道博得一席之地的細菌也必須歷經重重關卡的考驗。它們最先抵達的第一站是一臺研磨的機器，接著還必須經過酸浴的洗禮，然後才會進入一道漆黑的真空隧道。來到隧道的其實不只它們，還有其他各式各樣的微生物一起把這條通道擠得水洩不通。儘管不時會有養分送進隧道裡，不過要如何身處於奔湧不息的洪流中卻不被一併帶走就又是另一項嚴峻的挑戰。

這些片段聽來有如全新的哈比人冒險旅程，不過對一個踏上人體之旅的正常細菌來說，每一階段都是它必經的路程。這趟通過人體中段的漫漫長途不但有八公尺長，而且還蜿蜒盤繞。

值得留意的是：雖然腸道屬於人體內部器官，但腸道細菌並不因此就位於腸道以外人體內的其他地方。儘管消化道從頭到尾都是一片漆黑，它還是像指尖上的皮膚一樣，設下了一道對外的屏障。我們可以將整個消化道想像成一根貫穿身體的水管，雖然整體看來，這幅景象並不怎麼賞心悅目，卻清晰得一目瞭然。

在前一章的末段我們已經針對上消化道進行了詳盡的探索，接下來，我們要將目光轉移到一個除非醫生放入長長的內視鏡，否則將終年不見天日的地方。

相較於胃部有些稀疏的寄生群落，小腸前端的微生物數量明顯攀升，這個區段是十二指腸，因為它的長度大概等同於外科醫生十二根手指的寬度。每毫升的腸道內容物大約含有一千個微生物，由於剛離開胃部的食糜大多仍呈現稀泥或水狀，使得這些微生物必須通過無數湍流和漩渦的考驗，其中更有不少會在翻攪的洪流中被磨成碎屑，而這股持續向下推進的動力同時也是維繫腸道動態平衡的一部分。

盲腸：細菌避難所

這段往下運送的過程有時也會受到干擾，像是腹瀉會導致流動速度過快，此時，這套生態系統便需要一段時間回復到原來的運作模式。要是恢復期拖得太久，細菌便會趁機迅速繁衍，過量的養分供給也可能造成同樣的後果，這麼一來，疾病發生的機率也會跟著提高。此外，反芻動物從飼料中攝取過多的能量來源或是纖維質不足時，也會引發類似問題，像是穀類中的澱粉質可能促使乳酸菌呈爆炸性成長，而乳酸菌所分泌的酸性物質會連帶改變腸道環境，這種形式的酸中毒甚至會讓牛隻喪命。根據某些推論，人類若是攝取過多糖分會導致乳酸菌數量急遽攀升，聽來似乎可信，不過我們也必須考慮到，絕大多數的糖分在進入大腸與大量細菌發生化學作用之前，早就被人體，尤其是小腸給吸收光光了。

一路行經小腸、空腸以及迴腸的腸道內容物每往前推進一公分，微生物的密度便會隨之增長。此時每毫升的內容物約有高達十億的微生物活躍其中。這一路對它們而言彷彿置身天堂，除了有源源不絕的養分，競爭對手也還未成氣候。細菌能處理人體酵素無法再行分解的物質，並製造對人體有益的養分作為寄宿的反饋，比如經細菌合成的維他命B_{12}就會隨著其他養分還有礦物質一起被腸細胞吸收。不過就算沒有細菌的協助，腸道還是能夠從未完全消化的食糜中吸收具有營養價值的物質，像是脂肪、蛋白質、鹽分、維他命或是糖這類簡單的碳水化合物。為了增加物質交換的面積，腸道表面有被稱為絨毛的凸起，如果試著把覆滿絨毛的腸道攤平，整個腸道的表面積幾乎就跟一個網球場一般大，大約是人體皮膚總面積的一百倍。毫無疑問的，這裡最吃力的一分差事絕對是腸細胞的更新，它們更新的速度飛快，平均每一天半就會更新一次。

細菌在前往大腸的途中還會經過盲腸和闌尾。一旦闌尾發炎，必須立即割除，否則後果不堪設想。闌尾基本上是演化過程中殘留下來的多餘部分，通常只會帶來麻煩，可痛快去之且毋須擔心引發後遺症。不過也有其他見解將闌尾視為某種形式的貯槽，[1]可作為微生物的安全庇護所，使它們不致遭受人體免疫系統的攻擊，等到大病痊癒，它們就可以重新回到腸道生活。

第二個大腦

抵達大腸後，腸道內容物的流速會逐漸趨緩，形成渦流的機率也隨之下降，細菌的密度則會再次往上攀升。大腸是世界上最多細菌的地方，絕大多數的細菌都仰賴氧氣維生，不過活躍於此的細菌種類倒是因人而異；一般來說，起碼超過一千種以上。[2]然而，所謂多樣性也只是一種相對的說法，若以細菌分類來看，這裡的屬和科其實不比人體其他部位來得多，不過其下所屬的細菌種和門則多到數不清，像是**厚壁菌門**和**擬桿菌屬**（*Bacteriodetes*）這兩大類細菌和它們的各式變異株便主宰了整個腸道。通常我們習慣以「種」來談論細菌，但是這麼做卻容易造成誤解，因為許多被歸於同種的細菌實際上還是存在極大差異，比方說，生存在胃部的**幽門螺旋桿菌**據推測就有好幾千種不同的變異株，而這些通常都被歸在同一門。

大腸在消化道扮演類似回收站的角色，無論微生物是否曾出手相助，所有尚未被身體加以利用的養分都會來到大腸。寄居在此處的細菌會大舉向那些無法被消化的剩餘物進攻，一點一滴地蠶食鯨吞，直到再也吃不下為止；與此同時，它們也會製造身體所需的重要養分。細菌攝取的植物纖維素愈多，大腸內的細菌種類就會更多樣，最後剩餘下來的廢物，像是不易消化的纖維質、壞死的大腸細胞、細菌屍體及先前被滾滾洪流攪碎的細菌，全部會經由直腸和肛門離開消化道。

腸道的末端則是唯一能夠按照個人意願控制的部分，而這是有原因的：經過長期演化，我們不會隨處或隨時任意便溺，只在時機合宜之際才排出體內的廢棄物。

腸道幾乎是一個自主運作的消化器官，它的一舉一動全都仰賴滿佈神經的肌肉層，因此人們也把腸道稱為腹腦。腸道可以透過神經的傳導路徑以及傳導物質和掌管思考的大腦溝通聯繫，也能獨立完成判斷決策。腹腦之所以屬於自主神經系統的一部分，就和我們能自主控制排泄的道理一樣，否則我們就得在消化過程中不斷重複向大腦確認每個環節，比方說，是否該將胃裡的東西送往小腸？又或者該讓大腸裡那團黏呼呼的東西再往前推進一些呢？

1 Bollinger et al.: Biofilms in the large bowel suggest an apparent function of the human vermiform appendix. Journal of Theoretical Biology, Bd. 249, S. 826, 2007

2 Dethlefsen et al.: The pervasive effects of an antibiotic on the human gut microbiota, as revealed by deep 16S rRNA sequencing. PLoS Biology, Bd. 6, S. e280, 2008

秩序占了微生物一大半的生活重心

總的來說，人體相當井然有序。事實上，幾乎所有生物都是如此，無論是礁石旁的小海馬，窗臺上的羅勒盆栽，或是一個小小的酵母菌，個個都有其條理。它們的心臟、葉綠素和細胞核，從主動脈弓到細胞壁，林林總總的器官全都位於身體中適宜的位置，每個器官裡的每個構造也都各有專屬之處。生命自會界定分際，一切都得照規矩來。

除了一團混亂的腸道，那裡只有湍流不息的稀糊爛泥、咕嚕作響的漩渦，有時還會冒出泡泡來。腸道肌肉的持續蠕動則讓這一切靜不下來，簡直亂到天翻地覆。如果只看那些隨著人體廢棄物一洩而出的細菌細胞——就算其中大多數是對人體有益的，實在讓人無法相信肚子裡裝著一個有條不紊的世界。看來，人體身上的細菌組織和其他生命體截然不同，就像是一鍋冒著泡泡的原汁湯頭。

或許我們只需要再看得仔細一點。

作為對照組，我們可以先觀察另一個生理構造與腸道相似、同樣裝有液態內容物的長管狀系統：血管。血管裡同樣是奔流不息的急湍與漩渦，速度甚至更快更猛烈，隨著心臟的跳動壓縮，水、紅血球、各種白血球、養分、礦物質、傳導物質及廢棄物分別被送往身體的每個角落。

不過我們知道這些陣陣鮮紅的狂野風暴並不是真正的混亂，事實上，紅血球會攜帶氧氣或二氧化碳前往需要這兩種氣體的地方，養分也會按照不同目的和需求被送達各個構造，然後就此落腳，結束載浮載沉的漂流之旅；廢棄物和毒物則會火速被帶往妥善安置之處，通常是肝和腎，而免疫細胞會準確無誤偵測到腳拇指的傷口，並透過發炎和放縱的細菌來避免感染。所有必須銜接起來的對口，全都接上了，這之中負責調度派遣的通常是特殊的結構和分子，他們指出誰該往哪個方向去，或是直接逮住正好需要的戰力。

令人意想不到的是，我們身上的細菌並沒有類似的配套機制，而是讓一切以隨機的方式運行：養分A正好碰上了細菌B，細菌B便將養分A改造為傳訊物質B，大致是這樣的模式；又或者，如果養分A和細菌B擦身而過，那麼上述情節就不會發生。這聽來實在不怎麼有效率，畢竟經過數百萬年的演化，理當要有一套更有效率的機制，但事實並非如此，真是不可思議。

不論從哪個角度來看，現行的運作機制絕對不是最好的。如果我們真的重視腸道菌群的正確性，那麼就得建立一套機制避免益菌隨著每次腹瀉大量流失，因為危機是無所不在的，一旦消化道受到感染，腸道便會失去原有秩序，亂得一塌糊塗。殺菌劑或天然抗生素（近來則多屬藥用）對腸道菌是有殺傷力的，要是每次拉肚子都折損一堆腸道益菌，那麼我們不就得成天面臨腹痛、便祕、潰瘍或是各種身體不適的威脅。

但是我們從實際經驗中得知，儘管一路浮浮沉沉，腸道菌並不是任由食糜將它翻來攪去，面對暗藏其中的湍流或危險時，它們可不會直接舉白旗投降。舉例來說，大量抗生素或許會在第一時間讓腸道內容物裡的細菌數量大幅減少，不過當抗生素的藥效褪去，局勢很快就會恢復到用藥前的狀態，這裡指的不單是細菌的數量，還有較具優勢的菌種及其變異株。

經過仔細的測量和計算，結果顯示腸內並沒有新的菌種進駐，反倒是原有的族群更加壯大——除非我們持續使用強效抗生素對付它們。躲進盲腸末端的闌尾或許能讓細菌逃過一劫，但是腸內也不無其他庇護可能，像是一七四五年由一位身兼解剖學家的日耳曼醫生首度在腸道黏膜發現的管狀凹陷，後來人們便依據他的名字替這些隱窩命名，[3]也就是俗稱的利貝昆氏腺（Lieberkühn-Krypten）。在這些深約零點四毫米的隱窩基底會有腸道幹細胞持續增殖新組織，使得腸道上皮可以迅速修復再生。另外，在這些凹陷底部也有細菌活躍其中，看來就像為組織再生出了一分力。

我們至今仍然無法透析完整的腸道菌相，不過可以肯定的是，腸道這個空間有其獨有的生物地理分布。在腸道前端和末端發現兩種截然不同的細菌群落或許尚在意料之中，但我們並沒有預期在同一橫切面上觀察到超過一種以上的菌叢。此外，上皮表層的微生物和寄生在上皮隱窩裡的也很不一樣，還有那些和腸道內容物攪和在一起的，而最後這一種也是我們到目前為止最熟悉的，道理很簡單，因為觀察樣本取得容易。

至於透過觀察糞便樣本所得到的研究結果是否可靠？長期以來，這個問題引發了不少熱議與討論，「有愈來愈多人認為，我們至少應該思考糞便菌相和腸壁菌相的差異性。」德國石勒蘇益格——荷爾斯泰因大學附屬醫院細菌多源基因體學研究小組的主持人歐特（Stephan Ott）表示。他認為組織樣本的可信度遠高於排泄物，因為糞便的「外觀每天看來都不一樣」。不過有時即使是研究也必須面對現實，畢竟和組織切片比起來，糞便樣本的取得的確更容易，成本也相對低廉，同時不具任何危險性，但要取得組織切片可就不一定了——當然，我們假設糞便採樣的過程是乾淨衛生的。人們只能研究有能力取得的東西，要是有足夠的志願者能夠為少數一兩個計畫捐出自己腸壁的一小部分作為研究之用，想必科學家們會為此感到興奮不已。

腸道黑盒子

有限的樣本數正是相關研究現階段所面臨的瓶頸，少了研究樣本，腸道無異於迷霧重重的神祕國度。多數的腸道居民早已習慣了無氧生活，一旦接觸到空氣就會死亡。這意味著無論樣本取得的來源為何，研究團隊必須確保全程無氧，這同時也是各種因應研究需求而生的腸道模擬器必須克服的一大難題。腸道模擬器主要的功能在於提供研究人員一個可調節的系統，以便他們培育並觀察消化道菌叢，不過成功案例至今仍屈指可數。像是歐特利用了目前最成熟的人造腸道研究

3 Lieberkühn: De fabrica et actione villorum intestinorum tenuium（1745），另有數位版本: https://archive.hshsl.umaryland.edu/handle/10713/ 3443

抗生素和益生菌對細菌的影響，他將不同捐贈者的糞便樣本放進模擬器加以培養，然後投以大量藥物。「這已經是目前最趨近實際狀況的一種方式了，」歐特表示，但「至今仍然沒有任何系統能夠百分百重現腸道的環境」。

或許我們可以這麼解釋：沒有任何模擬器系統可以完全複製腸道的秩序，更不用說要讓這套秩序有效作用在研究成果上。腸道組織和腸內微生物所生存的空間很有可能比目前所知的還要複雜許多，尤其我們才正展開這趟探索之旅，也許裡頭存在更多的洞穴和貯室，可以讓細菌躲藏，微生物和身體細胞也能在這些地方碰面，又或者，還有更多我們無從得知的功能和作用。

還有很多有趣的系統等著我們進一步探索，我們並不清楚它們是否依循著某種秩序運作，如果有，又會是怎樣的一套體系？為此，有人提出了「黑盒子」這個概念，雖然腸道是一根管子，不是一個盒子，對我們而言仍舊是一道經典的謎題。即使在最剛開始的時候，一切看來明明都還非常清晰，這是下個章節的主題。

第四章

遠古之敵，陳年老友

四百萬年的演化讓人類和微生物緊緊相繫，從最初的相互對抗到後來的密切合作，從彼此競爭到無可分離。

從小我們就從各式廣告、醫生叔叔那裡，以及電視上播放的醫學或消費者節目學習到一件事：細菌是我們的敵人。然而，本書將透過論述讓人們有所改觀。

細菌並非敵人，這是再合理不過的事，只要透過簡單的思想實驗，我們就不難理解為何如此：試著想像一下，在好幾百萬年的演化過程中，遠古人類和細菌祖先之間到底發生了什麼事？

一開始是什麼樣的狀況呢？他們是敵是友？是和平共處的鄰居，或是對彼此視而不見？又或者這些不請自來、白吃白喝的食客儘管沒有帶來麻煩，卻也沒幫上什麼忙？

當然，這個問題跟衛生有關，值得我們再多想一下。讓我們先假設：從一開始，我們雙方——人類和寄生的細菌——的祖先早就存在那裡了。

保護和利用

在成為朋友或敵人、伙伴或競爭對手之前，兩個人必須先碰上對方，而且這兩個人必須有某種交集，因為缺乏共通點的兩個人就像是平行線，連架都吵不起來。一般認為，我們各自的祖先在一開始很可能是對立的競爭關係，或者也可稱為敵對關係。

我們可以假設最先和細菌產生連繫的遠祖是一種由數百個細胞聚集而成、基本上與腸道無異且通體透明的原始動物，[1]它就猶如一臺在吞吐間進行消化作用的小型機械。這個腸道的遠祖可能是從單細胞藻類攝取養分，進食過程中連帶也把細菌一併吞進腸道，然後這些細菌可能被消化吸收，或是原封不動地被送出來。

隨著時間過去，或許有某個細菌變異株覺得待在那裡特別自在，於是就定居下來。確定落腳處的它們不但能獲得完善的保護，同時也能和作為宿主的原腸動物一起分享食物。

接下來就是一連串典型的演化過程：歷經好幾世代的演化，細菌終於能夠靈活運用腸道內容物，這對細菌來說真是天大的好消息，不過這麼一來卻苦了腸道先生，因為他能分得的養分已遠遠不如以往。按照演化必然的結果，那些讓細菌乖乖聽話不搗蛋的原腸動物，當然擁有最佳的存活和繁殖機會，其中最厲害的甚至還懂得利用細菌，比方說細菌能將腸道無法消化的物質轉化為有用的東西，並從中製造原腸動物需要的養分。直到今天細菌還都會這麼做，像是它們從難以消化的植物纖維所製造的短鏈脂肪酸，便足以供應身體大約百分之十的能源需求。

愛你的宿主像愛你自己

對當時的原腸來說，這樣的模式還算得上是一筆划算的交易；住在裡頭的細菌也過得挺不賴，不但有免費運送到府的養分，還有得以維持生計的生存空間。不過這些細菌的親戚倒是只顧著搜刮原腸內的資源，雖然能換得飽餐一頓，卻居無定所，也沒有自動送上門的補給，因為它們總是讓宿主餓肚子。

這是一種施與受的關係：細菌分解原腸無法獨力處理的物質，以此換取食物和寄宿處。漸漸地，愈來愈多的細菌聞風而至，就連黴菌、病毒，還有其他單細胞生物也都湊了過來。眾人之力提供了豐厚充足的能源，成就了一代又一代更加茁壯完整的腔腸動物。與此同時，負責消化的內凹也不斷往深處延伸，已經消化的與尚未消化的養分持續從唯一的洞口送進來，直到有天原腸似乎再也吃不消了。看來必須要有另一個洞口。如果我們將胚胎形成的過程瘋狂快轉，那麼這個人

1 原腸的先祖只是一團會吸收養分、排放廢棄物的細胞群，後來這些細胞群逐漸向內遷移形成一個凹陷，看起來就像是一只單邊開口的囊袋。隨著演化的進程，這些囊袋最終才發展為腸道的基本型態，也就是今天我們所擁有的腸道：一條有入口和出口的管狀物。至於細菌是從什麼時候開始出現在腸道內？沒人知道，不過顯然早在演化初期兩者就有了首度接觸。

類遠古祖先所擁有的第二個洞口就是後來被稱作口腔的部位。對我們的消化道來說，這是相當關鍵性的轉折，它自此成為一條有兩端開口的管道，接下來的好幾百萬年，消化道也就只是不斷琢磨一些枝微末節的技倆而已。

有了這條貫穿體內的腸道，動物變得更加茁壯，也得以藏納更多的單細胞生物。或許它們也是在這個時期發展出形同監督單位的免疫系統，好在囂張莽撞的寄生食客趁隙坐大之前及時防阻。這條消化軟管的前端一路向上展延到長出牙齒的口腔，然後沿著咽喉、胃、腸道和肛門順勢而下，它所行經的路徑愈長，提供給細菌生存的空間也益加寬廣。此時細菌進行生物化學交換的對象也不再僅限於宿主，也包括了身旁鄰近的微生物。

更多的細菌代表著菌群擁有更多的能力、更多由新特質所造就的突變、更多可用的資源、更多一人無福消受卻可利益群體的營養成分，以及許多諸如此類說也說不完的好處。

生命更完整了，或者說，變得更複雜了。這條消化大道上的細菌多樣性程度愈高，免疫系統的運作就必須更加細膩，它必須不斷學習妥善分配有限的防禦能力，不能一味地消滅異己，因為這樣一來，不但會造成大量傷亡，儲備戰力也會消耗殆盡，甚至連益菌也可能被一併驅逐出境。

代價、愉悅、寄宿處

知道人類和微生物如何一路相互扶持、攜手走過漫長歲月後，就不難理解為什麼我們之間會有這麼多共通性。人類細胞最重要的一部分向來是由基因所控制的，細菌的細胞也是如此，這些基因大多是遺傳物質，它們承載著人類從單細胞生物一路演化至今從未有過絲毫改變的基本功能，因此也稱作持家基因（Haushaltsgene）。對那些想要釐清基礎遺傳或是細胞生物機制的科學家來說，由於人類和微生物的相似性甚高，這些基因也成了他們積極探索的對象。

回首這段同甘共苦的來時路，就能發現將我們彼此緊密相連的不只是基因和代謝路徑。我們可以暫且將這段關係稱為友誼，多年的情誼，而這段友好關係的起點則是——再也沒有比這個重量級字眼更合適的了：恆久。我們一同走過有歡笑，也有淚水的歲月，當然也免不了產生摩擦或起爭執，不過就是少不了對方，因為我們打從一開始就在一起了。

「七十歲會是多麼怪異，」賽門與葛芬柯[2]在歌曲裡這樣描述兩名坐在公園長椅上的「老友」。[3]能夠一起變老簡直不可思議，如果人類和細菌有機會一起坐在公園的長凳上，他們也能

---

2 譯注：賽門與葛芬柯（Simon and Garfunkel）為著名美國民謠搖滾音樂二重唱組合，由保羅．賽門（Paul Simon, 1941-）與亞特．葛芬柯（Art Garfunkel, 1941-）組成，被視為六十年代該年代社會變革的反文化偶像，同期的音樂家還有披頭四及鮑勃．迪倫。

3 譯注：這首歌的歌名即為〈老友〉（Old Friends）。

這麼說，只不過他們已經攜手走過大約七十億個年頭了。

不過真要把腸道菌視作「老朋友」的話，倒不能太天真浪漫地看待這段關係。友誼是建立在雙方互惠的基礎之上，總是只有單方面提供協助，沒有獲得任何反饋，這樣的友誼不會長久。

我們和腸道菌的友誼是一紙有施有得的契約，沒了它們，我們就沒好日子過，反之亦然，腸道菌的生活同樣少不了我們，雙方在這段關係裡各取所需：好幾十億的細菌每個都想大快朵頤，大肆繁衍後代，人類則是想從飲食中獲取營養，當然也要傳宗接代，除非個人有意抗拒。

人類不但提供細菌安全上的保障及長期的棲身之所，甚至連三餐溫飽都照顧得相當周到，這些付出可是一點都不少。就公平互惠的原則來看，人類確實可以好好期待細菌帶來的反饋：像是在消化過程中出力幫忙、運送人類無法自己製造的物質，或是協助抵抗外來的細菌等等。這裡談的當然不是道德哲學所探討的公平，而是生物學上的，一旦雙方的互惠失去了平衡，其中一方便會變得衰弱，最終可能再也無法繁衍後代或難以延續生命。打從起跑點開始，人類漫長的演化馬拉松之途當然就有細菌一路相隨，只要人體發生突變，就可能導致原本和平共處的細菌群落相互爭食。趁亂獲得更多能量的人類看似占了便宜，不過餓肚子的細菌也可能因此停止製造某種人體需要的維他命，這對雙方來說顯然都是損失。演化的下一步是如何因應的呢？

或許是按照下面這個公式進行的：沒有維他命就沒有生命力，沒有生命力也就無法順利繁衍，因此，一開始讓菌群陷入養分爭奪戰的基因最終無法在這場達爾文式的戰鬥裡存活下來。然而，在一片茫茫菌海中，或許正好有某個族群碰上了某個細菌變異株強化了它們利用養分的效能，讓它們在宿主飽餐之餘，仍有足夠的養分補給，進而在這場糧食爭奪戰中與宿主抗衡。這麼一來，雙方都能得利（或至少都沒有損失），人類和細菌之間原本就錯綜複雜的互動也因此變得更加紛擾難解。

牙膏——演化策動者

人類和細菌的共同演化就是這樣一小步、一小步緩緩地往前邁進，只是這個過程極其複雜，充滿了各種困惑和騷動，有戰爭，也有和平，摻雜了各式混亂、互動和回應。細菌之間當然也會彼此競爭或合作，它們和寄生在人類身上的黴菌或是其他的單細胞生物也有類似的互動往來。

這個共同的演化之所以不斷持續進行，而且是，讓我們這麼說吧：超高速，是因為全新的食物和其他食物碎屑——從藥物到牙膏——會帶來迥異於以往的新型變異株，而人類和各種菌群必須每日都消化掉這些才能維持原有的平衡。

這種持續波動但保有某種穩定的平衡讓所有參與其中的成員得以生存，也因此，設法維繫這個平衡就成了日復一日、永不止息的一項任務。

自然界的每種共生形式都是一紙由施者和受者雙方所簽訂的合約，在給予和索取之間，兩者都會小心謹慎地留意是否達成平衡。現實中當然免不了會發生其中一方過分予取予求的情況，至少從人類的角度看來是如此，但是被奴役的一方也並非毫無所獲，像是得到保護、食物或繁衍的可能。兩者之間的關係是共生或是剝削，端看我們從哪個角度加以定義。

自然界中合作最緊密的是細菌和真核生物之間的共生關係，[4]它們從最初相互疏離，發展為密不可分的盟友，任何一方失去了對方都無法繼續生存。這裡指的當然是真核生物、粒線體及葉綠體之間長達大約十五億年的密切合作，不過只有植物是如此，否則我們就全都成了小綠人，而且也不需要腸道和任何關於腸道菌的書籍了。

粒線體和葉綠體同為「內共生體」（Endosymbiont），是細菌的後裔，不過人們早已不再關心它們最初是從何而來的。它們是存在細胞裡的合作伙伴，而且也只存在細胞裡，隨著細胞繁衍，不斷遞增延續。粒線體和葉綠體這兩種胞器有專屬自己的遺傳物質，但這些物質和細菌仍保有高度相似性，它們主要為自己所寄生的細胞運輸或處理能量。乍聽之下像是一套完美的奴隸制度，事實上這是一項從遠古時期就存在的互惠協定：粒線體的辛勤勞動為它換來了保護、營養和繁殖的保證，而這一點人類老早就知道了。

同樣的道理，我們也能進一步思考並捫心自問：那些看來只有單方面向人類進貢的生物，像是蘋果樹、錦鯉、肉豬、馬匹、玫瑰花叢和節瓜，真的是被我們給利用了嗎？從演化論的角度來看，也就是從健康狀態和繁衍可能性這兩個層面來判斷，究竟是誰從誰那裡得到了更多的好處呢？人類從飼育或栽種的動植物那裡獲得營養，因而得以繁衍並養育後代，那麼這些動物和植物又取得什麼作為報酬呢？是保護、食物和繁衍的可能。[5]

這樣的說法或許有些誇張：所有細菌和其基因都是我們的一部分，就和我們的基因、心臟及腎臟一樣都屬於我們。為了繼續努力活下去，我們和寄生在我們身上的細菌彼此較勁、一同突變演進，就和攜手共進的原腸伴侶一樣。

這是歷久彌新的情誼，也是糾纏多年的競爭，不管怎樣都是一段長久的相互作用。不過，我們直到最近才得知這些細菌的存在，而且無論在人性、個體性或是健康狀況都深受它們影響。當然，我們同樣也會影響它們，也正開始著手了解該如何與它們互動，才能讓它們的潛能發揮最大功效，為人類帶來最佳利益。

另外，有愈來愈多證據顯示，幾乎所有高等生物都和微生物維持著類似的結盟關係，最佳實例在整個動物界俯拾皆是，我們在下個章節將有更詳盡的介紹。

---

4 細菌並沒有細胞核，古菌（早期被稱為古細菌）也沒有，兩者皆屬於原核生物，而擁有細胞核的植物、真菌和動物則被稱作真核生物。

5 人類有許多方法可以從動物身上獲取資源，其中也包含了屠殺，這一點使得利用動物這項議題長期備受爭議。本書作者亦認同人們必須就道德層面針對此一議題進行討論，然而若是繼續深究將使得本書走向偏離原有主軸。我們在這裡主要試圖從演化生物學的視角來思考人類和動物相互對立的關係，比方說，一隻圈養的野豬不用擔心遭受野獸攻擊，也不愁沒飯吃，因此一口氣就能生下好幾千隻小豬仔，而其中一部分的小豬又會再繁衍出成群子孫。仔細想想，在野生的自然環境中根本不可能會發生這種由人類所主導的演化優勢。

第五章

動物農莊

我們一直到很久以後才慢慢得知，寄生在人體身上的微生物和人類之間存在著相當緊密的合作關係，不過在動物界，這項對生命活動至關重要的互助模式早就不是新聞了，甚至到了今天，還是有各形各色、不可思議的結盟形式持續浮現。

事實上，只要我們全面廢除核能發電廠、停止往地下岩層灌注二氧化碳、不再開車，並且取消排污交易，還是來得及因應溫室效應及連帶引起的氣候變遷等問題。除了設法獲取更多再生能源和推行其他可行的節約措施，我們仍亟需改善排污的狀況，比如藉由改變全球牛隻的腸道細菌，讓牠們不再排放出甲烷這類比二氧化碳破壞力更強的溫室氣體，便能有效減少對環境的傷害。如果能將這套方法擴及所有住在柵欄裡和疏林草原上的反芻動物，那當然再好也不過。

儘管科學家們正如火如荼進行相關研究，不過短時間內要在農場上見到這種對環境友善的牛隻，甚至在超市裡購買牠們所生產的牛乳，似乎不太可能。單就這個主題其實足以另闢章節深入探討，甚至能夠成書，不過在這裡我們關注的重點將限縮在反芻動物的消化道微生物對氣候所造成的影響，並以此為例證明微生物不僅在人體內扮演舉足輕重的角色，幾乎所有動物也都與微生物牽連甚深。

自然界中還尚未發現過任何無菌動物，也就是身上或體內從未有微生物寄生的動物。「我認為所有多細胞生物都建立在宿主與細菌的互動關係上，」英國基爾大學生物中心的弗勞納（Sebastian Fraune）說，「據我所知，從未有研究資料指出任何一種身上或體內毫無細菌寄居的真核生物。」從水裡的鰻魚到樹上的夏蟬，無一不被微生物全面進駐。腸內完全無菌的牛只要吃下一口牧草，便會立即倒地身亡；誤食藥局前整車抗生素的馬匹也極有可能馬上將先前吃進肚裡的牧草或燕麥全數吐出來，[1]就連白蟻一旦沒了腸道細菌也會馬上癱軟暴斃。

在其他動物身上倒是沒有見到如此劇烈的反應，比方說用於研究腸道菌叢的實驗室老鼠，牠們的腸道被清理得一乾二淨，以便研究人員植入不同菌種並觀察後續變化。老鼠們雖然存活了下來，不過比起擁有正常腸道菌叢的同類，狀態明顯差了一截，免疫系統、代謝狀況和其他生理機能顯然都受到了影響。

全面進駐

這聽起來也蠻合理的：微生物層層包圍了我們四周。微生物早在大約五十億年前就存在了，那時首度出現具有原始腸管的動物；後來無論是真核生物的初次登場，或是單細胞生物在演化進程中邁向多細胞的第一步，微生物也都不曾缺席，而這至少是二十億年前的事了。一些高等動物不可或缺的細胞構造，像是粒線體和葉綠體，最初也是以共生形式依附在早期細胞上的細菌（見第四章）。加州大學柏克萊校區的妮可．金[2]和同事在二〇一二年甚至發現多細胞生物的形成和細菌有關，在其實驗中，細菌刺激了單細胞動物進行分裂，卻不與彼此真正分離。[3]

我們都知道，現今的植物必須持續和生活在土壤裡的細菌或黴菌等微生物進行交換作用，才得以繁茂滋長，而其中最為人熟知、同時也是最重要的當屬豆科植物的根瘤菌（*Rhizobium*），它們能將從空氣中吸取的氮轉化為植物和動物所需的養分。

由此，我們得以窺知動物和微生物之間的合作不但密切而且相當普遍。為了避免自己的肉身受到傷害，高等動物發展出了一些技巧，讓它們得以將危險因子隔離在外。像是皮膚或腸道上皮幾乎能擋下大多數的外來威脅，就算僥倖穿過這幾道銅牆鐵壁，後面也還有吞噬細胞和抗體嚴陣以待。然而，無論是皮膚、口腔、耳朵、鼻子、腸道、陰莖、陰道、肚臍、指甲或頭髮，沒有任

---

1 儘管如此，美國等地的畜牧業者還是持續在牛隻和其他牲畜的飼料裡添加「較低劑量」的抗生素以刺激動物生長，詳見第九章。

2 譯注：妮可．金（Nicole King, 1970-）：美國生物學家，主要研究多細胞生物的演化，二〇〇五年曾獲麥克阿瑟獎（MacArthur Fellows Program）。

3 Alegado et al.: A bacterial sulfonolipid triggers multicellular development in the closest living relatives of animals. eLife Oktober 2012, online abrufbar unter: elife.elifesciences.org/content/1/e00013

何人或動物能夠讓這些部位全都保持在無菌狀態，唯一可行的辦法就只剩下：只有不與壞菌為伍的無害微生物才得以通行進入；當然，我們更歡迎那些不只沒有危險性、甚至對健康有益的微生物。像這樣親密融洽的相容共存並不是由任何浪漫玄妙的力量所推動而達到的自然和諧，而是歷經好幾十億年的演化結果：一個敏感、易受干擾的動態平衡。

就連水螅這樣簡單的多細胞生物裡裡外外無一處不是各形各色滿滿的細菌大軍，[4]最新的研究數據指出，水螅的身上和體內大約有一百五十到兩百五十種不等的細菌變異株，[5]其中約有五到十種占了絕大多數。不過它們可不是隨機抓來一些細菌就展開密切的同居生活，事實上，根據多年來的研究發現，每種腔腸動物都有它自己獨特且幾乎是由固定班底所組成的混合菌群。好比水螅就自有一套遴選同居室友的機制：先前介紹過的弗勞恩和他在基爾大學生物中心的同事在不同種類的水螅身上發現了相當特殊的迷你蛋白質，這些蛋白質對某些微生物來說形同毒藥，而有些則完全不受影響。[6]

內建的太陽能發電廠和製糖廠

這些相對來說較不複雜、只由兩層袋狀結構和一些觸手所組成的動物一般都能挑選到符合自己需求的微生物，不過同屬腔腸動物的珊瑚卻打破了這種合作模式，它們利用只有顯微鏡可見的藻類作為活體太陽能板，透過藻類行光合作用製造醣類，取代流質養分供應給自己的細胞。寄生在珊瑚身上和體內的細菌粗估超過一千種以上，而且其中有不少菌種獨鍾珊瑚，再也沒在其他地方或物種身上出現過。這些細菌的功能在於將氮轉換為對這些刺胞動物有益的物質、輸送糖分，並且隔絕其他外來的有害細菌。

正是類似這樣並非偶然相聚的微生物層保護著兩棲動物、魚類、毛蟲、巨蜥和鯨魚的皮膚。有些海底線蟲會放任硫細菌在它們身上成長，終而被這些細菌完全吞噬；也有線蟲會將硫細菌養在體內，然後在演化過程中逐漸廢除身上原有的孔洞，因為它們從共生關係中便能攝取到足夠的養分，而且含硫分子極小，可以穿透皮膚進入線蟲體內。

有了微生物的幫忙，動物不僅可以利用光能，更能反過來製造光能。**夏威夷短尾烏賊**（*Euprymna scolopes*）自幼便附著有費氏弧菌[7]，在螢光素（Luciferin）或螢光素酶（Luciferase）這類物質的協助下，微生物就能發光。烏賊以胺基酸和糖餵養自己身上的微生

---

4 Fraune und Bosch: Long-term maintenance of species-specific bacterial microbiota in the basal metazoan Hydra. PNAS, Bd. 104, S. 13146, 2007

5 這裡的「細菌變異株」係指基因序列至少有百分之三相異的型別（Typ），生物學家稱之為「操作分類單元」（Operationale Taxonomische Units），簡稱為「OTUs」，因為對這些專家來說，光是以「種」（Art）根本不足以標示各形各色的細菌。

6 Franzenburg et al.: Distinct antimicrobial peptide expression determines host species-specific bacterial associations. PNAS 2013, Bd. 110, E3730-8. doi: 10.1073/pnas.1304960110

7 譯注：原文使用未有正式中文譯名的舊稱 *Aliivibrio fischeri*，譯文採用其同物異名「**費氏弧菌**」（*Vibrio fischeri*）。

物，然後在月亮升起時便點亮這些微生物的光芒，這麼一來，那些在海底深處虎視眈眈的獵食者就無法看到這些小型頭足綱動物——月光映照下的烏賊甚至比月光還要耀眼。

牛胃裡寄居著無數細菌、黴菌和其他微生物，單單一滴胃部內容物所夾帶的單一生物就比全球人口總數的十倍還多。這些微生物會分解植物性物質和纖維素，牛胃裡的酵素卻反而置身事外，完全沒有參與。白蟻和人類的腸道也是如此，人類的也不例外，只是人不只以牧草或木頭維生。

和其他研究腸道微生物的領域一樣：人們早就知道在裡頭鑽來溜去的都是些什麼東西。一八四三年，匈牙利醫生格魯比[8]在牛胃裡發現了單細胞動物，同年，他也追蹤到了人類最容易感染、有時甚至可能致命的念珠菌，但是我們現在才正要開始瞭解它們的傳播途徑。舉例來說，人們一直到了一九九八年[9]才終於搞清楚微生物會將纖維素分解成一種相當重要的能量來源，也就是短鏈脂肪酸。

瘤胃是一種徵兆

長期以來，我們其實不那麼確定反芻動物的同居室友都做了些什麼、怎麼運作、是否協助宿主的消化作用，或只是單純吸收養分。但我們知道甲烷是由古菌所製造的，這種與細菌相近的原始微生物能讓細菌和單細胞生物所產生的氫變得更有價值。也因此，將一頭牛改造為環境友善動物的重點並不在於牛隻本身，而是人們必須設法找出那些產氫較少的細菌，或是其他減緩氫對氣候造成傷害的辦法，比方說我們可以直接利用氫作為動力燃料。生物學家們在實驗室裡不斷反覆思索各種可行的辦法，俄亥俄州立大學的實驗室就是一例，那裡頭的生物反應器正隆隆作響地不停翻攪胃部內容物（在德文裡，反覆思索〔ruminieren〕和隆隆作響〔rumoren〕這兩個動詞的字根都是〔**Rumen**〕，而**Rumen**在拉丁文裡是喉嚨的意思，也可解作瘤胃）[10]。

牛不只一天要被擠兩次乳，還要插胃管進行脫氫，光是想像就讓人不敢恭維。

白蟻則是另一種能提高纖維素和木聚醣這類固定植物分子原有價值的動物，目前在德國境內僅有少數幾種已知的族群，然而在熱帶和亞熱帶則有大約兩千六百種不同的**白蟻**（*Holotermes*）、**大白蟻屬**（*Macrotermes*）、**古白蟻屬**（*Zootermopsis*）……等等，數量之龐大使得這些地區幾乎見不到一片凋零的草葉或是乾枯的木塊，沒有一塊木頭是完整而毫髮無傷的：光是在南加州，白蟻每年所造成的損害估計就超過十億美元。這些小蟲的腸子裡也藏了成千上萬的微生

8 譯注：格魯比（David Gruby, 1810-1898），匈牙利醫生，研究微生物學與醫用真菌學的先驅。

9 Annison und Bryden: Perspectives on ruminant nutrition and metabolism I. Metabolism in the rumen. Nutrition Research Reviews, Bd. 11, S. 173, 1998

10 譯注：瘤胃即反芻動物的第一個胃，一般也是最大的一個胃。

物，遠比全世界的白蟻窩還要多，不過人類至今仍然尚未釐清這類節肢動物的生化反應究竟是如何運作的，倒是在牠們身上發現超過一百種以上的微生物，其中有些和人類腸道益生菌擬桿菌屬有親屬關係，但也有些和梅毒病原菌相當類似。正是這些微生物將氫和二氧化碳從傷害環境的甲烷轉換為乙酸，不但可供給白蟻養分，同時也是所有動物取得碳的首要來源。

猶如布萊梅樂隊

二〇一三年九月，學界發現了乙酸為細菌帶來的好處。[11]根據帕薩迪納加州理工大學李德貝特（Jared Leadbetter）和同事的研究結果，我們可以進一步探討白蟻是否能被視為δ-變形菌（Deltaproteobakterien）的宿主。這種當時還無人知曉的變形菌雖然生存在白蟻的腸道裡，卻不是隨意駐留，而是附著在單細胞微生物的表層上，而這些微生物包辦了白蟻體內絕大部分的製氫工程，換句話說，δ-變形菌等於是直接坐在產氫源頭的邊上。此外，這項研究結果也顯示，無論是人類或是昆蟲，微生物在腸道內的一舉一動看來並非是一團混亂（見第三章），所有參與運轉的角色，宿主和寄生者、房東和房客、原料生產者、運送者、物流公司和終端製造廠反而像是依循著一套繁複多重、井然有序且和諧一致的系統，共同組構成一張營養網絡，或是營養的金字塔。各式參與其中的人馬或按字母排序，或依彼此的體態一個接著一個層層疊起，和布萊梅樂隊的動物沒兩樣。正是透過這種互助合作的模式，所有成員得以衣食無虞，不但有安身立命的處所，更能將不受歡迎的來客拒於門外。

有些實驗室當然也嘗試打造模擬白蟻腸道的生物反應器，企圖生產可驅動汽車的乙醚。

我們的確可以將必須品外包給微生物製造，這一點已經有足夠的事例佐證，另一種算是白蟻遠親的社會性昆蟲更是早就證實了這一點：無論是切葉蟻、牛群或是白蟻，都是以纖維素作為主要的營養來源，只不過消化過程中需要的微生物大多不住在牠們腸道內。切葉蟻切碎的葉屑會由黴菌分解，這些黴菌被飼育在一個跟小型北海道南瓜差不多大小的洞穴裡，切葉蟻身上的細菌會供給其需要的氮，其他細菌則會負責將有害微生物阻擋在外，否則黴菌園就會像疏於除草的黃瓜田，淹沒在重重交纏的繁縷[12]裡。螞蟻並不純粹是單方面利用微生物，就和細菌獲得食物、保障和繁衍的可能作為報酬一樣，黴菌也有其反饋，只不過多數還是以提供養分給飼主為主。

---

11 Rosenthal et al.: Localizing transcripts to single cells suggests an important role of uncultured deltaproteobacteria in the termitegut hydrogen economy. PNAS 2013, Bd. 110, S. 16163 doi: 10.1073/pnas.1307876110

12 繁縷（Vogelmiere）：繁縷亦稱為鵝兒腸，不過這個名稱和消化器官應該沒什麼關係。若以本章和前一章所探討的相互關係來看，鵝兒腸並非單純的雜草，舉例來說，它們能有效保護葡萄園的土壤不被沖刷或乾枯，同時也是具有營養價值的菜葉和藥草。

新種崛起

科學界幾乎每個星期都有新的案例讓人從更多不同面向認識動物和微生物之間的互利共生，以及經由這種合作模式所激發出的火花與能量。隨著逐日累積的知識，各種假設和揣測也不免紛沓而至，養分的製造和細菌的防禦是其中最受關注的兩個主題，另一個同樣備受矚目的焦點是從未讓人看清的演化機制：新種的形成和物種的分類。新的物種是如何成形？而舊物種的變異株——不論叫作種族或是種類，還是副屬種——又是如何不被無所不在的性衝動牽著鼻子走，才不致使得所有分出異種可能性一再化為烏有？這些問題從達爾文時期至今仍是演化生物學家試圖解開的謎。當然不時會有風暴將已經懷孕的母燕雀帶到偏遠荒僻的孤島上，母鳥在全然陌生的新環境裡再也不會有機會和同族或近似的族群交配，因此有繁殖出新種的可能。不過有許多物種即使沒有和所屬族群在生活地域上長期隔離，還是可能分裂為兩種無法相互交配的族群，形成新種。

和這種情況相反的是另一種少了相配的性器、交配時間或性誘劑的微生物，它們形成新種的過程顯然快了許多。

演化即是適應環境，意思是：在細胞核進行交配繁衍的生物發生變異，而這些變異之中有少量利於在特定環境中存活下來。體內發生變異的生物就能爭取到更多繁衍後代的機會，隨之改變的基因和特徵則會大量擴散開來，這些過程會歷經很長、非常長的一段時間。假設這個多細胞生物和細菌之間存在互利共生的關係，那麼我們就必須將細菌一併納入，視為這個生命的一部分，這便是由生物學家羅森柏格[13]所提出的全功能體假說（Holobionten-Hypothese）。

細菌、其基因，以及這些基因的作用和影響力都能以驚人的速度變換，有時用不到一個鐘頭就能完成一次因突變而發生的世代交替。我們甚至不用苦等有利的變異發生，只要環顧四周無不是源源不絕的細菌等著我們直接取用，這種透過人工方式在短時間內發生變化的微生物，就能夠讓那些基因幾乎無異的動物經由細菌基因的變異，成為兩種無法和彼此交配的族群。

漂亮的論述，我們可以這麼說。不過在自然界要上哪兒去找到支持這個假說的證據呢？

事實上，學名**金小蜂**（*Nasonia*）[14]的姬蜂為此提供了有力的證據。研究人員在無菌環境下培養同屬金小蜂科的不同種幼蟲，並讓牠們的腸道維持無菌狀態，長大後不同種的蜂群不但能雜交，也能順利繁衍出健康的後代。然而如果讓幼蟲原有的腸道菌叢自然成長，成蟲雖然還是能夠雜交，但卻無法產下健康的幼蜂；用專業術語來說：細菌群落的差異成為維持生殖隔離的力量。

---

13 譯注：羅森柏格（Eugene Rosenberg, 1935-），美國環境微生物學專家，美國微生物學會（American Society for Microbiology）重要成員。

14 Brucker und Bordenstein: The hologenomic basis of speciation: gut bacteria cause hybrid lethality in the genus Nasonia. Science, Bd. 341, S. 667, 2013

德國演化生物學家麥爾[15]之所以在科學史上留名，主要是因為他確立了生物種的概念。按照麥爾的想法，只要動物或植物能夠自然地進行交配，並繁衍出同樣具有繁衍能力的下一代，就可以被歸為同種。這時，我們就不禁要質疑，為何微生物學家喜歡使用外行人無法理解的OTUs[16]（operational taxonomic units；可操作性分類單元）為細菌分類呢？雖然細菌有時也會彼此交換遺傳物質，但事實上它們只需透過分裂來繁衍下一代。麥爾有次接受本書作者之一的訪談時便直言不諱地指出，細菌根本毫無分類可談；麥爾還採取一種詭異的說法駁斥金小蜂所提供的證據：雖然細菌顯然會衍生出新的種類，不過並不能算是真正的菌種。

麥爾在生物史上備受尊崇，我們將會在下一章介紹生物學某個分支的歷史和麥爾的同事。

---

15 譯注：麥爾（Ernst Mayr, 1904-2005）著作等身，一生獲獎無數，是二十世紀極為重要的演化生物學家，一九四二年出版《動物學家的系統分類學與物種起源觀點》（*Systematics and the Origin of Species from the Viewpoint of a Zoologist*）一書，整合達爾文的演化論與孟德爾的遺傳學，確立演化論的現代綜合理論。

16 關於細菌變異株的定義請參照本章注五。

第六章

微生物學簡史

起初，細菌在人們的眼中只是奇特的小動物，後來成了人人喊打的過街老鼠。今日，它們搖身一變，成為拯救世界的英雄。

顯微鏡問世以前，可想而知，人們並不知道細小、極小、顯微小的生物世界是熱鬧又充滿生命力的。

一六七〇年代，荷蘭臺夫特的雷文霍克[1]在閒暇之餘透過自製的放大鏡觀察世界。這是一臺前所未有的儀器。雷文霍克是市政府的公職人員，據說也從事布料買賣，為了精確判斷貨物品質，這名科學自學者便設計出一種鏡片結構。

雷文霍克因此成為歷史記載中材料科學的始祖，更被人視為微生物學之父，他不只用顯微鏡觀察斜紋軟尼布和帆布，池塘裡的水和嘴裡的牙垢也是他觀察的對象。他所琢磨的鏡片中，最好的能將物體放大整整五百倍，加上他過人的好眼力，輕易就能觀察到一整群單細胞生物或大型細菌，並且將它們描繪下來。[2]

一六七六年，他將自己彙整的觀察結果寄給倫敦皇家學會，報告中還穿插著各式手製繪圖。此舉使得臺夫特湧進一波又一波想要先睹為快的人潮，在尚未親眼目睹之前，沒有人願意相信雷文霍克，人類肉眼無法企及之處竟存在一個充滿生命力的小宇宙。只要透過這些臺夫特的鏡片瞧個幾眼，再不信邪的懷疑論者也會馬上心服口服，據說連俄國沙皇都曾親自到訪，更不例外地乖乖遵守了這位布商明訂的「僅限眼觀，請勿碰觸」規矩。

一個嶄新的世界就此崛起，而雷文霍克嘴裡活生生的蛀牙菌也就此成了微生物學界首度在人體發現的微生物族群。在此同時，另一名顯微鏡先鋒英格蘭人虎克[3]，則觀察到植物是由細胞所構成的，成為第一個以「細胞生命」這個在當時仍顯突兀的主題發表論文的學者。

早在數百、甚至數千年前，人們就知道水裡、皮膚上、咳嗽的飛沫中、動物或人類的排泄物裡存在著某種肉眼看不見、但極度活躍且充滿力量的東西。

約莫在西元前二八〇〇年，巴基斯坦的印度河一帶就有廁所的存在了，北大西洋的奧克尼島也發現年代相近的類似遺跡，想必當時是出於衛生需求才建造了這些廁所。痲瘋病患被隔離並且切斷與外界所有聯繫的紀錄不僅止見於聖經，人們並不知道碰觸糞便或某些病患之所以會危害健康，其實都是那些微乎其微的小生物搞的鬼，就連聖經都沒有告訴我們這一點。

雷文霍克的重要發現正是本書所要探討和介紹的主題：寄居在我們體內和身上的微生物。然而，沒人想得到那些在放大鏡下被發現的「微小生物」竟是影響人體健康甚鉅的同伴，更是引起疾病的始作俑者，畢竟它們實在是太小了。

有些疾病則是透過傳染的，至於為什麼會是這樣？詳細原因我們仍不清楚。

以毒攻毒

隨著時代演進，人們身體不適的症狀——今日被稱作感染性疾病——並沒有減緩，尤其愈多人擠在狹小空間時，發生的頻率就愈高。聖經教導我們將患者隔離或避免與之接觸，這種殘酷的方法卻不見得有效。

自中古世紀以來，伊斯蘭世界在許多領域都採用了更為領先創新的治療方式，無論是學院派的醫術或是民間療法皆是如此。奧斯曼帝國早已普遍使用西方人的**人痘接種術**來對抗天花，這個字在德文裡大概等同於「膿皰」（Pickelung）的意思，也就是從病情尚未惡化的患者身上取出腐

1 譯注：雷文霍克（Antoni van Leeuwenhoek, 1632-1723），荷蘭貿易商，手工自製顯微鏡，為史上觀察並描繪單細胞生物的第一人，有光學顯微鏡與微生物學之父之稱。

2 Meyer: Geheimnisse des Antoni van Leeuwenhoek. Pabst Science Publishers, Lenerich 1998

3 譯注：虎克（Robert Hooke, 1635-1703），英格蘭物理學家、發明家，組裝全世界第一架顯微鏡，觀察並繪製眾多的微小生物，一六六五年出版《微物圖解》（*Micrographia*）一書，之後並力挺較晚改進顯微鏡的雷文霍克加入倫敦皇家學會。

化的膿液，塗抹於另一名健康的人被劃開的皮膚上。十八世紀初，英格蘭駐奧斯曼帝國大使的夫人孟塔古夫人[4]，在伊斯坦堡親眼見證了這項療法，確信其中療效的她讓自己的孩子也接受接種，回到倫敦後更致力於推廣這套預防接種的方法。

事實上，這套預防感染的措施真正的發源地還要再往東移，創始的年代也更為久遠，約莫於西元前一五〇〇年就有人在印度施行這項技術了。根據一位名為霍爾威爾[5]的醫生在十八世紀後半所留下的紀錄，天花和其他疾病皆起因於微生物的說法也是源於印度。一七七六年，雷文霍克致函倫敦的百年後，霍爾威爾也寫了一封信到倫敦皇家內科醫學院，信裡頭提到「大量在空氣中飄浮卻無法捉摸的微生物」是引發流行性疾病，「尤其是天花」的主因。

與此同時，人們也在中國清朝發現有文獻對於這項技術有更加詳盡的說明。目前可以確知最早的紀錄是一份一五四九年的文獻，比起上述幾份都還要來得久遠。根據這份文獻，這項技術很可能早在十世紀就普遍存在中國了；此外，伏爾泰也曾在一七三三年記述，北高加索的居民開始使用「接種」這項技術的「年代已不可考」。

無論在印度、中國或是土耳其，這項技術在執行上都遵循一個共同的重要原則：僅從病情尚未惡化的患者身上取得膿液植入健康者皮膚底下。這項關鍵因素將決定這項技術會為接種者帶來致命疾病或是讓他終身免於感染天花，然而當時的人們並不知道若是稍有不慎，可能造成如此天差地別的兩種結果。他們只是從兩名病毒帶原者中選擇危險性較低的取得膿液，注入少量到健康者局部的皮膚組織裡。在大多數的案例中，幾乎沒有發生特別嚴重的副作用，免疫系統也順利建立終生受用的防禦機制。

自幼便擁有過人美貌的孟塔古夫人在二十六歲那年染上天花病毒，雖然活了下來，卻也留下不少疤痕，不過這一切仍得歸功於被引進中歐的人痘接種術。這項技術拯救了無數人的性命，也為不少婦女保住了姣好面容，但這並不表示這項療程毫無風險。接種者約有百分之三的死亡率，許多人則會持續發病好幾週，這些威脅直到金納[6]發明**疫苗**後才有了新的轉機。

全是擠奶女工的功勞

先前我們把人痘接種技術理解為德文的「膿皰」，那麼疫苗接種在德文裡大概可以翻譯作「牛痘」（Rinderung）。事實上，金納也只是改變了取得疫苗的來源：他沒有使用人類的天花製作疫苗，而是一般來說不會傳染給人類的牛痘。我們現在知道牛痘病毒和天花病毒非常相似，

---

4 譯注：孟塔古夫人（Lady Mary Wortley Montagu, 1689-1762），英格蘭詩人，其書信紀錄了旅居奧斯曼帝國的見聞，挑戰了當時普遍輕視女性的態度，最著名的事蹟為引進預防接種至英格蘭。

5 譯注：霍爾威爾（John Zephania Holwell, 1711-1798），英格蘭外科醫生、東印度公司成員，第一位研究印度學的歐洲人。

6 譯注：金納（Edward Jenner, 1749-1823），英格蘭醫生，第一位以科學方法證實接種疫苗可以有效預防感染天花的人，被尊為免疫學之父，疫苗（vaccine）一字即為其所創，字首取自拉丁文的「牛」（vacca）。

足以讓人類的免疫系統做好預防病毒感染的準備。金納對於病毒和抗體其實一無所知，他只知道擠奶女工的手上經常出現小型腫塊，而這些腫塊使得她們免疫於天花。[7]

因此，比微小的細菌還要小得多的病毒便成為現代醫學首度成功制服的微生物，不過人們卻是在渾然不覺的情況下贏得了這場聖戰。

人類自數百、甚至數千年以來便懂得利用微生物，像是以細菌製作優格和醃漬品、混入茶葉製成康普茶[8]，或是利用酵母菌製作啤酒和其他酒品，但人們並不知道這一切都是無數微小生物辛勤勞動的結果。

每每提及細菌或是病毒，人們總是直覺認定不會有什麼好消息，之所以容易讓人產生負面連結的主因很可能是微生物學史直至近年才逐漸轉向積極尋找、挖掘微生物的正面特質。這股趨勢從天花開始，接著是結核和霍亂，後來則有萊姆病和各種以Hs和Ns編號為名的流感病毒，直至今日仍尚未停下腳步。人們習慣把細菌與病毒和疾病畫上等號，這麼想並沒有錯，但對這些微生物認識得愈多，就會發現這其實是一體兩面的問題，畢竟在醫學微生物學的領域裡，我們對微生物破壞力的關注的確遠遠超過它們所帶來的效益。

釀成大病的小傢伙

有一部分的西方科學家後來接受了源自於印度的觀點，認為「大量看不見又摸不著的小動物」可能帶來疾病。不過促使義大利科學家巴謝[9]同意這種看法的並不是某種人類的疾病，而是小蟲子的，還是那些足以影響當時經濟情勢的小蟲子：染上某種稀有疾病的蠶。一旦這些小蟲的身體裹上了一層白色粉末，它們就會死去，這種情況從十九世紀初葉開始遍及法國和義大利的養蠶場，造成了重大損失。

巴謝花了整整二十五年才發現引發這場災難的幕後黑手其實是一種生物，而且這種疾病是會傳染的。[10]他因此建議養蠶場加強衛生管理，並且隨時留意蠶隻狀況，以便即時隔離染病的蟲隻，減少與健康蟲隻接觸的機會。這些改善措施後來奏效，巴謝也因此聲名大噪。

然而巴謝並不知道真正的病源其實是一種黴菌，而包覆蠶隻的白色粉末實際上是成千上萬個孢子，但他確定這種疾病並非自然界偶發的意外，而是一種普遍的現象，舉凡植物、動物和人類

7 擠奶女工手上或臂膀上的小型腫塊便是牛痘病毒所造成的潰瘍。

8 譯注：康普茶（Kombucha）為臺灣常見的譯名，有時亦譯為紅茶菌，是一種採用特殊酵母、糖與茶葉共同釀造而成的氣泡式發酵茶，對健康很有幫助。

9 譯注：巴謝（Agostino Bassi, 1773-1856），義大利昆蟲學家，第一位提出微生物是致病的原因的科學家。

10 Bassi: Del Mal del Segno, Calcinaccio o Moscardino, 1835, online（ital.） unter http://biochimica.bio.uniroma1.it/bassi1f.htm

都無法倖免。同時，他也大膽揣測，許多疾病都是微小生物經由各種傳染途徑所引起的。

或許有人會想，總該輪到柯霍[11]和巴斯德[12]登場了吧！現在還不是時候，請諸位再耐心等等，因為我們要先介紹影響這兩位甚鉅的思想家和師長。柯霍的老師是漢勒[13]，漢勒一方面在柏林跟隨知名學者、動物學創始人繆勒[14]習醫，發表了許多解剖學的重大發現；另一方面，他也支持巴謝的論點，並在一八四〇年〈關於瘴氣和傳染〉（Von den Miasmen und Kontagien）一文中以此為基礎為傳染病建立了史上第一套具有完整科學論據的「細菌理論」。

名叫柯霍的鄉下醫生

大約在同一個時期，維也納醫生塞默維斯[15]得出一個相當有用的結論，他呼籲醫生從解剖室移動到產房前應該先洗淨雙手並且更衣，否則可能將產褥熱傳染給他人。這項舉動發揮了效用，產房裡的死亡率減少了約三分之二，不過當時人們認為這種形同如廁守則的規定有褻瀆神聖醫職之嫌，使得這位空有創新想法的醫生陷入處處碰壁、一職難求的窘境。

讓我們將故事場景將從維也納西城搬到位於現今波蘭波森省一個名為沃斯坦恩的偏僻鄉村小鎮。一八七〇年代有個名為柯霍的醫生在此行醫，這名年輕的醫生曾在哥廷根拜漢勒為師，並且承襲了漢勒的觀點，認為微生物是傳染疾病的罪魁禍首。這種看法在當時已被廣為接納，不過柯霍利用工作之餘的閒暇時間在自己的診所裡為此找到了證據。他以一絲不苟的精神研究炭疽病，將長條狀的細菌從受到感染的動物血液裡分離出來並且加以描述，然後利用營養液培養這些細菌，再將它們重新植入實驗動物的體內致使發病。

柯霍在一八七六年發表的論文〈炭疽病病因學——以炭疽桿菌發展史為本〉（Die Aetiologie der Milzbrand-Krankheit, begründet auf die Entwicklungsgeschichte des Bacillus anthracis）被視為微生物學史上關鍵性的轉折點。這不僅是第一篇以嚴謹的科學研究證明微生物的確給動物和人類帶來疾病的專業報告，同時也全面革新了這個領域的研究方法，像是幫細菌染色和剖析細菌的特殊技巧、微生物的顯微攝影、細菌的隔離，以及使用不同的營養液加以培養。與此同時，植物學家科恩[16]也開始著手將細菌的種類和族群按照系統分類，並在一八七五年首創**芽孢桿菌屬**（*Bacillus*）這個屬名，因此被後人視為「細菌學之父」。

---

11 譯注：柯霍（Robert Koch, 1843-1910），德國醫生、微生物學家，一九〇五年獲得諾貝爾醫學獎，被尊為現代細菌學之父。

12 譯注：巴斯德（Louis Pasteur, 1822-1895），法國微生物學家、化學家，微生物學的奠基人，被尊為微生物學之父。

13 譯注：漢勒（Jakob Henle, 1809-1885），德國解剖學家、病理學家、醫生。

14 譯注：繆勒（Johannes Müller, 1801-1858），日耳曼生理學家、海洋生物學家和解剖學家，被尊為實驗生理學之父。

15 譯注：塞默維斯（Ignaz Semmelweis, 1818-1865），匈牙利裔醫生，於維也納擔任產科醫生時，提出醫生接生前應先洗手的理論，被視為推行消毒方法的先驅，但此方法不為當世所接受，塞默維斯終生抑鬱不得志，最後逝世於精神病院。

16 譯注：科恩（Ferdinand Cohn, 1828-1898），德國植物學家、博物學家，致力於細菌研究與分類，奠定了現代細菌的命名方式與細菌學的基礎。

芬妮的配方與佩特里的熱賣品

在那之後，微生物學界展現了與過往截然不同的全新氣象：柯霍和巴德斯分別在柏林與巴黎設立的自己的機構，柯霍發現了結核桿菌和霍亂的病原菌，巴德斯則利用病原菌活體發展出抑制炭疽病和狂犬病的疫苗；幾年後，美國人沙蒙和史密斯發現不活化疫苗同樣也能用於免疫接種。薩克森醫生海斯[17]的太太芬妮[18]，發現膠凝劑洋菜相當適合用來培養細菌，柯霍的助手佩特里[19]則發明了直至今日每個實驗室都不可或缺的培養皿，這些以佩特里的名字命名的實驗器材一開始是由玻璃所製作的，現在則用人造材取代。一八八二到一八八四年間，烏克蘭人梅契尼可夫[20]先後在海星和脊椎動物體內發現吞噬細菌和非己物質的細胞，同時期的埃爾利希[21]則描述了抗體在免疫系統中所發揮的功能，他們兩人不但都發現了免疫系統中重要的組成分子，同時也是有史以來首度直接觀察到微生物和動物身體或人體實際互動往來的幸運兒。

儘管英國醫生羅伯茨[22]早在一八七四年便指出某些培養的黴菌具有殺菌的功能，人們卻一直到將近七十年後才利用培養出來的青黴素（Penicillin，或可音譯為盤尼西林）和鏈黴素（Streptomycin）製造出首批抗生素。不久後，人們將那些無法以微過濾器從液體中篩出的病原菌定義為「病毒」，然而病毒真正的模樣卻直到一九二五年才經由紫外線顯微鏡的鏡頭向世人揭露。

直到柯霍為止，微生物學史主要著重於探討微生物在人類世界中所扮演的角色：在雷文霍克的時代，這些肉眼看不見的小生物雖然迷人，卻因為太過微小而在人們的日常生活中顯得微不足道，到了十九世紀末，風光不再的它們成了人類誓言抵抗的敵軍、加害者、疾病的禍根以及掠奪者。這場人菌大戰同時吸引了不少研究者注意，其中柏林的埃爾利希在一九一二年發現灑爾佛散（Salvarsan）能有效醫治某種傳染病——梅毒。至此，除了少數被用來製作啤酒、葡萄酒和酸菜的菌體，其他微生物一概被視為洪水猛獸。事實上，人們的認知到今天還是沒有太大改變：細菌就是不健康的，就算無菌不見得一定是好事，但至少是安全的；也因此，「抗菌」仍舊是當今肥皂和各式清潔劑的最大賣點。

17 譯注：海斯（Walther Hesse, 1846-1911），德國醫生、微生物學家。
18 譯注：芬妮．海斯（Fanny Hesse, 1850-1934），德國醫生海斯之妻，因發現可用洋菜培養細菌而聞名。
19 譯注：佩特里（Richard Petri, 1852-1921），德國微生物學家，一八八七年設計出培養細菌所用的培養皿而聞名，此器具也以其名命名為「佩特里皿」（Petri dish）。
20 譯注：梅契尼可夫（Ilja Metschnikow, 1845-1916），俄國微生物學家與免疫學家，因發現乳酸菌對人體的益處，而被尊為「乳酸菌之父」，一九〇八年獲諾貝爾醫學獎。
21 譯注：埃爾利希（Paul Ehrlich, 1854-1915），德國細菌學家、免疫學家，一八〇八年與梅契尼可夫共獲諾貝爾醫學獎。
22 譯注：羅伯茨（William Roberts, 1830-1899），英國醫生，一八七四年發現細菌之間存在著拮抗作用，但未受時人重視。

好菌？

沒多久，科學家們便察覺到細菌和其他微生物也可能是有用的。維諾格拉斯基[23]在一八九〇年發現自然界中的氮循環，連帶揭露了土壤細菌對天然氮肥的重要性，他更從研究中找到能夠從鐵鹽、硫化氫或氨獲取能量的細菌。此外，梅契尼可夫也在一九〇七年大膽臆測，隨著食物進入人體腸道的細菌應該是健康而且是有益於延長生命的（詳細內容請見本書第十八章），一年後，他便因免疫研究上的重大的發現而獲頒諾貝爾獎。

很快地，研究者就發現微生物最大的好處其實在於相當適合作為研究對象和工具：微生物不但細小、廉價、容易取得，而且是操控方便、繁衍快速的實驗品，所有和生物學有關的問題都能透過微生物進行更加深入的研究，像是性、代謝作用、生態學、變態和多樣性，以及基因學等。一九〇〇年前後，貝傑林克[24]就已經推斷，比起植物或動物，細菌和黴菌更適合拿來研究遺傳法則。他在臺夫特，也就是雷文霍克的故鄉，創立了微生物學的荷蘭學派，並且以生物化學法研究微生物的生命歷程、酵素作用和遺傳法則。一九三六年，加州的科學家以紅黴菌（*Neurospora*）進行交叉試驗，繪製出第一份人類染色體圖譜。幾年後，感染細菌的病毒，也就是所謂的噬菌體，成就了分子遺傳學，而劃時代的高點當然是沃森、克里克[25]和羅莎琳·富蘭克林[26]在一九五三年解開了ＤＮＡ結構之謎。在這之後，為了進一步瞭解基因的組成以及如何調節基因，細菌和其遺傳物質成為莫諾、賈克伯[27]和其他許多基因學家持續研究的對象。

隨著時序演進，微生物逐漸退出了研究主流。天花在一九七九年被正式宣告徹底絕跡，而早在成功消滅天花的十年前，時任美國公共衛生局局長、同時也是美國當時地位最崇高的醫生史都華[28]便公開宣告，人們再也不用為傳染病感到苦惱了（It's time to close the book on infectious disease...）。從貝傑林克的年代開始，將近有一百年的時間人們將微生物視為萬惡病源，同時也是最佳的實驗對象，然而到了現在，單是如此已經無法滿足時代的需求了。真核生物，也就是細胞具有細胞核的生物，取代了微生物躍上新時代的研究舞臺，單細胞已然成為過去式，此刻當道的是多細胞，尤其是人類細胞。就連因研究微生物而聲名大噪的著名學者，像是ＤＮＡ專家沃森，都轉而投入多細胞的相關研究，以期成功對抗諸如癌症等疾病。幾乎每個九〇年代的德國微

---

23 譯注：維諾格拉斯基（Sergei Winogradsky, 1856-1953）：俄國微生物學家、生態學家和土壤科學家。

24 譯注：貝傑林克（Martinus Beijerinck, 1851-1931），荷蘭微生物學家、植物學家。

25 譯注：美國分子生物學家沃森（James Watson, 1928-）和英國生物學家克里克（Francis Crick, 1926-2004）在一九五三年共同發現去氧核糖核酸（DNA）的雙螺旋結構，二人也因此於一九六二年獲得諾貝爾醫學獎。

26 譯注：羅莎琳·富蘭克林（Rosalind Franklin, 1920-1958），英國物理化學家、晶體學家，其拍攝的ＤＮＡ晶體繞射圖片及相關數據，為解出ＤＮＡ結構的關鍵線索。

27 譯注：莫諾（Jacques Monod, 1910-1976）和賈克伯（Francois Jacob, 1920-2013）兩位法國生物學家，共同發現了蛋白質對轉錄作用的影響，兩人於一九六五年獲得諾貝爾醫學獎。

28 譯注：史都華（William H. Steward, 1921-2008），美國小兒科醫師、流行病學家，一九六五年至一九六九年任美國公共衛生局局長。

生物學和基因學教授都一再強調，細菌研究已逐漸式微，致力於培養「更高階」的細菌才是現時趨勢。人類基因體的完整序列則在千年之交被成功破解，主要功臣當屬凡特[29]。

然而，已解碼的基因至今進展有限，只有寥寥可數的幾種具體治療方法。

第二基因體

儘管多少受到真核生物和多細胞研究熱潮的影響，仍有一些微生物學家持續研究細菌，並發展出新的研究方法，也因此帶來新的契機。美國微生物學家烏斯在一九八〇年前後和同事一起為原核生物的研究開創了革命性的全新局面，他們發現細胞的某種運作功能含有可用來解釋微生物親緣關係的遺傳物質，也就是被稱作16S核醣體RNA（16S-rRNA）的遺傳物質。這種物質不但在蛋白質合成的過程中扮演著催化劑的角色，比起透過顯微鏡觀察，也為科學家提供了更精確的分類標準。另外，穆利斯[30]在八〇年代發明了聚合酶連鎖反應（Polymerase-Kettenreaktion）的技術，使得遺傳物質可以被大量複製，不但減少許多研究工作上的不便，更讓專家學者終於突破先前的困境，首次取得足夠樣本數進一步研究那些無法在培養皿培育的細菌，也就是細菌的遺傳物質；換句話說，此前的微生物學家所能研究的對象僅限那些能夠在培養皿生長繁殖的細菌，那些需要其他環境條件才有辦法行分裂或繁衍的細菌則幾乎沒有人知道它們的存在。然而絕大多數的口腔、胃部和腸道細菌均屬於後者，後來也證實，這之中有許多細菌必須仰賴其他細菌維生，無法獨立生存。

類似這樣的「培養與分離技術」後來還有原位雜交法（In-situ-Hybridisierung）、尾端限制片段長度多型性分析法（T-RFLP）或焦磷酸定序法（Pyrosequencing）等不同研究方法，為微生物學和真核細胞研究開闢了全新的道路。

經過多年苦心研究，烏斯利用這些新式研究方法得出以下結論：基本上，直到當時仍被視為細菌的領域其實是由細菌和古菌[31]兩大族群所組成的，因為它們兩者間16S核醣體RNA的差異甚至比細菌和真核生物之間還要來的大。這名一絲不苟的研究者在二〇一二年以八十四歲高齡辭世，他徹底革新了生物分類系統，卻無緣獲頒諾貝爾獎，但穆利斯辦到了，這實在是科學史上的一大諷刺。穆利斯之所以能發現讓遺傳物質擴增的方法很可能是毒品帶給他的靈感，而且將這套理論實際運用到研究領域的其實另有他人，除此之外，穆利斯在科學史上就再也沒有特別值得一書之處了。

不過就實際應用的效果而言，這些嶄新的研究方法卻只帶來了不盡如人意的結果，像是那些

---

29 譯注：凡特（Craig Venter, 1946-），美國生物學家。
30 譯注：穆利斯（Kary Mullis, 1944-），美國生化學家，一九九三年諾貝爾化學獎得主。
31 Woese et al.: Towards a natural system of organisms: Proposal for the domains Archaea, Bacteria, and Eucarya. PNAS, Bd. 87, S. 4576, 1990

轉為醫療之用的人類基因體研究結果，這使得人們又將研究重心移回細菌身上。一九九五年，凡特以流感嗜血桿菌（*Haemophilus influenzae*）的基因序列展開他身為基因學家的研究生涯，這同時也是史上第一組完整的基因體序列。凡特後來將全部心力都投注於鑽研細菌、細菌基因以及這些基因的功能，因為他認為人之所以為人的關鍵因素並不在於人類基因，而是深藏在細菌無窮盡的基因組裡，這些細菌可能散布在土壤、水或是空氣中，從對抗疾病到面對糧食和能源、甚至是垃圾問題，都和細菌脫不了關係。

事實上，當代對微生物的研究只能算是一個開端，因為直至近期我們才逐漸意識到它們是統領萬物的生物，也因此，在土壤、空氣和水以外，微生物另一個生存空間也日益受到學界矚目：人類自己——皮膚、身體的孔洞，尤其是消化道，也就是人類的第二基因體。

雷文霍克第一次透過他的超級鏡片看見「微生物」——當然也包含了細菌——將近三百五十年後，我們才終於瞭解這些「微生物」真正的意義：就在於它們和人類以及周遭環境錯縱複雜的相互關係。

微生物可以促進人體健康，也能帶來疾病，這種利害兼具的二元論不但是微生物本身就與生俱來的，也是人類對它們的認知，因此也是相關研究的核心主軸。這就如同分處天秤兩端的善與惡，有時單一個細菌本身就包辦了這兩種特質。關於這點，我們在下一章將有更詳盡的介紹。

第七章

尋找失落的細菌

成功對抗病菌固然值得欣喜，但至今為止，我們可能也忽略了其所做的貢獻。終有一日，我們會為了將細菌趕盡殺絕而懊悔不已。

有時，人們踏上漫長的旅程，只是為了再見老友一面。紐約大學的貝約（Maria Gloria Dominguez-Bello）教授就這麼做了，她在數年前回到了自己的出生地委內瑞拉，卻沒有直接拜訪仍然居住在當地的親朋好友，而是先到了位於西南方奧里諾科河岸邊的一片森林。她希望能再次見到人類最古老的盟友。

在這個遠離都市塵囂，沒有超級市場、醫生、自來水和電力等現代化設施的原始角落，這位生物學家試圖尋找幾乎未受汙染的腸道菌群。原本生活在這個區域的瓜西波族人（Guahibo）以狩獵和採集維生，直到一九七〇年代才遷至政府為他們所建造的房屋裡，他們至今仍以米食、樹薯根和魚類為主食，偶爾也會獵食野生動物。儘管他們依舊過著近乎與世隔絕的生活，但是糖、培根、優格或類似的食物也逐漸成為他們飲食習慣的一部分，這些工業化所帶來的影響是貝約所不樂見的，不過早在這名女性生物學家首度拜訪他們之前，瓜西波族人的生活就已經發生變化了；當然，跟住在卡拉卡斯或是紐約的人們相較起來，他們的生活明顯不受工業產品所宰制。在收集部落居民的細菌之前，這名對全球微生物群系瞭若指掌的生物學家必須向捐贈者說明她正在尋找的東西到底是什麼，畢竟一位來自都會區的女性突然到訪，而且還想帶走他們排泄物的樣本，顯然不符合常理。此外，研究團隊之所以不想再更往森林深處前進則是出於另一個更實際的原因：要徵得那些過著更原始生活的族群同意捐贈自己的糞便作為研究之用顯然困難許多。

或許可以這麼想：貝約和研究團隊想找到尚未受到西方生活方式沾染的人類原始微生物，她們想知道自從現代生活提供了無菌飲食、抗生素和剖腹生產的可能後，我們失去了什麼。因此，這支研究團隊不單採集了亞馬遜盆地的樣本，甚至遠赴東南非馬拉威的村落，「這些樣本好比黃金。」這位女生物學家如此說道，即便她知道這些樣本不足以解答她所有的疑惑。

大概從工業革命開始，我們和細菌之間的關係就受到嚴重破壞，尤其在匈牙利醫生塞默維斯證實，保持衛生能有效避免致命的傳染性疾病之後：城市變得更乾淨，人們不再像一千多年前那樣和牲畜住在一起，水加入氯以達到滅菌效果，糧食不斷增加，清潔劑和殺菌劑也相繼問世。

二十世紀中期開始，抗生素加劇了人類和微生物之間的緊繃關係，迫使細菌終究棄人類遠去，各種問題陸續衍生而出：如果細菌已經和我們共存了這麼長一段時間，它們消失之後，我們會發生什麼變化呢？一開始寄生在我們身上的細菌又是什麼樣子呢？它們做了些什麼？或者我們應該將那些僅存的細菌收集起來，將它們圈養在專屬微生物的動物園裡，一旦證實它們是有用的，我們就能重新將它們或其中一部分野放回人體裡？

文明的細菌荒

為了重新找回遠古的盟友，像貝約這樣的科學家們都無可避免地要繞行過大半個地球，比如亞馬遜雨林、非洲大草原，還有孟加拉的貧民窟，不過無論到了哪裡，他們發現的微生物多樣性都遠比美國人的糞便樣本要來得豐富。另外，根據現有的分析結果，工業化國家居民身上的細菌也會隨著所在地人口數的多寡而有不同的能力表現，某些細菌專門處理肉類和糖，幾乎可說是速食的愛好者，而位於馬拉威、孟加拉和委內瑞拉的細菌則擅長將田野果實中複雜的碳水化合物分解為促進人體代謝的小分子，研究團隊甚至還在這些區域發現了前所未見的細菌，想必它們已經徹底從工業化國家的居民身上消失得一乾二淨了。在歐美生活方式的影響下，菌種的數目已減少了將近四分之一，有時甚至高達百分之五十。包含貝約在內，有愈來愈多科學家認為腸道的多樣性能保護宿主免於感染過敏、氣喘和糖尿病這類典型的文明疾病。如果將人類視為獨立的生態系統，上述主張聽起來就相當可信，這麼一來，日益縮減的菌種多樣性便成為一種警訊。一般來說，土壤裡藏納的微生物種類愈豐富，其中的生態系統會更加穩定；相反地，要是土壤裡的多樣性程度偏低，病害的侵襲會明顯地更為嚴重和劇烈，比如某座森林裡的樹木病害，整個生態系統甚至有傾覆的可能。

在所有絕跡的菌種裡，有一種特別引人注目，這種菌的細胞體呈螺旋狀，因此被稱為**螺旋桿菌**，加上這種菌最先是在幽門，也就是胃部與腸道相接處被發現，所以學名上又多了**幽門**這個種加名。通常每兩個人就會有一個人的胃裡藏有幽門螺旋桿菌，不過這個比例在富裕國家會降到大約每四個人之中才有一人帶有這種菌，有些研究更發現，這類菌種出現在兒童身上的比例甚至會降到每六名孩童只有一人帶菌。你一定會說，那真是太好了！因為**幽門螺旋桿菌**是導致嚴重胃疾的主要病因，大約有四分之三的胃潰瘍都得算在它的帳上，而幾乎所有的潰瘍都發生在連接胃部的十二指腸。另外，約有百分之六十的胃瘤也該歸咎於它，世界衛生組織自一九九四年起將幽門螺旋桿菌列為第一級的致癌物，同樣被歸在這個級別的還有石棉、甲醛以及放射性元素鍶（Strontium），像這樣卑劣的反派角色實在不值得為它落淚。

遺憾的是，事情可沒那麼簡單。

一八七五年左右，兩名分別來自法國[1]和德國的解剖學家在胃液裡發現了幽門螺旋桿菌，並且將它和「穿孔性胃潰瘍的源頭」[2]連結在一起。然而，由於這種菌無法在實驗室裡加以培養，沒過多久，人們就忘了它的存在。接下來的一百年間，過多的胃酸以及壓力這類的生理因素被人們視為引發胃潰瘍的主要原因，直到馬歇爾和華倫[3]這兩位澳洲學者重新將**幽門螺旋桿菌**定義為真正的病因。

不過他們提出的假說並未受到學界的支持，因為當時的主流觀點仍認為不可能有細菌能在強度甚高的胃酸裡存活下來。直到一九八五年，馬歇爾把自己當作實驗對象，吞下滿滿一試管的幽門螺旋桿菌後，才讓人再也無法駁斥這項假說的正確性。

一般來說，潰瘍的潛伏期很長，從一開始經由不乾淨的食物或飲水受到感染，一直到真正發病的這段期間可以長達三十年、甚至五十年之久，馬歇爾的胃部卻在一週之內就發炎了，並開始藉由抗生素控制病情。或許是因為他吞下了過多的細菌劑量才會如此快速地發病，不過真正的原因我們至今仍無法得知。二〇〇五年，馬歇爾和華倫獲頒諾貝爾醫學獎。

自此，**幽門螺旋桿菌**的形象便徹底跌落低谷，只有少數科學家認為它其實是一種亟需挽救的威脅性細菌。

身兼醫生與微生物學家的布雷塞（Martin Blaser）便是其中之一，他同時也是貝約的同事和

---

1 Letulle: Origine infectieuse de certains ulcères simples de l'estomac ou du duodénum. Societe Medicale des Hopitaux de Paris, Bd. 5, S. 360, 1888

2 Böttcher: Zur Genese des perforierten Magengeschwürs. Dorpater Berichte, Bd. 5, S. 148, 1874

3 譯注：澳洲微生物學者馬歇爾（Barry Marshall, 1951-）和病理學家華倫（John Robin Warren, 1937-）證明了幽門螺旋桿菌為胃潰瘍的主要病因，華倫並發展出一套簡易的測試法來檢測潰瘍病人是否帶有此菌。

丈夫。布雷塞認為，總有一天我們會為了將幽門螺旋桿菌趕盡殺絕而感到後悔，因為他確信它們能調節人體重要的代謝和免疫功能，少了它們居中協調，這套歷經好幾百萬年才成形的系統將會嚴重失調。

布雷塞跟妻子貝約同樣任職於紐約大學，從八〇中期開始便投入螺旋狀微生物的相關研究，直到今日仍熱此不疲。他狹窄的研究室裡有座書架，上面立著一塊田納西州的車牌，車牌號是以螺旋桿菌的首個字母開頭，架上另外還擺了一本介紹文藝復興時期繪畫的畫冊和一隻標示了針灸穴位的人偶，牆上則掛了一幅病原體的基因圖譜。他在一九九六年為科普雜誌《科學人》（*Scientific American*）所撰寫的一篇文章裡指出，許多細菌感染都有潛伏期，幽門螺旋桿菌很可能只是其中之一，而且是我們有能力抵抗的。

有誤的專業

《科學人》的文章發表沒多久後，布雷塞才發現根本不該將幽門螺旋桿菌惡魔化，[4]連他自己也無法解釋當初怎麼會有這麼石破天驚的想法。「當時我不停往來各大研討會，因而聽聞腸胃病學家之間流傳的一種說法：只有死去的幽門螺旋桿菌才是好的幽門螺旋桿菌，因為它想殺死每個人，」他回憶道，「但我的直覺告訴我事實並非如此。」

一篇發表於一九九八年的論文也提出了與布雷塞相似的質疑，[5]這篇由傳染病學家發表的報告指出，患有胃潰瘍或胃癌的人甚少出現胃灼熱的症狀，也就是醫學上所稱的胃食道逆流，症狀嚴重的話，甚至可能演變為食道癌；反過來，同一篇文章也指出，長期有胃灼熱困擾的患者幾乎不會發生胃潰瘍。約莫從半世紀前開始，也就是抗生素被廣泛使用的初期，其實不難發現富裕國家的民眾出現胃食道逆流的比例要比胃潰瘍來得多。**幽門螺旋桿菌**感染及因此引起的疾病主要好發於貧窮國家，富裕國家則有愈來愈多的民眾面臨胃酸困擾，對布雷塞而言，情況看來就像是被錯認的細菌也有好的一面。他發現那些較少接觸抗生素的細菌，也就是那些他網開一面的細菌，似乎能避開胃灼熱或食道癌的威脅。我們可以以**幽門螺旋桿菌**為例來觀察人類和微生物之間的契約在不同前提之下是如何運作的，同時也能探討為何「友誼」對這段關係來說是一個過於友善的字眼。

這種感染人體胃部的細菌就像個不過問干涉他人事務的獨行俠，它並非出於仁慈才在我們打嗝時降低胃酸，讓我們不致因為噁心而嘔吐；事實上，這一切都只是為了它自己。

附著在胃黏膜上的幽門螺旋桿菌為了避免受到胃液腐蝕，會製造發炎物質和細胞毒素保護自

---

4 Blaser: Der Erreger des Magengeschwürs. Spektrum der Wissenschaft, 4/1996, S. 68

5 Richter et al.: Helicobacter pylori and Gastroesophageal Reflux Disease: The Bug May Not Be All Bad. American Journal of Gastroenterology, Bd. 93, S. 1800, 1998

已，其中最重要的毒素卻有個聽來一點都不詩意的名稱「細胞毒素攜帶抗原A」（cytotoxin-associated antigen A，簡稱CagA）。這種毒素會傷害胃黏膜，使得胃黏膜無法正常分泌胃酸，同時還會引發一系列胃黏膜細胞的特殊變化，終而導致潰瘍或惡性腫瘤形成。幽門螺旋桿菌之所以這麼做，當然不是出於蓄意傷害，也不是因為對人類感到厭惡，而是為了在人類胃部這個特殊環境存活下來，這是最好也最有保障的技巧。

進階的細菌療法

布雷塞相信這些發現其實有另一層意義，他確信身為盟友的幽門螺旋桿菌之所以在年輕時期協助它的同伙，卻在對方在年老之際將他逼到牆角，是因為這一切在演化上有其不可忽視的意涵。「人類和所有生物都必須面對同一個根本的問題：我們應該在何時死去？所有和人類一樣會進行繁衍的物種必須確保，只有老者逝去，新的世代才有生存的空間。在好幾年前我就假設，人體菌叢是我們體內生理時鐘的一部分；如果我是上帝，而且想幫助某個像人類這樣的物種，我會創造細菌，在人類年輕時從旁協助他繁衍後代，然後再殺死他。」

不過細菌是如何辦到的？食道癌或胃癌通常是人到了一定年紀才會出現的症狀，而細菌似乎會保護我們避免感染其中一種，卻又助長了另外一種。就演化上來說，為了成功繁衍下一代，上述兩種症狀幾乎不會發生在正值壯年期的年輕人身上。那麼，年輕世代身上的細菌同伙藏在哪裡呢？布雷塞認為，**幽門螺旋桿菌**身負另一項調節的任務，他觀察到人類幼童時期幽門螺旋桿菌的存在與否和氣喘的發作其實互有關聯。對免疫系統來說，細菌就像個重要的訓練伙伴，幾乎所有的微生物都有類似的作用（見第十二章），在它們的大力相助下，青壯時期的人類不但健康、強壯，並且有能力抵禦外來的侵害。

根據布雷塞的說法，要是沒有微生物，人類的免疫系統就會起而反抗，更可能進一步引起哮喘、花粉症以及自體免疫性疾病發作，這些病症甚至會影響尚處於青壯年時期的人類，而這段期間——要是沒有成功對症下藥——就可能成為人類演化過程中最漫長的一段。

儘管承認細菌對人體有相當程度的助益，布雷塞並沒有忘記它們同時也是引發疾病的始作俑者，應該受到嚴厲管控。最合理的一種說法應該是：人們必須嘗試利用細菌所帶來的益處，同時避開它們可能帶來的邪惡詛咒。為此，布雷塞進行了下列思想實驗：我們必須有目的性地部署未成年人胃部裡的幽門桿菌，好將細菌所提供的益處利用得淋漓盡致，等到細菌完成工作，再以專門針對這類細菌、同時不傷害其他菌種的抗生素予以驅逐隔離。

幽門螺旋桿菌少說有上百、甚至上千種不同的族群，每種族群與宿主之間的互動會有些許差異，導致癌症發生的程度也各有不同；另外，基因序列以及宿主體質屬於亞洲、歐洲或非洲等變因也可能影響它們攻擊人類細胞新陳代謝的強度——無論是透過已知[6]或未知的模式。

假設幽門螺旋桿菌真的具有關鍵性的影響力，而不單只是一個靠著抗生素或其他現代生活方式就能加以消滅的菌種，那麼未來利用它來治療疾病的流程可能會是：醫生先針對患者基因進行分析，之後再根據分析結果植入合適的幽門螺旋桿菌，如此一來，微生物的效益或許能發揮到最大，同時也降低可能的風險。

也許。

每當布雷塞這樣的人對自然和人類的了解更深入一點，人類控制這套共生系統的可能性也會隨之增加。我們必須體認到細菌先於我們存在，它們長久以來按照自己的需求成功地控制著我們，幽門螺旋桿菌只是眾多案例之一。不過我們仍然無法確定這類細菌是否真的在我們的身上和體內扮演了如此關鍵性的角色，或許像布雷塞這樣的科學家誤把屬於其他未知細菌的特質加到了幽門螺旋桿菌身上，而這些細菌很可能因養分不足或遭受抗生素攻擊，一起跟著幽門桿菌被驅逐出人體的生態系統，就連布雷塞自己都認為不無這種可能。幽門螺旋桿菌是很容易觀察到的菌種，因此我們能很快察覺它的消失，因為我們認識它，但是我們對於人體其他部位的掌握並不如胃部深入，只知道陰道、口腔、腸道和皮膚上都有大量微生物存在，如果這些地方突然少了一個或是整批具有重要功能的細菌，會發生什麼事呢？或許我們完全不會察覺有異，卻可能因此生病。

由此我們不難看出貝約和同事所做的探索有多麼重要，假設我們可以知道自己失去了哪些細菌，就能了解這些細菌在我們體內的功能。另外，科學家利用老鼠或人類作為研究對象，比較了擁有完整基因和基因帶有缺陷——無論是從父母遺傳得來或是經由遺傳學家植入——的兩種族群，試圖藉由兩者差異來解釋基因的功能。類似的方法也能用來檢驗微生物的功能，人們想知道，假使有人失去某個先天就存在人體的細菌，那麼他和尚未失去這個細菌的人之間會有什麼不同？

誰又能保證在委內瑞拉的森林或是非洲大草原一定能找到人類最原始的細菌混合物？科學家也在洞穴裡發現八千年前古老的糞便化石，也嘗試從中找尋細菌的足跡，然而這項研究最終仍以無法證實做收，而且跟美國的居民比起來，這些細菌混合物其實更接近南美洲或非洲的居民。學者甚至還採集了蒂羅爾冰人奧茨[7]的糞便樣本，不過冰人體內的細菌混合物看來就和熱愛速食的美國人沒什麼兩樣，只是種類少了一點。但我們不用因此就將整套理論視為無物，這些樣本只是過於陳舊又未經清理，所以才喪失了原有的多樣性和論證力，貝約為此提出了解釋，「我想，分

---

6 比方說，胃幽門順暢無阻的人會更容易增加體重，可能是因為幽門螺旋桿菌控制了胃口，而它顯然是透過影響抑制食慾的荷爾蒙，瘦素（Leptin），來達成這個目的——不管它到底從中拿了什麼。

7 譯注：一九九一年，一群登山客在義大利與奧地利交界的奧茨塔爾地區發現一具露出冰層的人類遺體，這具遺體長久封存在冰層中，宛若木乃伊。現在大家叫他「冰人奧茨」（Ötzi the Iceman）：，長眠於義大利的南蒂羅爾考古博物館。

別比較那些在不同大陸獨居的人們會更加有趣。」

若我們想藉此探討飲食習慣的改變，黑猩猩會是很好的例子，因為牠們吃的東西和我們祖先在六萬年前賴以為生的食物相當類似。但貝約也指出，食物不過是其中一項影響因素，「因此我們無法解釋，為何有些美國人身上的細菌種類比馬拉威或美國的原住民還少了百分之五十。」

目前仍尚待釐清的是：在眾多文明病當中，有哪幾種和微生物的消失有關？或者我們可以向布雷塞提問，哪幾種常見疾病與此無關？布雷塞、貝約，以及許多工作伙伴無不確信，拜訪遠方的老友能消弭並治療這些疾病。如果你相信他們的說法，那麼的確應該好好與老友取得聯繫，並且動身前去拜訪他們，或許也帶不上什麼伴手禮，但多些尊重絕對是好的。

假如文化氛圍允許，你應該給那些為老友留了張床的人一個深深的擁抱，除了感謝他們出手相助，更要感謝他們透過身體接觸提供了有用的微生物。下一章會有更多篇幅討論這個主題。

第八章

微生物之愛

為什麼細菌愈多的身體部位愈吸引我們？就算有一堆細菌，為什麼我們還是纏綿親吻？簡單來說，細菌到底魅力何在？

讓我們一身髒地作愛吧！是德國流行龐克樂團施羅德兄弟的暢銷金曲，他們是一群來自巴特甘德斯海姆的年輕人，不過要是你不認識他們，也不用感到難過。這首歌證明了流行文化和熱門歌曲有時也是會暗藏著某些深刻的真理，總之，在這些歌曲裡你幾乎不可能聽到消毒過的領口、聞起來還散發著刮鬍水香氣的男性臉頰，或是全身包得緊緊在一塵不染的旅館裡約會這樣的內容，反倒時常聽到汗珠（拉格）[1]、身上飄著濃厚牛棚味的牛仔（美姬·梅）[2]和玉米田中的床（那個樂團叫什麼名字來著？）[3]；甚至還有名為「細菌年代」的樂團，都跟細菌都脫不了關係。

音樂的話題到此為止。現在讓我們想想，他人的身體為什麼會這麼吸引我們？讓我們情不自禁要用鼻子、嘴唇、舌頭或是雙手去碰觸這些部位？

- 嘴
- 耳垂和耳廓
- 脖子上的毛髮
- 肚臍
- 腳趾頭
- 臀部
- 乳頭
- 陰莖、陰道
- 甚至是：肛門

凡是我們深受誘惑、喜歡輕咬、摸索、舔拭或是侵入的部分，一向是細菌窩在人體的最佳溫床。我們或許可以問，為什麼是這樣？因為這些部位客觀來說比較養眼？氣味誘人？或者只是嘗起來味道很好？這些猜測可能都不對，事實上，一切都只因為情人眼裡出西施。

親吻無法獨力完成

另一個可能的解釋是：我們之所以覺得這些部位可口誘人，是因為我們無法動搖或消滅數百萬年來的演化結果，也就是不斷爭取新的微生物所帶來的好處遠勝於可能隨之而來的麻煩和困擾。性衝動之所以在排卵日以外的日子仍然蠢蠢欲動不僅是基於繁衍後代的需求，就演化上來說，也可能是為了獲得細菌和其他微生物；這麼一來，口交和肛交這些一般不被認定為繁衍後代的性行為便能在演化生物學找到合理解釋。拿破崙在他遠征埃及的途中可能曾在給約瑟芬的信裡提到：「別再沐浴，我旋即歸來。」這是由於他潛意識裡想要沾染大量家鄉細菌的關係。

難道成為青少年和成人之後，我們就是以這種方式取代了孩童時期像是沙坑、地板、寵物和所有可以往嘴裡塞的東西等等這些輸送細菌的媒介嗎？因此才衍生出一夫多妻制這種傾向嗎？

這些揣測乍聽之下或許顯得荒謬，其實不然，畢竟就算我們以這種方式獲得了微生物，也不是隨便從任何一個人身上取得的，而是從一個我們深受他／她吸引，無論有意識或無意識，一個

1 譯注：此處提及的《汗珠》是德國八〇年代知名搖滾歌手拉格（Klaus Lage, 1950-）一九八四年所發行的專輯名稱。

2 譯注：出自德國八〇年代知名流行歌手美姬．梅（Maggie Mae, 1960-）在一九八一年所發行的單曲〈Rock 'n' Roll Cowboy〉。

3 譯注：〈玉米田中的床〉（Ein Bett im Kornfeld）是將美國鄉村音樂二重唱貝拉米兄弟（the Bellamy Brothers）的暢銷歌曲〈Let Your Love Flow〉重新填詞的德文版本，由德國鄉村歌手德魯斯（Jürgen Drews, 1945-）於一九七六年翻唱。

我們會想像自己與他或她共同繁衍後代的人；以演化生物學的角度來看：這個對象就是我們認為「適存度」很高的那個人。

我們可以依循這個方向來解讀荷蘭兩位心理學家夏曼恩・伯格（Charmaine Borg）和德榮（Peter de Jong）的研究結果：當女性感到性興奮時，噁心感會隨之降低。[4] 性興奮通常由潛在的性伴侶所激起，一個人——在這份研究報告中為女性——必須覺得另一個人有吸引力，否則是行不通的。我們可以將性興奮視為一種能有效調節噁心感的生物反應：那些看來弱不禁風、體弱多病的人通常因為缺乏吸引力而不會被挑選為共同養育下一代的另一半，這類人引發厭惡感的比例比其他人來得高，與他人接觸或交換微生物的可能性也因而大幅減低。相反地，那些就演化生物學角度看來精力充沛、健康活躍的人幾乎可說是魅力四射、人人爭相接近的萬人迷，他們身上的微生物當然也因此得以頻繁汰換。

我們之所以喜愛或需要他人，想要拉近和其的距離，是因為我們也愛或是也需要其身上的細菌嗎？

「從好幾年前我就不斷思考這些問題。」加州大學戴維斯校區的艾森（Jonathan Eisen）表示，他是全球備受矚目的微生物群系研究者之一，不過他至今沒有針對此主題進行任何實驗，也從未發表過任何相關的文章。德國康斯坦茨大學的演化生物學家梅爾（Axel Meyer）同樣對這些問題抱有濃厚興趣，並從研究中發現「嗅覺敏銳度高的人」連基因都合拍，甚至他們未來的後代也一樣，而這種現象很可能和相互吻合的微生物群系，也就是「微生物匹配」（microbe matching）有關。

然而，這些問題的答案並不是加以研究或深入調查就能找得到的。假設有個研究發現，相對於那些長期保持單身而較少與他人有親密行為的人，性生活頻繁的人比較健康，那麼這項研究結果不但可能忽略了多采多姿的社交生活也會帶來類似影響，同時，他們也無法邀請那些因愛滋病而去世的人為這項研究填寫問卷或接受必要的健康檢查。

把你的果汁給我

「現階段並沒有太多關於經由性接觸交換微生物群系的研究，」牛津大學專研接吻演化的烏洛達斯基（Rafael Wlodarski）表示。他甚至說得有些輕描淡寫，畢竟除了少數幾份令人驚艷的研究報告曾在伴侶的性器官上或裡面找到相同的微生物，我們的確拿不出任何其他相關的數據或資料（見第二章）。二〇一一年，兩名里茲大學的心理學家提出了相對來說還算具體的假說：男女

4 Borg und de Jong: Feelings of Disgust and Disgust-Induced Avoidance Weaken following Induced Sexual Arousal in Women. PLoS ONE, Bd. 7, S. e44111, 2012

雙方因接吻而交換彼此口水的過程中，男性會將自己體內巨細胞病毒（Zytomegalie-Virus）的特殊變異株「注入」女方體內。他這麼做其實是有原因的，因為這麼一來，眼前這名和他接吻的女性要是真的將來為他生下寶寶，她自然而然就會保護兩人共同的孩子。要是感染的時間點再往後延，比方說在受孕的性行為過程中，胚胎的安危就可能受到嚴重威脅。[5]

不過關於這些問題的具體研究實在少之又少，幾乎無跡可尋，或者我們也能試著從探討其他問題的研究脈絡和研究成果裡頭間接取得可用的資訊，比如調查女性的噁心感和性興奮之間有何連結的荷蘭研究。[6]

微生物的交換不見得總是非得跟性或是共同行為扯上關係不可：幾乎所有文化的社交行為都免不了有身體接觸，像是握手、擁抱、親吻、相互碰鼻、共同或一前一後享受溫泉或三溫暖。其他常見的舉動還有：吃掉另一個人咬過的食物、喝下別人杯子裡的飲料，或是在寒冷的冬日裡緊緊挨著對方睡覺、用手從同一個鍋子裡抓東西吃、張嘴從公用的壺裡接水喝，或是蝨子從某人頭上跳進另一張嘴裡。

人類是社會性動物，頻繁而規律的身體接觸一向是人類生活的常態，在衛生年代露出曙光之前，人們並不會刻意使用皂類產品清潔自己。直到我們在幾個世代以前發現，疾病會經由身體接觸擴散傳染，而微生物正是其中的罪魁禍首，人們的衛生習慣才逐漸獲得改善。注重衛生讓我們成功避免了某些傳染疾病，而我們也從未質疑是否應然如此；然而與此同時，前所未聞的疾病卻連番登場，像是過敏、自體免疫性疾病、慢性腸胃炎、自閉症……等。

肌膚相親

不常與人接觸或是獨處也許不單是心理上的不健康，甚至是生理的，這是因為微生物補給停擺的關係嗎？因為參與團隊運動而總是滿身大汗的人之所以能在健康報告中獲得突出的評價，不單是因為身體獲得運動或與人共享的樂趣，更是因為他們身上的細菌也跟著一起運動，並且和彼此相互交換嗎？按摩之所以讓人感到舒服是因為按摩師的雙手和前一位被按摩者的背部都帶有細菌的關係嗎？生菜沙拉之所以健康或許不單是因為富含維他命和植物多酚，那些苗床、園丁和廚師留在上面、小到只有顯微鏡才看得到的嫁妝說不定也貢獻了一己之力？

如同先前提過的，這些問題至今尚未有明確答案，不過研究數據指出，在鄉村長大的人確實

5 Hendrie und Brewer: Kissing as an evolutionary adaptation to protect against Human Cytomegalovirus-like teratogenesis. Medical Hypotheses, Bd. 74, S. 222, 2010

6 伯格和德榮是心理學家，事實上他們在這項研究計畫裡所探討的問題是：一般認為，人類的體味和體液通常會引起噁心感，而人們該如何在這樣的認知前提下成功擁有「充滿愉悅的性愛」？最終他們從結論裡得到了相符的應證：女性的欲求不滿在這個過程中扮演了決定性的關鍵因素，因為她們一般不易感到性興奮。不過這份報告裡並沒有任何關於微生物交換的說明，這一點是我們自行延伸的解讀。

擁有較多樣的腸道菌，幾乎是合乎理想的標準數值，[7]曾經直接或間接和他們接觸的人或許能從中獲得一些好處。團隊運動中大量的身體接觸確實能促進微生物適度地交換，當然你也可能在公共淋浴間染上香港腳，鄰家貓咪經常漫步其中的苗床中，除了充滿各種有益的微生物，很可能也潛藏了弓蟲症（Toxoplasmosis）在裡頭，而不安全的性行為則可能讓人感染淋病，甚至愛滋病毒。至於骯髒的性愛應該放聲高唱就好，或是真的值得放手一試，在這個全球都無法倖免於傳染病的年代裡，你所需要的運氣絕對要比以往來得多。

---

7 Lozupone et al.: Diversity, stability and resilience of the human gut microbiota. Nature, Bd. 489, S. 220, 2012

[第二部]

自我對抗的人類

第九章

抗生素——一場生態浩劫

它們能殺死細菌，而且相當有效，這就是抗生素。不過它們也讓腸道自此永無寧日，過重不過是眾多後果之一。

據估計，全球每年餵給豬、牛、雞等牲畜的抗生素用量約有一萬噸，這些抗生素並不是用來治療病痛，而是為了讓牠們快速增加體重。然而，沒有人知道為何數量會如此驚人，就連人類每年都吞下近一千三百噸的抗生素。[1]有過重問題的人口與日遽增，探究其因，或許不只是因為人們吃得太多、食物的熱量過高，亦或者運動量不足，而是那些用來消滅微生物的藥物所造成的。

一九四八年，美國正試圖從戰後殘破不堪的局勢中重新振作，也就是這個時期，醫療界首度使用抗生素成功拯救了許多受傷士兵的生命，朱克斯[2]則從中觀察到一種特殊現象。當時這名生物學家正在尋找一種能讓雞隻快速成長的物質，因為戰後時期的雞飼料嚴重匱乏，供應量相當吃緊，雞農嘗試以廉價的大豆粉取代價格逐日上揚的魚粉，不過他們發現這類植物性飼料顯然少了某種動物成長所需的重要成分。沒多久，人們確定這種促進成長的成分就是維他命 B_{12}，朱克斯的雇主美國立達藥廠隨即意識到這種新的飼料補給元素能帶來上百萬的業績。

朱克斯知道細菌能製造出維他命 B_{12}，因此開始尋找可以大量生產的對象。一九四八年十二月二十四日這天，朱克斯獨自站在實驗室為雞隻秤重，這些雞隻的飼料摻進了一種從土壤細菌提煉的無菌萃取物。正當同事和家人共聚一堂慶祝耶誕夜之際，他找到了足以改變世界的新發明。

製造脂肪的藥物

當時，肝臟被公認為是攝取維他命 B_{12} 的最佳來源，但是以細菌萃取物飼養的雞隻卻足足比那些飼料裡僅摻進肝臟萃取物的鳥禽成長快了百分之二十。一開始朱克斯以為這種破紀錄的成長速度是因為微生物的萃取物含有特別大量的維他命 B_{12}，不過後來他很快就發現了真正的幕後推手，讓雞隻得以變身為一座又一座揮舞著翅膀的超級肉山。

除了維他命 B，朱克斯所測試的細菌還製造出一種名為金黴素（Chlortetracyclin）的抗生素，當時立達藥廠出於其他動機希望在短時間內大量生產這種可以用來治療人類細菌感染的藥物。朱克斯將這份堪稱新型成長加速器的樣本交給同事進行後續檢測，但他並未提及樣本裡除了維他命 B，還含有些許抗生素的成分。

檢測出來的結果相當驚人，尤其是豬隻的樣本，朱克斯的同事向他報告，其中有個豬圈的成長速率增加了三倍之多。朱克斯直到一九五〇年才公開了抗生素的祕密，自此，他所發現的混合物在全國獲得了空前的成功，也讓他從相關當局順利取得製造許可。[3]至於抗生素是如何成功讓牲畜體重在短時間內直線上升，這個問題到今天都還是個謎。朱克斯和他發現的成長激素甚至在同一年登上了《紐約時報》的頭版，很快地，那些沒有採用朱克斯這門神奇配方的畜牧業者幾乎不再具有任何競爭力，這股風潮也在短時間內席捲了全世界，牲畜的飼料槽裡其實不只摻進了金黴素，還有各種之後陸續發現的抗生素。沒多久，全球牛隻所攝取的抗生素總量已經超過人類因醫療需求而服用的數量，事實上這些牛隻看來都還算健康，應該不致需要用藥。在歐洲，飼料中的微量抗生素原本被視為農牧業的一大功臣，但從二〇〇六年起，歐盟已全面禁止畜牧業使用抗生素。這項禁令並非出於保護動物的立場，而是為了因應與日俱增的抗藥性威脅，尤其這項警訊

---

1 要取得可靠的數據並不容易，美國長期以來約有百分之八十流通於市場上的抗生素用於畜牧業。早在十多年前就有一篇文章疾聲高呼，要求畜產業者停止添加抗生素：Gorbach: Antimicrobial use in animal feed – Time to stop. New England Journal of Medicine, Bd. 345, S. 1202, 2001

2 譯注：朱克斯（Thomas Jukes, 1906-1999），英裔美國生物學家，在研究維生素B時偶然發現抗生素可以促進動物生長，從此開啟了美國畜牧業將抗生素用作飼料添加劑的時代。

3 Jukes: Antibiotics in Animal Feeds and Animal Prodiction. BioScience, Bd. 22, S. 526, 1972; Jukes: Some Historical Notes on Chlortetracycline. Reviews of Infectious Diseases, Bd. 7, S. 702, 1985

不單出現在動物身上，就連食用肉類的人類也無可倖免。面對重症病患的醫生更是陷入無藥可治的窘境，單是美國每年就有兩百萬人感染抗藥性細菌，其中約有兩萬三千人死於這類傳染病。然而直至二〇一三年十二月為止，美國政府依然允許畜牧業使用生長促進劑；[4]在歐洲，抗生素僅限醫治牲畜時使用，但仍有畜牧業者以此為由，私自在牲畜平日的飼料中拌入類似藥劑。

大幅縮短牲畜成長期固然讓人欣喜，然而人們從未預料到，一開始出現在豬棚的抗藥性後來竟會一發不可收拾。可怕的是，抗生素給人們帶來的連環效應還不僅於此。

富裕國家的人民在年滿十八歲之前，通常會接受十到二十次不等的抗生素治療，在紐約擔任內科醫學教授的布雷塞指出：「抗生素一向很受歡迎，因為無論醫生或是患者都認為這種治療方式所帶來的副作用多是短暫的，並不會留下長期的後遺症，」然而，這卻是「一個致命性的錯誤。」

對抗微生物的副作用

布雷塞在八〇年代針對肆虐農場的動物傳染病進行了一系列的相關研究。一開始，他發現畜牧業者在豬隻、牛群以及雞隻的飼料中添加了用量驚人的抗生素，直到有名農人向他說明，這麼做能讓動物在短時間內快速增重。經過數年的研究，布雷塞終於發現問題癥結所在：對他而言，以抗生素作為生長促進劑是一場大規模的動物實驗，只是人們同時也應該考慮到這些藥物是否會對人體造成影響。「農人為了讓豬隻肥美而給予牲畜生長促進劑，那麼換作把這些添加劑餵養給孩子時，又會有什麼樣的結果呢？」對年幼的牲畜來說，這些抑菌物質所帶來的生長效果特別顯著，正因如此，布雷塞益加強調此類添加劑對孩童可能造成的危害。

布雷塞目前所主導的實驗室位於東曼哈頓一所退伍軍人醫院裡，這所醫院同時也隸屬於他任職的大學醫學部。這裡主要的患者大多是自戰場退下的傷病士兵，候在一樓大廳的他們若不是等著醫生叫號，就是希望能跟人聊上幾句。空蕩蕩的褲管垂掛在輪椅上，大廳裡有面牆上寫著：「在此，我們見證到自由的代價。」並非所有的退役軍人都因戰傷前來求診，有些可能是心血管出了問題，或是患得了未曾上過戰場的一般美國民眾也會有的毛病。在候診的人群中，總能見到不少臃腫的體態。

電梯裡張貼著告示，提醒醫護人員切勿在公開場合對病患多加議論。布雷塞的辦公室則位於病患幾乎不會到訪的七樓，這是一層格局開闊的閣樓，在這裡唯一有過胖問題的就只有由布雷塞同事負責餵養的老鼠們。儘管抗生素用在畜牧業的效果已廣為人知，布雷塞仍仔細研究實驗室裡

4 美國疾病控制與預防中心（Centers for Disease Control and Prevention）二〇一三年年度報告關於抗生素抗藥性的威脅：http://www.cdc.gov/drugresistance/threat-report-2013/

老鼠的變化。研究人員除了使用豬農測量豬隻體重的磅秤，更利用X光機、核磁共振成像儀和層析儀做更進一步的分析，並透過觀察脂肪層底下不斷成長的肌肉得知長時間使用抗生素所產生的效果。實驗室的人員比照美國農場的牲畜，餵養給老鼠等量的抗生素，持續餵養一段時間後，每隻老鼠增長了約百分之二十五的脂肪，但是牠們的體重卻只比未食用抗生素的對照組多出了一些。在抗生素的加持下，儘管實驗組的老鼠並沒有吃得比較多，牠們成長的速度就跟農場上的雞隻與豬群一樣顯著。

然而，研究人員透過其他方法從這些實驗動物的腸道所看到的現象並不是增長，而是減少。儘管已有大量細菌死去，實際情況仍不盡符合人們的期待，因為它們並未遭到全面殲滅，而是只有一部分；同時，菌種的組成也跟著發生變化，連帶影響到整個生態系統的代謝，讓身體得以從飲食中攝取到更多養分。由此，布雷塞與研究團隊發現，抗生素會促使基因產物將更多的糖轉化為脂肪；不單如此，受到波及的還有動物體內的荷爾蒙平衡，這些細菌會送出訊號，使得老鼠的身體不但製造、同時也囤積更多脂肪。經過上述一連串異動與變化，實驗室裡的老鼠便成了足以提供更多能量的肥美肉塊。[5]

從老鼠到人類

布雷塞認為，在發育階段服用抗生素可能導致體重直線上升，這一點可從逐年增長的過重人口得到印證；他更強調，若在嬰兒未滿六個月以前給予抗生素，那麼等他成長到三歲時，體重過重的風險會增加百分之二十。[6]另外，好幾年前就已經證實，體重合乎標準的人所擁有的腸內正常菌叢和體重過胖者的腸道微生物群系在特質上有顯著不同，不過這種改變只是過重的後果之一，並非導致過重的原因。其他研究也發現，抗生素會導致體重正常者的腸道菌相逐漸往肥胖者的方向發展，不過至今我們仍未有足夠證據證明抗生素會使人發胖。

為了驗證自己的理論，布雷塞另外進行了一個實驗，他的兩位女同事循著某種可以讓一個正常體重的美國孩童負荷的頻率斷斷續續餵給實驗室老鼠抗生素：每隔沒多久就給予高劑量的用藥，就像在治療嚴重的感染症狀。實驗結果顯示，這些動物的體重直線上升，尤其當牠們攝取含有豐富脂肪的食物時，體重飆升的情況更加明顯。

在第三回的實驗中，布雷塞在老鼠的飲用水中加入極少量的抗生素，同時也餵給牠們含有抗

---

5 Cho et al.: Antibiotics in early life alter the murine colonic microbiome and adiposity. Nature, Bd. 488, S. 621, 2012

6 Trasande et al.: Infant antibiotic exposures and early-life body mass. International Journal of Obesity, Bd. 37, S. 16, 2013

生素的肉類或乳汁，而且這次還以持續不斷的方式進行餵食，但只有偶爾才給予高劑量。「這是我們利用藥物所能製造出來最接近真實的刺激因，」這位醫生說，「我們並不知道這些微乎其微的分量是否殺死了老鼠腸道裡的細菌，但我確認這些細菌發生了改變。」許多實驗證明，就算抗生素的用量少到不能再少，還是會抑制細菌的成長。「要影響微生物的平衡，只要一點點就非常足夠了。」

儘管布雷塞聲稱他們在實驗室裡盡可能讓一切彷彿在「真實的」世界受到「刺激」一樣，但是要將這類老鼠實驗的結果直接套用到人類身上仍然有其限制，畢竟這些在特定控制條件底下成長的實驗室動物彼此間基因相似的程度遠超過十九世紀近親通婚的歐洲貴族，牠們甚至連腸內菌相也幾乎無異。然而，如果我們觀察一百個人的腸道菌群，就會發現一百種不同的組合，而每種菌相就像指紋一樣獨一無二，「假設兩個人吃下同一種食物，相同的營養成分在兩人體內卻會產生不同的作用。」史丹佛大學的感染學學者雷爾曼（David Relman）如此表示。

同樣的道理，抗生素對腸內菌叢的影響也會因人而異。雷爾曼在二〇一〇年讓受試者服用廣效性抗生素賽普沙辛（Ciprofloxacin），然後清點他們糞便樣本裡的細菌數量。[7]不同的菌種對這種化學噴劑呈現了各形各色的反應：有些完全置身事外，有些則從畫面消失幾個星期後又重新現身，如果不斷重覆這項療程，某些菌種就可能面臨徹底消失的危機。「抗生素似乎改變了個人體內細菌總量的基本狀態，」雷爾曼指出，「但我們並不清楚這會造成什麼後果。」

腸道裡的手榴彈

看來，抗生素在腸內引發的後果和氣候變遷對地球造成的影響非常類似，有些菌種藉此更上一層樓，有些就此一蹶不振。知名的美國科學記者齊默就用了較強烈、甚至有些偏頗的比喻來形容抗生素對腸道的影響：「這和吞下一顆手榴彈無異，在殲滅敵人的同時，也傷及了大量無辜。」[8]

科學家開始試圖了解抗生素對腸內菌叢究竟會影響到什麼程度，然而，其中一項不可或缺的研究工具卻直到數年前才誕生。二〇一二年十二月，一支由西班牙和德國共同組成的研究小組首次發表了並非單純觀察腸內菌數變化的研究成果。這群科學家研究了一名六十八歲男子的糞便樣本，這名患者正準備接受一項抗生素療程，因為他的心律調整器受到細菌感染。他們從樣本上不只判讀到抗生素消滅了哪些微生物，也看到了腸內的居民是如何共同因應這類化學武器的攻

---

7 Dethlefsen und Relman: Incomplete recovery and individualized responses of the human distal gut microbiota to repeated antibiotic perturbation. PNAS 2010, doi:10.1073/pnas.1000087107

8 美國科學記者齊默（Carl Zimmer, 1966-）所經營的部落格：http:// phenomena.nationalgeographic.com / 2012 / 12 / 18 / when-you-swallow-a-gre nade/

擊。[9]他們意外發現這些菌群極度亢奮了一段時間，並且研判可能是遭逢意外襲擊的微生物試圖要補充消耗過多的能源。與此同時，為了抵禦抗生素的攻擊，細菌也啟動了自我防衛的機制：某種運輸分子的幫浦系統會在抗生素造成傷害以前，將它們排出菌體之外。[10]投藥六天後，微生物群的活動力明顯下降，不過這可能也是自我防衛機制的一種表現，這些切換到暫停模式的細菌會停止攝取養分或物質交換，也不再進行分裂，這麼一來，抑制劑幾乎無法造成任何傷害。不過，原本由這群微生物負責製造的少量維他命和其他養分現在必須以人工方式額外補充，否則這名心律調整器受到感染的男子將無法維持正常的身體機能運作，而這是人們不樂見的治療副作用，尤其我們無法預測這項副作用是否會造成長期、甚至是永久的後遺症。

研究團隊還觀察到另一個驚人的現象：細菌一般用來對抗病毒的防禦能力似乎蒸發了，這背後可能隱藏了一項相當傲人的生存技能，因為絕大多數情況下，病毒可以輕易消滅毫無防備的細菌，但是有些細菌會藉此從病毒身上獲得有用的新基因，進而產生抗藥性。這項技能加速了細菌的適應和演化，儘管有不少細菌為此付出性命，但是仍有部分的家族成員通過所有考驗，在抗藥基因的強化下，明顯變得茁壯。

假設我們僅以微量的抗生素添加物取代藥物治療等級的劑量來加速豬、牛和雞等牲畜的成長，這些牲畜體內是否也會發生同樣的變化，目前仍不得而知。不過這項作法可能衍生的效應倒是引起諸多討論，其中有一派就認為，如果持續在傳染病醞釀的期間投藥，便能搶在病原菌肆虐養殖場之前加以遏止，因為潛在的傳染病也可能對牲畜的成長造成影響，這也是為什麼一旦消滅病原菌，牲畜體重就會迅速增加的原因。無怪乎衛生條件不佳的集約畜牧業只能在飼料中添加抗生素來換取——相對來說——最好的結果，如果這類養殖場長期讓豬仔攝取添加抗生素的飼料，生長速度就可增加將近百分之二十，朱克斯早就觀察到這一點，牲畜腹瀉的症狀和傳染疾病也都明顯減少。「如果牲畜的生存環境獲得基本改善，成長速度會增加約百分之四。」維也納獸醫大學的法蘭茲（Chlodwig Franz）表示。

百分之四聽起來似乎少了點，儘管畜牧農必須為添加成長劑的飼料付出額外的費用，但他相對可節省飼料用量，同時換取到早日成熟的牲畜，此外，無視於髒亂的環境還能為他省下一筆清理的費用。

一個人要是多吸收了百分之四的卡路里，卻沒有消耗更多能量或是減少熱量攝取的話，後果一定相當驚人。不過細菌抑制劑對人類體重會造成什麼影響，至今仍未有定論。布雷塞從不認為抗生素是造成肥胖問題的單一原因，他指出，除了飲食以外，個人的基因也是影響體重的關鍵因素之一。儘管數百年來基因從未劇烈影響人類體重，不過今日全球卻有超過半數以上的人口面臨

---

9 Pérez-Cobas et al.: Gut microbiota disturbance during antibiotic therapy: a multi-omic approach. Gut 2012, doi:10.1136/gutjnl-2012-303184

10 這種運輸分子的幫浦系統是細菌對抗抗生素的典型機制，在此種機制的運作下，細菌基因會發生突變增強菌體的抗藥性。

體重過重的問題。過去無論是食物的來源或脂肪的供應都相當有限，因此我們的體態大多與遺傳基因的特質相去不遠，然而現代生活中充斥著各式各樣的干擾因素，像是我們的生活方式、飲食習慣、衛生觀念、抗生素或是其他藥劑的使用，加上運動量不足和過多的壓力，這些條件必須一併被納入考量。

事實上，過重不過是抗生素打破腸內原有生態平衡所造成的眾多症狀之一。根據流行病學的研究資料顯示，攝取抗生素的孩童日後感染慢性發炎性腸道疾病的風險較高。[11]此外，也有學者指出，兒童時期經常服用抗生素不但容易患得氣喘，免疫系統也可能因此大亂，因為抗生素或許會將調節免疫力的細菌也一併消滅。[12]瑞典的研究則證實，細菌抑制劑可能引起無法消化小麥蛋白的乳糜瀉（Zöliakie），連帶導致腸道嚴重發炎。[13]

自從斯德哥爾摩卡羅林斯卡學院的認知神經科學家海茨（Rochellys Diaz-Heijtz）在二〇一一年證實腸道菌對老鼠大腦發展有關鍵性影響以來，各界莫不對此一議題投以高度關注。如果上述結論不僅侷限於實驗室裡的老鼠，甚至擴及至兒童的話，那麼人們就得擔心自幼兒時期便長期攝取抗生素可能對兒童的神經系統和大腦發育造成不良影響（詳見第十四章）。

格拉茲大學的實驗性腸胃神經學教授侯澤（Peter Holzer）則透過觀察老鼠的學習行為發現殺菌劑對大腦的毒害還不僅如此，「最初的研究結果顯示老鼠的認知能力衰退了。」至於腸道菌群一旦經過治療後恢復正常，受損的能力是否會跟著回到原有水準或是永久喪失，仍有待侯澤進一步釐清。

純淨過了頭

儘管這些徵兆令人不安，但也都還沒有明確證據加以證實。首先，這些發現並未說明為何處理嚴重細菌感染時應該放棄抗生素治療，而目前相關研究所提供的理由也不足以說服我們要審慎控制、甚至減少抑菌劑用量。

還有許多像是居家、住宿餐飲業、生活用品加工業、醫療院所、自來水廠、游泳池或任何需要用到殺菌物質的地方也面臨了相同的問題，為了殺菌而添加在飲用水裡的氯化物也會干擾腸內的秩序嗎？沒人知道。每天洗澡使用的抗菌沐浴乳又會對皮膚上的細菌造成什麼影響？關於這點也尚未有明確的定論，不過我們發現年輕一代的父母已經逐漸有所改變，不再每天用皂類產品幫

11 Kronman et al.: Antibiotic Exposure and IBD Development Among Children: A Population-Based Cohort Study. Pediatrics 2012, doi: 10.1542/peds.2011-3886

12 Russell et al.: Early life antibiotic-driven changes in microbiota enhance susceptibility to allergic asthma. EMBO reports, Bd. 13, S. 440, 2012; Olszak et al.: Microbial Exposure During Early Life Has Persistent Effects on Natural Killer T Cell Function. Science, Bd. 336, S. 489, 2012

13 Mårild et al.: Antibiotic exposure and the development of coeliac disease: a nationwide case-control study. BMC Gastroenterology, Bd. 13, S. 109, 2013

嬰兒洗澡。人們甚至懷疑殺菌劑裡的某些成分會引起過敏反應，至於這些物質是否會連帶影響腸內或是皮膚上的細菌？也還沒有人能夠提出可靠的科學資料加以佐證。不過我們倒是經由動物實驗證實，添加在抗菌劑、牙膏、美妝產品，甚至是機能性紡織品裡的三氯沙（Triclosan）只要一點點就足以影響腸內菌。[14]

一般用來防治玉米病蟲害但容易殘留的農藥陶斯松（Chlorpyrifos）會導致實驗老鼠腸內某些菌種大量減少，卻也同時助長其他菌種的繁衍。參與此項計畫的科學家將這種由植物殺菌劑所引起的現象稱為「微生態失調」，不過他們還無法確定這類藥劑是否同樣會對動物造成影響，以及具體的影響情況為何。[15]

使用範圍幾乎遍及全球的除草劑嘉磷塞（Glyphosat）也有類似的問題，研究人員懷疑，殘留在動物飼料裡的嘉磷塞可能強化牛隻體內的壞菌，使得其他微生物幾乎無法續存。雞群身上同樣也出現了不樂見的症狀，這預告了家禽養殖場可能爆發更多疫情。我們可從排泄物的檢體中證實殺蟲劑會隨著飲食進入人體，至於這些殘留藥劑對我們的健康會造成什麼影響，目前也只能先姑且揣測——或是好好開始著手研究。

專門研究腸道菌的加拿大學者維爾克（Emma Allen-Vercoe）另外補充了數個雖然已知但尚未有人深入研究的潛在殺菌物質，像是防腐劑、抗憂鬱劑、胃酸抑制劑、諸如阿斯巴甜（Aspartam）這類的人工甘味劑、某些止痛劑及避孕藥。

不過這也不代表我們吞進肚裡的，無論出於自願或是被迫，只和細菌有關。微生物本身就是活躍的，而且會轉移到任何靠近它的物質上，像是人類的飲食或動物飼料中若含有合成樹脂和黏著劑的原料三聚氰胺（Melamin）便會嚴重危害腎臟。二〇〇八年，一家中國的奶粉製造商為了提高蛋白質含量的檢驗數據，在自家產品裡添加了三聚氰胺，讓這項化學添加物在一夕之間臭名遠播。後來人們也確認，是一種名為**克雷伯氏菌屬**（*Klebsiella*）的細菌將三聚氰胺轉換為對腎臟有害的三聚氰酸（Cyanursäure）。[16]

這些摻雜劣質品的奶粉對兒童的腸道菌群造成了幾乎無法補救的傷害，針對這些非自願性的轉變在下個章節將會有進一步的探討。

---

14 Pasch et al.: Effects of triclosan on the normal intestinal microbiota and on susceptibility to experimental murine colitis. FASEB Journal, April 2009, 23（會議摘要補充資料）

15 Joly et al.: Impact of chronic exposure to low doses of chlorpyrifos on the intestinal microbiota in the Simulator of the Human Intestinal Microbial Ecosystem（SHIME）and in the rat. Environmental Science and Pollution Research International, Bd. 20, S. 2726, 2013

16 Zheng et al.: Melamine-Induced Renal Toxicity Is Mediated by the Gut Microbiota. Science Translational Medicine, Bd. 5, 172ra22, 2013

第十章

如果普拿疼成了毒藥

有些腸道菌會讓藥物活性成分轉變為有害物質，或者讓其無法發揮效用。如果能知道自己體內是否存在這類菌種，那就太好了。

通常名人不用特地提到自己的姓，任何人都知道 J. Lennon 這個名字指的就是披頭四中的約翰藍儂，而不是他的兒子朱利安。在生物學裡也是一樣的道理，比方說，每個植物學家都知道 *A. Thaliana* 指的就是**阿拉伯芥**（*Arabidopsis thaliana*）這種在德國被稱為 Ackerschmalwand 的植物；動物學家也都知道 *P. Leo* 代表的就是**獅**（*Panthera leo*），而食品專家們肯定也知道 *A. Oryzae* 指的就是**米麴菌**（*Aspergillus oryzae*），這種菌不會分泌黴菌毒素，因此在遠東地區會被拿來添加在味增或是麴這類食品裡。

生物研究裡的超級巨星同樣也只以全名的第一個字母作為自己的代稱，像是一般簡稱為 *E. Coli* 的**大腸桿菌**和 *C. Elegans* 的**秀麗隱桿線蟲**，其中大腸桿菌這個名稱是在應用範圍概括基因研究到生技藥品的麴菌前方冠上**大腸桿菌屬**（*Escherichia*）這個屬名，而秀麗隱桿線蟲的C則代表了跟發育生物學還有老年學都脫不了關係的隱桿線蟲（*Caenorhab-ditis*）。之所以這麼做原因其實不難理解，畢竟總是與時間賽跑的科學家可不想每次都得完整念出或寫下一長串的名稱。

文考夫這個年輕人，數年前在倫敦大學學院的實驗室裡就利用了這兩種生物進行研究工作。之所以選擇線蟲，是因為我們可以很容易從線蟲身上發現決定其壽命長短的因素，而這些因素很可能也會影響人類；而利用細菌則是因為其對研究工作來說是一種方便又可靠的工具。由於線蟲以細菌維生，研究人員可以透過這種方式讓基因的某個小片段滲進線蟲體內，並藉此關閉某種基因功能。

長壽的線蟲

原本應該大幅縮減線蟲壽命的某種特殊麴菌卻製造出與預期相反的結果，「線蟲反而活得更久了！」文考夫回憶道。[1] 歷經數次實驗、觀察過數百萬線蟲和麴菌後，文考夫發現影響線蟲壽命長短的並非是他最初想研究的線蟲基因，而應該是某種恆定不變的麴菌基因，正是這種經過某種突變的特殊細菌讓線蟲的壽命「顯著」增加。後來，他得知決定這項效果的是負責讓細菌製造葉酸或是近似葉酸分子的基因。

文考夫的發現顯示細菌和其活躍基因為宿主帶來了「顯著的」效果，細菌不但會影響物質的代謝、健康和不健康物質的多寡，也會影響健康的程度，也就是平均壽命以及生命本身。

正在閱讀本書的讀者可能正一頭霧水地坐在火車裡，或許忍不住要問，這本書到底想傳達什麼訊息？腦海裡曾浮現這種疑惑卻又不知該從何快速擷取本書重點的讀者可以先將上一段話刪除，讓我們換個方式來說：無論是細菌自身或是受其影響的代謝過程都劇烈影響著植物、動物以及人類的生命。

最理想的情況是：我們過著健康、愉快而且充滿活力的生活，那麼這些劇烈的影響會以和緩的方式展現出來。為什麼這麼說？關鍵就在先前刪掉那段文字的一開頭：細菌會影響物質的代謝，也就是影響那些在我們腸道、血管和器官裡所有健康和不健康的物質，幸運的話，在沒有服用維他命C和麩胱甘肽混合物（Glutathion-Präparate）的前提下，身體可以製造出能有效保護細胞的抗氧化劑，沒那麼幸運的傢伙就得面臨訊息分子的威脅，而這些由某些細菌所製造出來的產物會提高冠狀動脈疾病的風險或是激發腫瘤生長。

如果再倒楣一點，還會有其他細菌讓藥物或營養補給品原有的功效徹底失靈，或是將預期的能量轉變為破壞力。

1 《BMC生物學》（*BMC Biology*）雜誌對文考夫（David Weinkorve）所做的專訪：www.bio medcentral.com/1741-7007/11/94

而這些人們不樂見的憾事並不少見。

數位化的心臟毛病

拉丁文學名為*Digitalis*（其中digitus為指頭之意）的毛地黃（Fingerhut）可說是最為人所知的一種藥用植物，早在兩百多年前毛地黃的葉片就被用來治療心臟衰竭。一九三〇年，藥理學家史密斯首度從車前屬植物提煉出最重要的藥物，並以其發源地將其命名為地高辛（Digoxin），這種強效藥可用來治療心臟收縮能力較弱以及心律不整等問題，說得更精確點：可用來治療某部分有這些問題的患者。早在數十年前，醫學專家和藥理學家們就發現，儘管某些患者按照醫生指示服用在德國名為Digacin或Lanicor的藥品，地高辛所帶來的療效仍不如預期。

然而醫生們很早就察覺到箇中原因：地高辛對這些患者的身體來說屬於陌生的物質，自然會被當作毒物處理。當然，這並不全然是身體的誤判，事實上，我們更該仔細閱讀附在藥盒裡的用藥須知以及可能發生的副作用。

體內若存在毒素，最好能盡快解毒，一般主要由肝臟來處理這個問題，有時腎臟或其他器官也會出力幫忙。肝臟會分泌酵素來中和這些毒素，並將之轉化為可運送的形式，也就是水溶性，然後毒素就能隨著糞便或尿液排出人體外。藥理學家決定用藥劑量時，也必須考量肝臟的排毒能力是否足以負荷，肝功能不全的患者容易引發其他問題，不過這也不表示每顆健全的肝臟都能迅速排除任何藥物。因此，過去二十年間有愈來愈多人開始重視每次用藥前的審慎評估，這麼做的目的主要是希望能根據每個患者的基因給予相對應的藥物治療。基於這樣的想法，藥物基因體學這門專業領域便因應而生。

不過還是有不少藥物讓藥理學家們一再大感意外，有些藥物會強大到讓肝臟難以招架而放棄處理，儘管如此，卻也不見任何藥效，甚至在患者的血液中也幾乎檢測不出預期中應有的藥物反應。

一九八二年，美國醫學專家林登堡（John Lindenbaum）發現地高辛的療效之所以難以掌握，主要取決於當初仍被稱為遲緩真桿菌（*Eubacterium lentum*）的腸道正常菌群。[2]後來陸續有專家學者投入相關研究，其中有些報告指出，比起印地安人，美國一般民眾的體內帶有更多這類細菌。

---

[2] Dobkin et al.: Inactivation of digoxin by Eubacterium lentum, an anaerobe of the human gut flora. Transactions of the Association of American Physicians, Bd. 95, S. 22, 1982

喧鬧的迷你肝臟們——腸道解毒

猶如無數個小小肝臟的腸道菌也肩負排毒的任務，儘管人們向來只把它們視作肝臟的儲備後援，而它們必須處理的毒素當然也包含了藥物。

這塊全新的研究領域也同樣發展出一門新的專業學科，開羅大學的阿奇茲（Ramy Aziz）率先將這門學科命名為藥品微生物學。[34]阿奇茲原本是一名毫無醫學背景的微生物學家，有次接受一名極為出色的家庭醫師為他治療後，他便決定投身於這塊全新的研究領域。經過檢查，阿奇茲的肝指數有明顯升高的趨勢，這名醫生不但勸他戒酒，還要求他務必停止服用長期仰賴的止痛劑。對檢查結果感到吃驚的阿奇茲從網路上查到的資訊得知，原來有些腸道菌會將他習慣服用的藥劑轉化為毒素。

目前已知可以被腸道菌代謝並轉化的藥物有六十五種，阿奇茲將這些藥物列成了清單並隨時更新，因為一次的看病經驗讓他開始關注腸道與藥物之間的連結，甚至和同事一起成立了pharmacomicrobiomics.com這個網站。有不少天然藥物也會和腸內微生物發生類似的交互作用，像是可能導致癌症的異環胺（heterozyklischen Aminen）（詳見第十五章）、可做為植物性染料的花青素以及可從大豆提煉的植物動情激素。細菌是否會影響藥效或是養分的吸收，又影響到什麼程度，主要取決於患者體內是否具有這些腸道菌、這些菌群的多寡及關鍵性的基因是否活躍。比起只需考慮肝臟排毒的負荷程度，上述這些因素使得藥劑與藥量的調配變得更加複雜且困難得多，如果我們可以釐清哪些細菌會攻擊哪些藥物，又是以什麼模式進行攻擊，或許就能暫緩直接以抗生素全面轟炸的選項。

特恩伯（Peter Turnbaugh）在哈佛大學的實驗室裡，科學家們首度發現有種細菌的作用機制能緩解地高辛的藥效，這種自一九九九年起被稱為遲緩埃格特菌（*Eggerthella lenta*）的細菌是根據美國細菌學家埃格特（Arnold Eggerth）的名字所命名的，他在一九三五年首度描寫了這種細菌。遲緩埃格特菌和其他埃格特菌種同屬腸內正常菌叢，都可能引發腸胃炎疾病，不僅如此，它們更是人類的老朋友，因為這些微生物可能曾經保護過我們的祖先不受毛地黃屬這類有毒植物的危害。它們會逮住具有毒素的活性物質並且將之稍加轉化，經過埃格特菌改造的活性物質無法與心肌細胞的分子發生交互作用，毒素也就無法進入人體，轉化後的形式還能以最快速度隨著廢棄物被排出人體外。能夠知道這些雖然很棒，不過我們還是不知道細菌到底對地高辛動了什麼手腳，又使用了什麼樣的分子作為工具。

3 Saad et al.: Gut Pharmacomicrobiomics: the tip of an iceberg of complex interactions between drugs and gut-associated microbes. Gut Pathogens, Bd. 4, S. 16, 2012

4 Rizkallah et al.: The Human Microbiome Project, personalized medicine and the birth of pharmacomicrobiomics. Current Pharmacogenomics and Personalized Medicine, Bd. 8, S. 182, 2010

該透過什麼樣的實驗才能夠找到答案？比方說，我們可以將遲緩埃格特菌分別放在兩個培養皿裡加以培育——這正是哈佛研究團隊所使用的方法——在其中一個培養皿加入地高辛，另一個則不用。看來似乎很簡單，接下來就得觀察兩個培養皿會有什麼不同的變化。放大鏡或顯微鏡在這裡其實派不上用場，研究人員主要得分析兩個培養皿的細菌各自開啟了哪些基因。特恩伯的研究團隊發現，加入地高辛的實驗組有兩個基因特別活躍，幾乎比另一個培養皿要高出一百倍。[5]這兩個基因主要負責製造細胞色素，而這些擁有多功能的酵素就是抑制地高辛的主因。[6]

事實上，我們只要清點患者糞便樣本裡的遲緩細胞，就能知道該如何拿捏地高辛的劑量。不過遲緩埃特拉細菌種類繁多，其中只有一種具有降緩毛地黃的作用，其他菌種的細胞色素酵素基因則會保持一貫的冷眼旁觀。

暢銷藥物的毒子毒孫

特恩伯和研究團隊發現富含蛋白質的食物能讓老鼠的腸內菌有效抑制細胞色素的生成，或許我們能利用這種方式避免地高辛喪失藥效。不過世界上應該不會有醫生建議患者攝取超量蛋白質來達到減肥的目的，不單是因為這項研究成果來自實驗室的老鼠，而是由於心臟病患者的腎臟功能通常不佳，攝取過多蛋白質可能會造成腎臟額外的負擔。儘管富含高蛋白的食物並無法作為最佳的解決方案，至少這項實驗還是指出了阻止藥效分解的道路，現在我們只需要再找到一種不具風險的可行辦法。

搶在藥劑真正在人體內發揮效用前，腸道菌會先一步使出各種招式對付五花八門的藥物，這些機制大致上可分為四種基本型態：

- 細菌會釋出酵素改變藥物的化學結構，就像埃格特菌對付地高辛那樣。
- 細菌會釋放出干擾藥物代謝的分子，像是細枝真桿菌（*Eubacterium ramulus*）的產物能降解化學除蟲劑金雀異黃酮（Genistein）。
- 細菌會製造影響肝臟或腸道酵素的物質，比方說類桿菌的產物可能會中和ＤＰＤ代謝酵素，致使５－ＦＵ（5-Fluorouracil）無法正確轉換，發揮應有的化學療效，連帶引發嚴重的中毒反應。[7]
- 一般認為，人體微生物接管並主導了人體生物化學的代謝，不過這只是一種假設性的機

---

5 研究方法說明：這項實驗利用了生物化學法尋找將基因的建構指令傳遞給細胞機制以順利製造蛋白質的分子，也就是訊息ＲＮＡ（Messenger-RNA，簡稱mRNA）。如果我們發現攜帶基因訊號的ＲＮＡ，就代表這個基因是活躍的；如果一口氣發現很多訊息ＲＮＡ，說明這個基因相當活躍，而且將會製造出許多蛋白質——在這項實驗裡就是細胞色素（Cytochrom）。

6 人類細胞裡亦存在細胞色素，尤其是肝臟，而這些大量的肝臟細胞色素主要的任務就是中和毒物。

7 譯注：５-ＦＵ是一種廣泛用於治療固體癌，特別是胃癌、大腸直腸癌，以及頭頸癌等病症的藥物。它本身並不具抗癌活性，必須經由肝臟的ＤＰＤ酵素代謝，將其轉換成一種強效的抑制劑。

制，至今尚未有明確證據加以證實。

儘管失去藥效，微生物對地高辛的攻擊相對來說是無害的，因為具有療效的分子經由腸道菌的轉化後極有可能成為強烈劇毒，上述四種機制中便有兩種是這種情況。

接下來我們將列舉幾個例子說明，當然是從抗生素開始：

氯黴素（*Chloramphenicol*）會被患者身上特殊的大腸桿菌轉換成為一種名為對胺苯基-2胺-1,2-丙二醇（P-aminophenyl-2-amin-1,2-Propanediol）的物質，這種物質聽起來不怎麼吸引人，事實上也是如此。它是一種毒性物質，會攻擊具有造血功能的骨髓。

德國藥名為Zonegran的**佐能安**（Zonisamid）能有效控制癲癇發作，不過一旦缺少特定的腸道菌，這種藥物就無法轉化為活性狀態，這樣的機制恰好和地高辛的狀況相反，卻造成相同的結果：藥效無法發揮作用。

一旦特定的腸道菌從中作梗，阻止氧氣和硫所組成的小分子附著在它身上，**乙醯胺酚**（Acetaminophen）的藥效就會明顯增強，甚至可能成為危險劇毒。如果有人說，這和我沒有關係，我不認識乙醯胺酚這種東西，也不會服用，那是因為通常我們都只用藥品名來稱呼它，也就是普拿疼（Paracetamol）。

而普拿疼正是當年阿奇茲的家庭醫師建議他停止服用的藥品。

埃格特菌和地高辛的例子還是這之中最深刻的一個，因為這裡頭由藥物和腸道菌群產生的交互作用還有許多有趣的地方值得深入探討，其中更有一部分牽涉到複雜的醫療問題。每個人身上除了正常菌叢，另外還有各種不同的細菌，不同的患者身上就會有各式千奇百怪的細菌，當這些細菌對藥物發動攻擊時，便會產生不同的結果或導致不同的活性反應。有時單靠某種細菌的單一族群就能化解藥效，而細菌的數量、多樣性和活動力則會受到人們攝取的營養和服用藥物的影響。

或許我們可以透過將特定細菌植入腸道或是益生菌的輔助，以便控制藥物的活性物質在人體內發揮預期的療效？這主意聽來不錯，原則上似乎可行，只是人們必須清楚自己在做什麼。豐富的蛋白質雖然能讓**埃格特細菌**迅速繁衍，它們緩解地高辛藥效的比例卻反而下降，這可能是因為當益菌的數量達到相當可觀時，會導致它們原有的活動力衰退。又或者，我們也許能在漫長的療程中成功將特定微生物全數驅離，不過它們原本製造出來的問題產物可能會由其他細菌接收，最後還是落得白忙一場。

那些信仰「更多益菌帶來更多好處」或是「打倒攻擊藥物的細菌，讓藥物好好發揮效用」這類化約等式並希望能因此百毒不侵的民眾其實會發現，多數時候實際情況根本不如他們所預期，儘管醫學專家確實正全力尋找可靠有效的治療方式，但是現實還是讓人大失所望。就抵禦外來影響而言，上述這些想法雖然重要，終究不過只是完整系統的單一面向；事實上，這個系統不但涵蓋了人類以及與他共存的寄生菌，還有幾乎沒人會拒其於門外的人體免疫力。因為只要腸內任何一個菌種的數量或活動力發生些微改變，都可能導致整個代謝作用完全停擺，這對宿主來說顯然不是什麼好事。只要一不小心在週末午後的燒烤派對上稍微多攝取一點蛋白質，不但可能會降低埃格特細菌大嗑地高辛的食欲，更可能在腸內引發一場微生物風暴。這實在令人不敢想像。

分析或是放棄

或許我們應該在燒烤派對開始之前，先吞下一口混合細菌當作預防措施，然後就可以放心地大肆享用香氣四溢的肉塊，即便其中有些燒焦得厲害，當然還要配上啤酒、零嘴和香菸才過癮！在這群細菌裡，有些必須讓製造致癌物亞硝胺（Nitrosamine）的腸道菌暫時失去活性，另一些則負責減緩蛋白質分解的速度，並且將分解後的蛋白質送進血液，還要有一些得開始製造保護細胞的人體抗氧化劑，諸如此類。如果這個燒烤派對是以電音演唱會的形式登場，或許不會有那麼多肉排，卻會多出數不盡的藥丸和搖滾樂，這時有種能協助肝臟代謝毒品的細菌就能派得上用場。[8]

當然目前還沒有因應這種生活方式的益生菌，或許還得等上很長一段時間才有可能出現——即便過不久我們就能在網路上見到益生菌銷售業者宣稱他們已經成功研發出來了。

實際上，我們所能掌握的就是細菌和那些持續在腸內上演的各種交互作用，以及那些超出製藥者所預期的藥效反應。無論藥物是否發揮效用，只要問醫生就會知道，或是必要時再嘗試另一種藥物；不過人們當然希望可以事先知道自己吞下的藥物是否有可能變成超級毒素。

比方說，醫生可以先為患者進行微生物檢查，再決定是否應該開立乙醯胺酚這種藥物。腸道菌值得醫學界投以更多目光，而開立處方箋之前的微生物檢查會是很好的起步。

還有另一個第一步會帶領我們邁向全新的生活，關於這一步該怎麼走，我們將在下個章節有詳細介紹。

8 實際情況也可能正好完全相反：人們當然也能利用微生物干擾肝臟的解毒作用，以延長毒品的效果——這就得看哪件事比較重要了，是長遠的健康或是久久消散不去的煙霧。

第十一章

兩種出生方式和人工剖腹的一二事

人類生命最初的開端也是細菌進駐人體的起點，但是過程中可能也會發生一些差錯。剖腹產的孩子通常較容易有健康方面的問題，我們又該如何因應呢？

「身為一名女性科學家，我從未建議過任何人這麼做，因為我們還沒有足夠的相關資料，不過我先這麼說好了：如果當初剖腹產女時，我能擁有現今的資訊，那麼我會選擇自然產。」上述言論可算是相當強烈的聲明，而這位女性科學家又恰好一度參與有史以來第一個以剖腹生產為主題的研究計畫。或許是性格使然，委內瑞拉的女性則另有一番見解，我們可以這麼說：跟不易親近的瑞典人比起來，她們有活力得多。

前幾章曾經提過的貝約便是出生於委內瑞拉，在當今研究人類微生物群系的圈子裡，她幾乎可說是最有影響力並且深具創新力的學者。貝約在紐約大學擁有教職，而她也好好利用了這個機會，除了試圖從幾乎不曾受到外界干擾的原始邊境找到最純淨的腸道菌群，她也希望找出剖腹產對兒童及其未來的健康有什麼影響，而我們又該如何避免那些不良的後遺症發生。比方說，在剖腹產的過程中醫生會將一塊無菌敷布塞進產婦的陰道，之後再以這塊沾染母親細菌的棉紗來包覆新生兒；這正是這位教授當初產女時想採取的方式，如果那時她知道該這麼做的話。

沒灰塵、沒細菌，不代表沒問題

這個方法乍聽之下其實有些奇怪，只要把一團布料塞進陰道（衛生棉也行得通），讓它好好浸濕，同時從剖開的肚子裡抓出新生兒，剪斷臍帶並將其清理乾淨後，再用這塊又濕又黏糊的棉布將他包覆起來。「這種作法當然會招致批評，人們甚至拿有些醫生用來治療成人患者的糞便細菌移植術相提並論。不過兩者根本無從比較，因為在正常情況下，不會有人交換彼此的糞便，但是胎兒在出生過程接觸到大量陰道分泌物卻是再自然也不過的事。」貝約指出。

在產房裡進行剖腹生產實際上是乾淨且幾乎無菌的過程，這是一件好事，尤其對肚子被剖開的產婦而言，這個過程就跟盲腸或膽囊手術沒兩樣。不過對於即將成為新生兒的胎兒來說，途經這麼一條乾淨又衛生的道路來到這個世界就不見得這麼理想了，「我們所做的不過是模擬自然分娩的過程，」貝約表示。

曾經參與自然生產過程的人就能理解這是什麼意思，無論是當事人、伴侶、助產人員、實習醫師或是其他角色：胎兒自行通過產道的確是不可思議又讓人倍感驚奇的一件事，不僅如此，這一路上還充滿了各種分泌物和血液，就連母親的直腸內容物也會在胎兒的壓迫下噴濺出來。這一切再自然又正常不過了。儘管現代醫學備有各項無菌設施、乳膠手套和綠色口罩，仍然無法讓自然分娩的過程徹底無菌。不過這也沒什麼不好。

通往充滿生命之途

至於細菌是在什麼時候進駐人體和腸道的？關於這點，醫學專家至今仍爭議不休。或許胎兒早在出生之前就得到了生命中第一批微生物，不過有一點是我們可以確定的：經由自然分娩來到世上的新生兒終於得以首次——在未經稀釋、篩濾的情況下——感受到亮光的照射、清晰的聲響和直接的撫摸，他不只必須馬上開始呼吸，也需要立即補充水分，更被迫捲入一場真正的微生物風暴。早在胎兒從陰道探出頭來之前（若是經由臀位生產就是胎兒屁股先出來），他就會在健康的陰道裡遇上大量各形各色的微生物，其中大多是乳酸菌，也能見到**厚壁菌門**（Firmicutes）的細菌，另外還有各種目前科學家已知的菌種，不過或許有更多是他們完全不熟悉的。每位女性陰道裡的菌群組合也都不一樣。[1]

不過我們可以確定經由自然分娩來到世界的這條道路必然會穿越無數微生物，新生兒不但全身上下都被微生物層層包覆，他還會吞下陰道分泌物裡的細菌，當然，陰道周邊部位所分泌的黏液他也不會放過。在他的身體尚未被毛巾擦拭前，細菌會緊緊貼在光滑的小屁股上或是鑽進皮膚的毛孔裡尋找藏身之處，另外也有一些會溜到外耳或是鼻孔以躲避後續的清潔。

然而，一旦換成剖腹產，上述這些情況通通不會發生。不單是因為全程無菌的手術使得新生兒無法獲得產道的細菌，通常為了避免準媽媽和新生兒感染，醫療人員會在剖腹前先幫產婦注射一劑強效抗生素，為了保險起見，這名新手媽媽還得在產後連續服用五天的殺菌藥物。

經由統計可以得知使用這些醫療措施和衛生設備所帶來的結果。在德國和其他工業化國家，剖腹產後傷口感染的比率甚低，大約百分之三，發展中國家的比率則明顯偏高（根據不同的研究結果，大約落在百分之十六到三十之間，早年甚至一度高達百分之七十五。）[2]

最初的一千天：決定健康的關鍵期

另外，我們也能測量剖腹產所帶來的長期影響，不過這些數據看來不太妙。相較於自然分娩的寶寶，剖腹產的孩子經常有過敏或氣喘的問題，另外像是自閉症、第一型糖尿病等自體免疫疾病，或是過重等問題也比較容易發生在剖腹產的寶寶身上。研究數據更顯示，剖腹產寶寶的腸道菌相明顯不同，活躍程度也相對偏低，因此，我們幾乎可以確定新生兒體內缺少的微生物在某種程度上決定了特定疾病的好發與否，至於「正確的」腸內菌何時出現也就不是那麼重要了，因為最終剖腹產寶寶大多還是會擁有這些菌群。重要的是，一份早期的研究報告指出，腸道應該在免疫系統尚未完備之前就備齊「正確的」戰力。科羅拉多大學波德校區的奈特（Rob Knight）是一位相當知名的腸內菌學家，對於自然分娩的寶寶日後是否普遍比較健康這個問題，他毫不猶豫地給了我們這個答案：「沒錯！」

「最初的一千天」這種說法似乎被神化了，這一千天指的是胎兒從受精卵一直到滿兩歲前這段期間，而根據這種說法，這段期間幾乎就確定了一個人生命中的弱點，也就是決定一個人容易被那些疾病纏身，又能免於那些病痛。其中的關鍵性因素就在於營養（從母體獲得的和出生之後攝取的）、愛、關懷以及——沒錯！就是腸內微生物。英國廣播公司（BBC）在二〇一二年製播

---

1 Zhou et al.: Characterization of vaginal microbial communities in adult healthy women using cultivation-independent methods. Microbiology, Bd. 150, S. 2565, 2004; Robinson et al.: From Structure to Function: the Ecology of Host-Associated Microbial Communities. Microbiology and Molecular Biology Reviews, Bd. 74, S. 453, 2010

2 Ezechi et al.: Incidence and risk factors for caesarean wound infection in Lagos Nigeria. BMC Research Notes, Bd. 2, S. 186, 2009; Ali: Analysis of caesarean delivery in Jimma Hospital, south-western Ethiopia. East African Medical Journal, Bd. 72, S. 60, 1995

了一系列與這個主題相關的紀錄片，記者波特（Mark Porter）在第一部的開頭便以充滿宿命感的文字「已擲出的骰子」為整部影片下了最佳注解。

就算我們早已過了兩歲生日，甚至不再年輕，命運仍舊無法阻止我們，因為我們永遠有機會為自己的健康努力，當然還有那些我們最愛、最親近的人。這樣的機會在未來會更寬廣，尤其是在細菌的協助下，不過要在最初的一千天裡把每件事做對，可能不見得對每個人都很簡單，所獲得的效益也不盡然相同，至於後續影響就更不用說了。

這究竟是怎麼回事？我們現在才正要著手了解，不過有些事是再清楚不過的：在懷孕期間抽菸、飲酒和持續減肥絕對是不好的，自然產永遠比剖腹產好，出生體重超過二五〇〇公克的新生兒未來的發育及健康狀況會比較理想，哺餵母乳比喝罐裝奶粉好，還有長期過度注重衛生其實對健康是有害的。

衛生過了頭

過度注重衛生代表細菌和微生物數量不足，免疫系統也會缺乏演習的對手。我們可以將現今眾所皆知的理論簡化為上述等式，按理說，這套觀念也已擴及至產房和嬰兒室，不過如果你以為會在那裡見到任何改變，那麼你就錯了。新手爸媽替嬰兒更換尿布前仍被要求消毒雙手，結束之後也必須以酒精消毒尿布臺，剖腹產的婦女在產前及產後數日還是會服用抗生素。理由很簡單：沒人希望產婦或新生兒受到感染，剛迎來新生兒的家庭應該在三天或六天後乾淨而且健康地踏出醫院的自動門，就算幼兒在數年後染上任何疾病，也不會有人懷疑和當初的產房環境有關係。

這是一個難以化解的矛盾，儘管婦產科多少都往「自然」靠攏了點，不過一旦發生併發症，人們當然會希望兒童加護病房和受過專業訓練的醫護人員就在最近的樓層。建議醫療院所稍微降低衛生標準似乎不會有什麼好的迴響，因為誰都負擔不起一時疏忽而引發的嚴重感染，就算只有一次也將是無可挽回的錯誤，更不用提後續接踵而來的責難與非議。新生兒的父母幾乎無法眼睜睜看著自己的孩子隨意抓起東西就往嘴裡塞，要是有人放任自己的孩子這麼做，那麼也是出於放棄的心態居多，而不是想藉此給予幼兒的免疫系統一個演習的好機會。

權威學者（尚未提出）的建議

那麼在不可避免只能選擇剖腹產的情況下，我們又該如何因應呢？關於這個問題，我們還沒給出明確答案。如果準爸爸要求醫生在手術的同時塞一塊軟棉布進伴侶的陰道裡，之後再將棉布取出，那麼，假設他幸運的話，當下就可能獲得醫生點頭同意；最糟的情況則是遭醫生以不符院方規定一口回絕，即便這位新手爸爸在口罩的遮蔽下不斷向醫生說明貝約團隊最新的研究成果。

類似情況或許在未來會有所轉變。

至於目前就得視運氣而定了。

比方說，透過持續哺餵母乳或許能稍加平衡剖腹產所帶來的後遺症。多數研究都認為長期哺餵母乳與兒童日後的發育以及健康狀況有著密切關係，同時也有助於腸內益菌的生長。不過我們仍然不該過度信仰母乳，而是應該在數月後就以副食品取而代之，因為有些研究指出，長期哺餵母乳也可能導致幼童日後患上過敏疾病，而副食品也已經證實能提高腸內細菌的多樣性，這麼一來，免疫系統也能獲得對的演習伙伴。[3]

我們當然也能觀察幼兒早期在充滿關愛的原生家庭是如何一路長大成為兒童及青少年、卻極少發生過敏問題或其他文明疾病的過程，答案是：完善的保護、良好的飲食、乾淨但不若醫療標準的環境。他們的成長過程不存在消毒劑，倒是身邊總是圍繞著人群，如果是鄉下長大的孩子甚至會有各種動物穿梭來去，這些因素會慢慢增加幼兒與微生物或是其他外來物質接觸的機會，他們的免疫系統也會跟著持續強化，當然過程中免不了會有感染或發燒的情況發生。

請別誤會！我們當然不是鼓吹恢復過往那些屬於美好舊有時光的作法，畢竟那時新生兒和幼兒死於感染的機率遠遠高過今日；我們也沒有試圖提供父母一套安全卻還是免不了有風險的育兒寶典，不過，如果我們過分認真看待每份研究報告，完全不讓孩子有接觸細菌的機會，也絕對不是可行的辦法。先前提到的研究發現，徹底與細菌隔離的兒童似乎更容易有過敏問題，有些醫學專家解釋，或許這些孩子是由非常注重健康觀念而且有潔癖的母親所帶大的。

添加預防性抗生素的幼兒早餐

有些立意良好而一路流傳至今的專業醫學建議其實根本是錯誤的。「父母們總是被告知要讓他們的孩子盡遠離潛在的過敏源，如今看來，這麼做反而是錯的。」瑞典林雪平大學的耶恩瑪姆（Maria Jenmalm）表示。許多地方都針對這項議題進行了相關研究，比方說，凡是二〇一三年秋季在某家位於柏林的醫院生產的人，都會在媽媽手冊和寫滿各種建議的宣導紙堆裡發現一張傳單，上頭正在招募柏林夏麗特醫學院某項研究計畫的受試者——研究團隊想知道，從小就攝取雞蛋白的孩童日後是否就能避免雞蛋白過敏。

另外，我們也能挑選一個只在必要時才會開立抗生素的兒科醫師，因為抗生素可能會影響腸道益菌，同時也會阻礙免疫系統的健全發展，甚至連大腦都難以倖免。

貝約教授提出了一個方法並且承認要是她再次剖腹生產就會這麼做，儘管她沒有公開推薦，

---

[3] Joseph et al.: Early complementary feeding and risk of food sensitization in a birth cohort. The Journal of Allergy and Clinical Immunology, Bd. 127, S. 1203, 2011 Teil III Desinfektionskrankheiten

但有些科學家的確採用了她的建議：奈特曾向《紐約時報》的記者波倫（Michael Pollan）坦承，他經由剖腹產的女兒便是按照貝約的理論輾轉從母親的陰道裡獲得了細菌。

其他同樣投入這項研究的學者和醫學專家雖然沒有像貝約或奈特這般具有行動力，不過當家族成員中有人進行剖腹生產時，他們也不僅僅只是站在一旁靜觀其變。斯德哥爾摩皇家科技學院的安德森（Anders Andersson）教授說，在他的孩子經由緊急剖腹手術出生後，他隨即衝進藥局買了預防性抗生素，然後在第二天餵給自己剛出世的孩子。先前提到來自林雪平的耶恩瑪姆甚至做得更徹底，她選擇使用含有羅伊氏乳酸桿菌（*Lactobacillus reuteri*）的油性乳液——在德國藥局也能買到同樣的東西。相反地，她的同事恩格史坦（Lars Engstrand）面對相同情境時則給出了典型並且具有科學根據的答案：「就我們目前所知的資料還不足以提出任何值得推薦的干預手法。」而我們在本章的第一段就已經搶先預告了這個聽來冷酷又稍嫌保守的瑞典式見解。

子宮之外

在二〇一四年或是在這之後翻閱本書的讀者也許可以直接上網查詢這項研究是否有任何最新進展，建議輸入搜尋關鍵字：貝約。理論上應該能夠找到貝約最初的研究成果，也就是讓剖腹生的嬰兒身上沾染陰道黏液的方法。本書寫成之際，她已經證實這項方法並不會對新生兒造成嚴重傷害，「一切都很健康，」她說。

要是有人考慮在自己剖腹產時也利用這項方法，那麼妳應該知道，這些研究可不是只有幫寶寶被抹上細菌而已，科學家也仔細地檢查和觀察了產婦與嬰兒的狀況，然後列出了幾項基本的前提要件：準媽媽的**乳酸桿菌**屬細菌必須具有優勢，陰道檢測必須呈現標準酸性環境，而產前的鏈球菌和愛滋病篩檢結果也必須呈現「陰性」反應。

正常的懷孕週期大約是九個月，或許各位讀者可以靜下心來好好想一想，萬一迫不得已必須進行剖腹手術時，你們會如何因應。你可以購買含有羅伊氏乳酸桿菌的乳液，也可以有長期哺乳和拒絕使用殺菌清潔劑的打算，當然你也可以請教醫生、助產人員和那些長期獲取新知的人。但你同時必須清楚，即便你做足了各種防範措施，將細菌嫁接到新生兒身上還是可能有風險。不過最重要的是：已經有上百萬的寶寶經由剖腹產來到這個世界，他們大多已經健康或某種程度算是健康地長大成人，有些則正一步步走在日益茁壯的路上。成千上萬的人群有過敏和自體免疫性疾病的困擾，不過他們也都還應付得來，對有些人來說甚至算不上是問題。所以你大可先放下心來，在寶寶出生後的一千個日子裡，為他在現有環境中打造一個最好的生命起點。

[第三部]

消毒的疾病

第十二章

免疫系統的學校

對人體的疾病防禦機制來說，細菌是重要的訓練伙伴，少了細菌，免疫系統便會肆無忌憚地攻擊無害的物質或是自己的身體。

這麼說或許有點諷刺，但是對過敏研究來說，東西德的分裂其實是件好事。直到柏林圍牆倒下前，人們堅信與日俱增的過敏和氣喘患者和日趨嚴重的空氣汙染一定脫不了關係。隨著冷戰結束，科學家穆提烏斯（Erika von Mutius）也有了突破性的進展，她反駁教科書上嘗試將這兩項因素綁在一起的觀點。

主修兒童醫學的穆提烏斯利用在慕尼黑實習的期間和萊比錫及哈雷的同事取得聯繫，共同進行了一項迫使教科書必須改寫的研究。這兩個東德城市的週邊主要是貯藏化學物質和發展重工業的區域，為了達成計畫經濟所設定的目標，再加上隨後勞工階級推翻了帝國主義，有不少人犧牲於此。這裡的空氣和水髒得跟恩格斯[1]時期的曼徹斯特沒兩樣，居民多半是勞工與工人之子。

這地方就像是為了證實那個陳腐的假設而打造

的：工業汙染正是引發過敏的源頭。只是，穆提烏斯和她的同事卻正好發現與這項結論相反的現象，因為和慕尼黑相比，住在嚴重污染地區的兒童反而比較沒有過敏和氣喘的問題。與上述主流認知不符的其實不單只有這項觀察結果，接下來幾年的發展也與主流認知背道而馳：許多研究結果一再顯示，東德的工廠接二連三關閉或是改以現代化方式營運後，當地的空氣品質逐漸獲得改善；然而，患有過敏的兒童人數卻逐日增加，這項數據甚至在十五年後趕上了西德。

更多的托兒所！

當時的穆提烏斯還不知道這些後來的發展，她和同事在一九九二年前往圖森的亞利桑那大學呼吸科學中心拜訪亦師亦友的馬丁尼茲（Fernando Martinez），並希望他能協助他們從現有的資料中找出一些蛛絲馬跡來。馬丁尼茲要求他們跳脫傳統的測量點，利用想像力思考。但是，無論是藍的或紅的工兵領巾、自由德國青年團（FDJ）的襯衫、布米兒童雜誌《*Bummihefte*》或是一個明確的階級立場都無法提供他們一個合理的解釋，就連特拉比[2]二行程循環引擎所排放出的廢氣裡也找不到讓東德兒童倖免於過敏的保護分子。

最後是一篇三年前的舊文讓她踏上了追尋某條線索之路，直至今日她仍緊追不捨。

就在柏林圍牆倒塌的同一個月，英國的傳染病學家史特拉坎（David Strachan）在《英國醫學期刊》（*British Medical Journal*）發表了一篇一開始並未受到矚目的短文。沒多久，這份占了一頁篇幅、以「花粉症、衛生和家庭空間」為題的研究報告就徹底扭轉了人們對細菌的觀感。[3]史特拉坎評估了一萬七千四百一十四名英國民眾的健康資料，這群受試者都是在一九五八年三月的同一個星期來到人世的。他試著從那些曾經感染花粉症的受試者中找出共通點，並且發現和某種過敏症狀具有高度關聯性的竟然是每個家庭裡兄姊的數量；他甚至還找到用藥劑量和藥效之間的關係，假設我們從每個家庭所擁有的孩子數目來談論用藥劑量的話：每戶的第一胎有百分之二十的機率對花粉過敏，有兩名兄姊的孩童則會降到百分之十二，如果在家排行老五或是更後面的孩子，這個比例就會一路下滑到百分之八左右。

史特拉坎從中發展出一套理論，認為兄弟姊妹成群的孩童較常接觸病原菌，他們的免疫系統也就有足夠經驗分辨無害的過敏和病原菌的差異。不過由於家庭規模日益縮減，加上居家衛生大幅改善，自然感染的機會也就隨之降低，連帶造就愈來愈多的過敏問題。這是史特拉坎得出的結論，也是今日被稱作衛生假設這套的思想架構的初始根基。

---

1 譯注：恩格斯（Friedrich Engels, 1820-1895），普魯士哲學家、社會學家及歷史學家，一八四二年移居至英國曼徹斯特，開始接觸工人階級的生活。

2 譯注：特拉比（Trabi），東德時期的汽車，早已停產多年，是相當具有歷史意義的經典款。

3 Strachan: Hay fever, hygiene, and household size. British Medical Journal, Bd. 299, S. 1259, 1989

穆提烏斯照著史特拉坎的邏輯再次檢視他們蒐集到的資料，終於發現東德和西德的兒童之間，除了空氣品質，還有另一個顯著的差異：東德不只出生率勝過西德，每戶的平均人口數也比西德來得多。在東德，父母工作時將幼童放在搖籃裡是常有的事，百分之七十的幼童都是以這種方式度過一天；相對地，在西德只有百分之七點五。東德患有過敏的兒童約比西德少了百分之五十，不過後來還是追上了西德，因為他們的出生率降低，幼童也幾乎不再被放進搖籃裡；同時，有過敏困擾的人數上升，儘管空氣是乾淨的。

對穆提烏斯來說，單靠幼童和年長孩子的接觸大幅減少這項因素還遠不足以解釋過敏人口的增加，她認為東西德之間一定還有更多有待釐清的現象；東西德統一後，原東德境內顯然有新的刺激因進入，或者是原本有的東西消失不見了，才會導致這樣的改變。

穆提烏斯還是持續在尋找造成過敏的單一或多個原因，是因為嬰兒搖籃逐漸式微，或是德東工業區不再被煤煙籠罩，又或者是其他因素。要不是細菌是其中的熱門人選之一，我們根本不會提到這段歷史，最後穆提烏斯在牛棚裡找到了這個細菌。

穆提烏斯之所以在二〇〇〇年開始將搜尋方向轉移到牛棚裡，是因為她和同事已經證實，儘管同在一個區域長大，農場裡的孩子較少有過敏或氣喘的問題。[4]一千名在農場長大的兒童之中大約有十三人患有花粉熱，另外三十人有氣喘症狀，而對照組則有四十九人，確切地說，是六十四人。其他在奧地利、瑞士、紐西蘭、加拿大以及美國等地所進行的研究也有超過三十份以上的報告得到類似數據，[5]證明四處都有讓人倖免於過敏的農場因素。

我們的小農場

原本的衛生假說現在已被農場取代，而同樣不認為衛生是唯一關鍵要素的還有英國免疫學家路克（Graham Rook）提出的「老友假設」。免疫系統不只需要和髒汙劃清界線，而且和一個人乾淨與否，多久洗一次頭之類的問題也毫無關係。把受到廢氣汙染的都市空氣拿來訓練免疫防禦系統似乎也不甚恰當——事實上的確有這麼一說，認為微塵顆粒甚至會激化呼吸道的過敏反應。此外，這也和長期受（兒童）疾病所苦無關，如同人們一開始認為的那樣；真正的關鍵，就像許多證據已經指出的，其實是要接觸那些對我們無害的細菌，也就是那些和人類一同歷經數百萬年演化過程的舊識。這樣說來，牛舍或搖籃看來是人類和微生物相遇的理想地點。

根據路克的說法，人類曾歷經兩次大型的「流行病過渡時期」。第一次發生在石器時代，那時我們的祖先開始圈養牲畜，而不再只是單純獵殺動物。他們學習到如何讓狼群服從、馴服馬

4 Legte den Grundstein zur »Bauernhof-Hypothese«: von Ehrenstein et al.: Reduced risk of hay fever and asthma among children of farmers. Clinical & Experimental Allergy, Bd. 30, S. 187, 2000

5 Von Mutius und Vercelli: Farm living: effects on childhood asthma and allergy. Nature Reviews Immunology, Bd. 10, S. 861, 2010

匹，以及如何飼養羊群或後來的牛群。要因應所有這些新的毛髮、體液，以及不容小覷的細菌和病毒，對人類早期的免疫系統是相當艱鉅的挑戰，可能有不少人在初期因此而犧牲——這也說明了為什麼好幾千年以來，世界上多數地區的人類明明能擁有更豐厚的收穫和儲糧，卻寧願放棄這種新型態的經濟模式。

按照路克的說法，第二次的重大轉折則發生在不久之前，大概和工業革命同時，而且一路延續到今天。人們開始居住在大型都市裡，幾乎不再和動物有任何接觸，取而代之的是前所未有的乾淨水源和食物。隨後，先是有清潔劑問世，緊接著是抗生素的出現。至此，人類距離史上首次登場的文明病也就不遠了，他們和身上的微生物以及蠕蟲這類稍大的寄生蟲共存數千年後，竟然用了短短不到兩個世代的時間就將這些老伙伴徹底逐出他們的生命，再也不願意信任它們，而早已習慣這些微生物存在的免疫系統或許是唯一至今都沒有辦法跟上這種發展的。社經環境的劇烈變化使得演化中適者生存的機制被迫中斷，這麼一來，免疫系統頓時顯得毫無用武之地。不過一個都已經工作了數千年的人是不可能那麼簡單就退休的，他會重新為自己找到值得忙碌的事情。

免疫系統肩負重責大任，它必須能夠分辨敵友，才能好好修理壞蛋，然後放過友善的傢伙。不過腸內的一團混亂還不只這兩組人馬，我們塞進肚子裡的食物也一起攪和在裡頭。這些腸道內容物和人類體腔之間相隔了一道腸道上皮層，許多不同的活動就在這個形同邊境通道的區塊上演，不過有些事情還是得送進血管才有辦法完成。每日由麵包所提供的養分都會穿過這道屏障，偶爾出現不熟悉的物質時，比方說希臘石榴，腸道上皮層也必須處變不驚，確保原有的穩定運作。邊境附近會有免疫細胞潛伏其中，以便檢查所有靠近的物質，當討人厭的傢伙出現時，這些鎮守邊防的軍隊可是一點都不會客氣，因為一旦這道防線被突破，疾病就可能隨之而來。不過並非每個微生物都是危險的，它們大多都對人體有益，而且從很久以前就一直陪在我們左右；它們擁有居留權，免疫系統必須予以包容。

偏執的守護者

由於人類和微生物一路走來相互扶持、攜手共進，使得免疫系統打從一出生就對我們的老友一點都不陌生。正常情況下，一旦免疫系統察覺到有病原菌入侵，便會發狂地大肆攻擊，引起嚴重發炎，不過面對這些老友時，通常只是形成緊張的情勢。我們今日之所以多情地以老友相稱，是因為我們在它們的協助與陪伴下一路長大成人，但是別忘了，它們從一開始就只是為了自己才這麼做，或許它們的祖先對我們的祖先而言是真正的敵人。也許我們應該將這位老友視為為了生存而結盟的策略性伙伴，這麼一來會比較理想，畢竟我們無法完全免除它們的嫌疑，也沒辦法隨時處在備戰狀態。人類的免疫系統基本上就和美國的情報人員同樣偏執，尤其當他們刺探大西洋彼岸的伙伴時。

當免疫學家得知細菌不只在腸胃道的消化過程中出了一臂之力，同時也是身體防禦機制必要且討喜的訓練伙伴時，著實讓他們大吃了一驚。對免疫系統來說，微生物正是他練習拳擊的對手；這是拳擊訓練的一種模式，兩名拳擊手面對面站在擂臺上對打，他們必須遵守特定的規則以避免造成傷害。站在擂臺旁的觀眾能感受到雙方血液裡的腎上腺素急速上升，現場氣氛頓時緊繃了起來，不免讓人懷疑這似乎不只是一場練習。現場的情況是：站在你面前的對手正準備好好毆你一頓，甚至是經過縝密計算的，而瀰漫四周的可不是什麼溫馨的氣氛，更多時候你只感受到恐懼和憤怒。直到明確分出勝負前，這樣一場身著保護裝備的對戰練習大概都無法真正落幕，因為兩人之中必然會有一人失去對自我本能的控制而做出超乎合理範圍的猛烈攻擊。

當我們的免疫系統將眼前的微生物判斷為舊識時，也是同樣的道理，免疫系統知道：「它們可以待在這裡，因為它們不會傷害我們。」不過微生物不知怎地總是跟我們預設的不太一樣，甚至是陌生而且難以信任的。免疫系統若是一名拳擊手，那麼他會感到血脈賁張，不過儘管氣氛緊繃，這場對戰練習並不會流於失控的揮拳，這是因為有T細胞居中調節，讓身體得以處於這樣的狀態。這種細胞極其重要，它們壓制免疫系統的活躍程度，同時確保它在必要時放手；我們的身體要是缺少了這項機制，免疫系統就很容易陷入爆走狀態，埋下某種過敏或氣喘的種子，進而引發自體免疫性疾病。

戰士永遠是戰士，偶爾還是得要有個對手，即便只是為了練習。要是我們幾乎無菌的世界裡少了真正的對手，那麼諸如動物毛髮、禾本科植物花粉或牛奶蛋白這類無害的過路人便會慘遭毒手，成為無辜的受害者，甚至宿主本身都可能受到傷害。

免疫系統主要的任務就是隨時整裝待命，以便在必要時給病原菌和其他作亂的怪物致命一擊。在包容故友之餘，它也必須對有害的細菌展現高度警戒，同時它也必須確保腸內益菌擁有舒適的生存環境，讓壞菌毫無立足之地；換句話說，它必須身兼德雷莎修女和《古墓奇兵》裡的蘿拉（或是拳擊界的哈爾米希[6]）。如同先前提過的，這是一份吃力的工作。

麩質和其他無福消受的東西

免疫系統也需要腸內益菌作為它的訓練伙伴，明確地說：如果過去十年間的發現不全然是毫無意義的，那麼這些細菌不只替我們分解了無法消化的養分，更控制並且訓練了我們的免疫系統。少了它們，免疫系統就會形同癱瘓失控；如果它們沒有在我們生命的最初進駐我們的身體，或是在之後被抗生素徹底消滅，那麼調控免疫系統的開關就無法正確轉換，免疫系統會因此變得極度敏感，進而對我們的身體造成影響，比方說，一旦接觸到花粉或牛奶都可能讓它陷入恐慌，

6 譯注：哈爾米希（Regina Halmich, 1976-），德國家喻戶曉的超輕量級女拳王。

或者直接對進入身體的小麥蛋白或麩質發動戰爭。

乳糜瀉是麩質不耐症當中最極端的一種形式，愈來愈多人被診斷出有這種症狀，他們會對蛋白質的反應會一路從腹痛，歷經腸絨毛萎縮，直到最後以惡性腫瘤作結，而和小麥相近的穀類或裸麥和大麥裡都可能含有這類蛋白質。事實上，人們認為這種病症是好的，在遺傳易感性和過敏原麥麩的雙重作用下，腸壁會嚴重發炎，免疫系統的防禦機制會攻擊身體的結構；極端的話，甚至會突破腸道侵入人體內部。然而，我們並無法透過這種方式解釋為什麼過去幾年來罹患這種疾病的人口數日益漸增，要不是腸內菌可能與此有連帶關係，我們或許就不會提起這個例子了。

比較芬蘭和俄羅斯孩童的情況，能讓我們得到一些蛛絲馬跡。芬蘭南部坦佩雷大學的休提（Heikki Hyöty）在將近十年前執行了一項研究計畫並發現，邊界這頭的芬蘭兒童患有乳糜瀉的比例為百分之一，而另一端的俄羅斯只有五百分之一。就遺傳學的角度來說，居住在邊界兩端的兒童幾乎沒有太大的差異，因為現有的邊界是一九四七年才穿過卡累利阿省，將長久以來的混居地區一分為二。因此，我們無法以遺傳基因解釋兩個地區相差懸殊的患病比例，而不同的飲食習慣也同樣缺乏說服力，俄羅斯的兒童甚至比芬蘭的孩子吃進更多小麥。其他免疫系統的疾病也都顯示了兩者間諸多類似的差異，不過遭殃的總是芬蘭人。

休提推測，俄羅斯孩童受到的保護可能與前東德兒童類似。無論是粉塵或水質分析都顯示出俄羅斯兒童身處環境的含菌量遠比芬蘭多，「那是俄羅斯相當偏僻的地方，他們的生活模式和五十年前的芬蘭人沒兩樣。」[7]對免疫系統的發展來說，這是很理想的條件。

在芬蘭，不只兒童房裡的細菌種類屈指可數，乳糜瀉患者的腸道菌群多樣性更是低得可憐，不過我們仍無法確定這些現象究竟是造成疾病的原因或是疾病所帶來的後果。舉例來說，一旦比**菲德氏菌**（*Bifidobakterien*）的數量減少，腸道就會受到更猛烈的攻擊，讓發炎的情況更加嚴重。接受母乳哺餵的新生兒可從中獲得比菲德氏菌，相對來說，飲用配方奶的幼兒就少了一塊重要的基礎，連帶影響日後免疫機制的發展。這裡的重點其實不只在於我們長期缺乏與益菌的接觸，現代化的營養攝取和我們所服用的某些藥物也都是造成人類體內菌群衰弱的原因之一。

綜合上述的研究結果，我們可以先得出一個簡單的結論，那就是：我們應該為自己和熟識已久的微生物製造更多相遇的機會。顯然前往農場度假還是不夠，想要收放自如地運用防禦能力，同時不讓自己的身體受到傷害，我們的免疫系統就需要更多的鍛鍊。然而這整件事最蠢的地方在於，根本沒有人知道誰才是正確的訓練伙伴，畢竟我們一向就只有那麼幾個候選人。

7 Velasquez-Manhoff: Who has the guts for gluten?, New York Times, 23. Februar 2013, 這篇文章底下收錄了超過兩百條的注解，另外作者還著有一本值得一讀的好書»An Epidemic of Absence: A New Way of Understanding Allergies and Autoimmune Diseases«（Scribner 2012）

生乳才是關鍵

其中有幾個還是穆提烏斯和同事在農場裡找到的。當初發現兩德時期人民過敏現象有所矛盾的學者現今任教於慕尼黑大學的小兒過敏學專科，他同時也是一項大型研究計畫的創辦人之一。共有超過十五個國家、一百名專家學者參與了這項計畫，他們近期發表了第一項研究成果，而這項計畫最終的目標當然是找出讓農場的孩免疫於過敏的神祕因素。科學家們派人前往每個參與這項研究計畫的家庭裡收集粉塵，對尚未成熟的免疫系統和細菌來說，兒童床墊正是他們碰面的最佳場所。研究團隊使用特別的儀器仔細吸過八千張床墊，然後觀察了集塵袋裡的內容物。另外，他們也趁著孩童在一旁享用農場現擠的牛奶時，從畜舍的牆壁上刮下污垢，並從早餐桌上取得樣本。經過分析，他們得出了這樣的結論：**魯氏不動桿菌**（*Acinetobacter lwoffii*）和**乳酸乳球菌**（*Lactococcus*）這兩類菌種似乎適合作為人體免疫系統的訓練伙伴。同時，這項研究也指出幼童要怎麼做才能夠得到保護——定期在牛舍逗留並且飲用未經處理的生乳，如此一來，感染過敏或氣喘的風險就能減到最低。

不過我們至今仍未找到徹底終結過敏問題的解決之道，直接飲用生乳的同時可能也會吞進危害生命的細菌。懷孕期間在畜舍或穀倉工作並且飲用生乳的婦女，之後產下的孩子能得到最好的保護，顯然免疫系統在生命萌芽的初期就需要完整的訓練機制，拖得愈晚就愈不容易駕馭。

經過消毒滅菌和均質化處理的牛奶就不再具備保護的功能，研究指出，這是由於真正具有保護功能的其實是牛奶裡的細菌。令研究人員感到意外的是，實際上推動這項防衛機制的是牛奶裡的蛋白質，工業化的處理過程卻破壞了這項重要的因子。穆提烏斯希望能找出一套全新的滅菌方式，能有效除去對人體有害的細菌，卻不致讓蛋白質流失。假如這種方式行不通，還可以嘗試在進行消毒以前，將蛋白質從牛奶裡分離出來，之後再重新加回牛奶裡。研究團隊估計，單是這麼做就足以讓兒童感染氣喘的風險至少減低一半。

然而，儘管大幅減低了感染風險，還是有許多患者受到疾病的折磨，而且一直到我們找到有效對應的辦法之前，至少也得耗上好幾年。雖然已經有藥廠利用畜舍裡的**魯氏不動桿菌**和**乳酸乳球菌**開發出新藥，不過就算將這款試驗中的藥品引進市場似乎也無法更快解決現有的困境。目前位於德國蓋爾森基興的 Protectimmun 藥廠[8]正在研發這類預防性藥劑的效能，他們在動物試驗的階段獲得了令人滿意的結果，但這不見得具有什麼特殊意義，因為通常在動物試驗階段證實有良好效果的藥品，大約只有十分之一到兩百分之一的機率能繼續研發成為上市新藥，而這得視人們選擇相信哪種統計數據而定。此外，當時也尚未出現可以廣泛用來對抗過敏的預防性抗生素。

不過還是有許多可以用來預防過敏和自體免疫疾病的替代品。紐約醫學專家布雷塞就認為，

8 譯注：Protectimmun GmbH 是一家專門研究並製造過敏及慢性發炎用藥的德國企業。

胃部裡的幽門螺旋桿菌能讓兒童免於氣喘的威脅。他根據研究所得的資料，建議那些患有非先天性氣喘的兒童服用幽門螺旋桿菌，至於日後可能發生的胃潰瘍或胃癌等疾病，就只能等到其長大成人具有健全的免疫系統後，再以抗生素治療——也就是等到細菌盡完訓練免疫系統的職責後。

幽門螺旋桿菌似乎也能有效預防多發性硬化症（Multipler Sklerose）或是因免疫系統失調所引起的腸道疾病，比如克隆氏症（Morbus Crohn）。在我們使用抗生素進行全面滅菌沒多久後，一連串關於自體免疫疾病爆發開來的報導支持了這項假設，不過同時也有研究提出與這項假設相反的發現，指出幽門螺旋桿菌也可能導致帕金森氏症和心臟疾病。看來我們仍舊無法定論這種細菌是好是壞，幽門螺旋桿菌所帶來的影響當然和宿主的遺傳基因有很大的關係，不過其他寄生在同一人體上的細菌也是關鍵因素之一，因為要是幽門螺旋桿菌真有這麼大的威力，那麼它必然不是肚子裡唯一占盡優勢的獨裁者。

加了太多料的蔬菜湯

穆提烏斯喜歡把免疫系統比作一碗蔬菜湯，每個人都希望屬於自己的那碗湯能有些變化，不過湯頭原料卻只能是固定的。好比洋蔥或紅蔥頭必然不可或缺，不管加入哪一種都能讓整鍋湯嘗起來香甜鮮美，總之韭蔥類絕對是決定一鍋湯的關鍵因素。至於免疫系統這鍋湯是否到了哪裡都有可以調整的空間？穆提烏斯的觀點是：「我認為這是一個多餘的系統。」。按照她的理解，免疫系統的訓練並不見得非得由**魯氏不動桿菌**或者任何一種特質相近的細菌來執行不可，重點是，必須要有細菌接下這份重任。此外，同一種細菌在不同人身上所能發揮的作用力也可能有所不同，這和個人的遺傳組成、生活方式及其他寄生在同一人體的微生物有關。

然而，所有相關研究也都明確指出，免疫系統和微生物早在生命萌芽初期就與彼此相遇了，後來人們甚至發現影響兩者首次互動的可能性，只是至今我們還不是很確定該怎麼加以干擾。

我們目前還無法很具體掌握免疫系統的反應機制，通常研究資料的說法大概是這些細菌或那些寄生菌可以用來協助抵抗氣喘、過敏或是自體免疫疾病X或Y，聽起來像是只有那些被提及的細菌才具有這些能力。比方說布雷塞就確信**幽門螺旋桿菌**具有獨特的功能，或許這類菌種真的與眾不同，也或許它真的能夠發揮科學家們所發現的功能，不過這都得建立在和其他微生物合作的前提之下，只是我們至今仍對這些從旁協助的微生物以及它們所具備的能力一無所知。

有不少學者相信**普拉梭菌**（*Faecalibacterium prausnitzii*）必然扮演了某個重要的角色，因為它們在腸道占有極大的優勢，而且是代謝過程中不可或缺的關鍵因子。據估計，普拉梭菌約占了共生菌的百分之五，有不少研究發現，許多不同病症發作時，都會導致這類菌群的數量明顯下降。[9]不過普拉梭菌反倒在動物實驗中修復了腸道症狀，看來又是一個深藏不露的候補人選。

但也有不少人指出，在大多數的案例裡，這套系統幾乎沒有按照「單一微生物專司某一種特殊功能」的原則運作，而是如同穆提烏斯所推測的，所有支援都超出實際所需的程度。這樣看來，就像聖路易斯華盛頓大學專門研究微生物的高登所描述的，人體內提供了各式各樣的工作職位，這些職位會由不同的細菌承接負責，有時細菌必須具備某種特殊能力才有辦法應付職缺需求，有時又不見得非有專職技能不可，但是幾乎不可能有單一微生物固定專司某種特定效果。又或者，每種湯都只有一種對味的韭蔥類植物。

什麼都有可能

慕尼黑科技大學營養心理學的哈勒爾（Dirk Haller）甚至認為，無論是哪種細菌都可以調教免疫系統，「也許任何一種致病性微生物都辨得到，」而我們只需要辨識細胞的模式就夠了，「無論眼前可見的細菌叫作普拉梭菌或任何一種菌，都沒有差別。」荷蘭瓦格寧根大學鑽研細菌多源基因體學的克里瑞貝澤（Michiel Kleerebezem）教授所做的一項實驗似乎證實了這個看法，他透過內視鏡將無害的乳酸菌塗抹在健康受試者的小腸腸壁上，並且觀察到塗抹處黏膜出現輕微發炎的情況。對哈勒爾來說，這項證據可用來支持他十幾年來，從博士論文時期便嘗試建立的一套理論，他的第一篇學術論文正是以〈非致病性細菌活化腸道上皮〉（Nicht-pathogene Bakterien aktivieren das Darmepithel）為題，[10]「我應該徹底忘掉那些當初將我們批評得一無是處的評論，」他回憶道。當時人們尚未意識到腸道上皮不只是單純的細胞組織，更是一道構造複雜的分子屏障，阻隔腸內的有害物質進入人體內部。也因此，人們認為無害的細菌頂多只是在腸內漫無目的地四處遊蕩，而它們唯一的貢獻大概就是啃噬掉一些植物纖維。「那些評論者質疑，為什麼腸道上皮活躍的非致病性細菌沒有讓我們生病，而當時的我還無法回答這個問題。」

後來人們才逐漸了解，友善的細菌對腸道而言等同於防護圈條，免疫系統對其做出的輕微反應其實意義重大，「看起來就像是這個專職阻擋的器官需要一些刺激，以提高防禦能力。」

這就像是換了一個範例。根據過往的理論，免疫系統只負責排除感染源，並引起腸道發炎。「每個人都能輕易理解：病原菌具有攻擊性，免疫系統則負責將其掃除；沒有人會相信或理解，一支在腸內四處遊蕩的非致病性細菌軍隊在導致腸道發炎之餘，還會來為人體帶來附加價值。」哈勒爾表示。他想知道哪些細菌具有這樣的能力，「是**胚芽乳酸桿菌**（*Lactobacillus plantarum*），還是**普拉梭菌**？這些是截然不同的細菌，或者我只需要一組腸道菌能夠辨識的分

9 Miquel et al.: Faecalibacterium prausnitzii and human intestinal health. Current Opinion in Microbiology, Bd. 16, S. 255, 2013

10 Haller et al.: Non-pathogenic bacteria elicit a differential cytokine response by intestinal epithelial cell/leucocyte co-cultures. Gut, Bd. 47, S. 79, 2000

子？」有很長一段時間他認為這些問題並不重要，「後來我就不那麼確定了，什麼都有可能，一切都還懸而未決。」

至於為什麼早期東德的孩童比起他們的西德表親更不容易過敏，這個問題也尚未有定論，因此才說一切都還「懸而未決」。不過有個假設我們倒是可以毫不遲疑地捨棄：關鍵絕對不是布里茲涅夫和昂奈克為了慶祝而上演的社會主義兄弟之吻[11]，也不會是此過程中輸送的任何細菌，因為身為東占領區的孩子（本書作者之一），我們覺得要仿效這種儀式實在是太噁心了。

不過下一章要探討的主題可就不是未知數了，因為以它的分量來說，要飄散到空氣中或許會有點吃力。

11 譯注：此處指的是一九七九年時任蘇聯總書記的布里茲涅夫（Leonid Brezhnev, 1906-1982）受邀前往東德參加其建國三十週年慶祝活動時，和當時東德領導人昂奈克（Eric Honecker, 1912-1994）以嘴對嘴的兄弟之吻表示友好關係。後來莫斯科藝術家弗魯貝爾（Dmitri Vrubel, 1960-）在一九九〇年根據一張當時所拍攝的新聞照片將這個畫面描繪在柏林圍牆的東側畫廊。

第十三章

肥胖症、糖尿病及微生物的影響

腸道菌叢包含了哪些菌種及其組成結構決定了菌群從食物中獲取能量的多寡，甚至可能造成一發不可收拾的嚴重後果。

就算是夜半時分獨自待在一片寂靜的廚房裡，享受宵夜的也絕對不只你一人。我們腸道裡那些小到肉眼不可見的共生伙伴其實一直都在，要是少了它們，我們根本無力處理所有吃進肚裡的東西，更遑論要加以利用。有了它們的協助，我們才得以存活，不過它們也可能給我們帶來麻煩，真正的麻煩，而且還是後果不堪設想的大麻煩！

幾乎所有研究都一面倒地強調，如果想知道自己將來是否有一天必須面對危害健康的厚重脂肪層，或是得到諸如糖尿病的代謝疾病，就必須考慮到由所有寄生在我們身上和體內的細菌基因所構成的第二基因體，因為就這個探討這個議題來說，它的重要性絕對不輸人類基因體。

貝克赫德（Fredrik Bäckhed）在二〇〇四年藉由一個其實相當簡單的實驗首度證明了人類的營養攝取必須仰賴微生物的幫忙。[1]貝克赫德當時還只是高登位於密蘇里聖路易斯華盛頓大學醫學院實驗室裡的同事，而高登正是最先投入微生物群系研究的先驅之一。有不少同事都認為貝克赫德至今所做做出的貢獻理應為他贏得一座諾貝爾醫學獎——至少他在二〇一三年就已經先在柏林獲頒了羅伯．柯霍獎[2]。這名年輕的科學家在他所任職的實驗室裡培育了完全不帶菌（steril）的老鼠，這裡的無菌是沒有任何微生物的意思，因為這些小動物仍然具有繁衍能力。[3]老鼠經由人工剖腹的方式被取出後，會直接被送進無菌箱裡，無菌箱則擱置在另外用棚布隔離起來的無菌空間。這些無菌鼠就像是活在一個氣泡裡，因此也被稱作泡泡鼠。身處於無菌空間中的泡泡鼠只攝取經高溫高壓消毒殺菌的食物，由於缺乏與其他細菌的互動競爭，這些小動物的免疫系統無法獲得健全發展，致使牠們的心跳微弱，腸壁也只有薄薄一層，根本不足以抵擋致病菌的攻擊。而為了維持體重，只好吞下更多食物。我們可以這麼說：少了原本的微生物室友，泡泡鼠過得實在不怎麼好。

科學家們比較了這些無菌動物和其他與微生物共生的同類，證實腸內菌的存在價值的確不容輕忽。跟體重正常的同類相比，實驗室裡的無菌鼠短少了百分之四十二的皮下脂肪，儘管它們多吞進了將近三分之一的無菌飼料。

主導一切的史氏菌

在一項控制實驗中，貝克赫德從一般老鼠的盲腸內取得樣本，接種到無菌鼠身上。他先將腸道內容物溶解在少量的液體中，然後取一些混合後的液體塗抹在無菌鼠的毛皮上。每隔一段時間貝克赫德就重複塗抹，幾個小時過後，細菌就進到了老鼠體內，當然也包括腸道。光是這點就值得我們好好思考：單是一個只清潔了身體表層的動作，竟也影響了身體內部的菌群結構。在正常情況下，細菌就是以這種方式不斷補充援軍到腸道裡。

之後，一旦原本無菌的實驗鼠用嘴巴清理身體，腸道菌就會全面地大舉進駐。這使得無菌鼠的表現在短短幾天內就發生了變化，不只能更好地消化飼料，從中獲取的能量也大幅提昇，而且儘管沒有增加食量，脂肪卻開始慢慢囤積。兩週後，這些實驗室的無菌鼠就變得跟有菌的同類沒什麼兩樣了，其中雄性老鼠增加了將近百分之六十的體脂肪，而雌性老鼠甚至多達百分之八十五。但同時也會少掉一些肌肉，秤起來就和一般的實驗室老鼠差不多重。

透過這項實驗我們首度證實，微生物在食物分解的過程中扮演了不可或缺的重要角色。少了

---

1 Bäckhed et al.: The gut microbiota as an environmental factor that regulates fat storage. PNAS, Bd. 44, S. 15718, 2004

2 譯注：由現代細菌學之父柯霍發起成立的生物醫學獎，是德國獎金最高的學術獎，以傑出的微生物學、免疫學、醫學研究為獎勵對象。

3 譯注：德文 steril 除了「無菌」、尚有「不孕」、「不育」等含意，因此作者進一步詳加說明。

這些微生物，無論是老鼠或是人類都必須增加進食的分量以維持自身的續存。每種細菌都各有其獨特的生物化學特質，這些特質會隨著被人類吃進肚裡的食物，補充人體細胞的不足以及需求。大量的化學變化不斷在腸道內接連上演，而這些過程完全不需要人體細胞的協助。

貝克赫德和他的同事更進一步指出，單是一種細菌就可能對人體造成劇烈影響。他們檢測了一種名為**多形擬桿菌**（*Bacteroides thetaiotaomicron*）的細菌，[4] 照理來說，**擬桿菌屬**（*Bacteroides*）是人類腸道最常見的菌種，但是**多形擬桿菌**卻大量出現在人類的糞便樣本中。這種細菌對腸道助益良多，不過一旦它們進駐人體其他部位就會讓人生病。**多形擬桿菌**通常是引起傷口感染的元凶，嚴重時甚至會引發敗血症，卻是消化植物性物質的不二人選。據推估，它們擁有超過一百種以上的酵素可以分解長鏈狀的植物分子，尤其是人類會吃進肚裡的那些。人體細胞無法自行分解這些養分，只有藉助細菌之力才辦得到，否則這些養分會以未經消化的形式通過身體，然後原封不動地被排出體外。

不過當貝克赫德只植入**多形擬桿菌**到無菌鼠體內時，老鼠的體重也出現了增加的趨勢，只是程度並不如植入整個微生物群系那樣強烈。高登在後來的一項實驗中更發現，如果同時植入**多形擬桿菌**和**史氏甲烷短桿菌**（*Methanobrevibacter smithii*），消化能力更是明顯增強。[5] **史氏甲烷短桿菌**是古菌的一種，它們在不久前還叫作古細菌，但是現在已經是獨立門戶的一個域，另外兩個域則是細菌和具有細胞核的真核生物。[6] 古菌在發展史上具有相當古老的資歷，它們之中具代表性的族群通常具有抗酸、抗鹽或抗高溫等神奇能力，而且大多生存在類似溫泉這樣的荒涼角落。大量出現在腸道的**史氏菌**雖然低調，但是它們的存在仍然具有不容小覷的影響力。它們以其他細菌的排泄物維生，並從中製造出可提供給腸道使用的能量。在厭食症患者的糞便中我們可發現較多這類細菌，[7]這說明了這類菌種特別適合生存在匱乏的環境，尤其當其他細菌大多罷工，或者研究人員根本沒有派其他菌種上場時，就是它們大展身手的好機會。這正是我們從老鼠實驗中所觀察到的現象。假設實驗組老鼠腸內的**史氏菌**和**多形擬桿菌**能獲取足夠的食物維生，那麼跟體內只有一種微生物的老鼠相比，實驗組老鼠的會增加百分之十、甚至更多的體重。

細微的差異、巨大的功效

上述這些現象當然不免讓人要問：如果細菌能讓老鼠和人類免於飢餓——甚至還能讓老鼠發

4 這種以三個希臘字母命名的細菌就和多數的細菌一樣，可好可壞，有時甚至可能引發腦膜炎。詳見：jcm.asm.org/content/43/3/1467.full?view=long&pmid= 15750136

5 Samuel und Gordon: A humanized gnotobiotic mouse model of host-archaeal-bacterial mutualism. PNAS, Bd. 103, S. 10011, 2006

6 Woese und Fox: Phylogenetic structure of the prokaryotic domain: the primary kingdoms. PNAS, Bd. 74, S. 5088, 1977

7 Armougom et al.: Monitoring Bacterial Community of Human Gut Microbiota Reveals an Increase in Lactobacillus in Obese Patients and Methanogens in Anorexic Patients. PLoS ONE, Bd. 4, S. e7125, 2009

胖，那麼同樣的效果也會發生在人類身上嗎？它們也能為人類創造更多促進人體健康的能量嗎？

看來似乎是如此。

眾所皆知，人類和動物有套機制可以將食物有效地轉換為能量來源，當然這套機制也可能運作不良，而貝克赫德和高登找到了讓這套機制得以順利運作的微生物根基。如果餅乾的包裝上印著每塊餅乾有一百八十千卡的熱量，這並不表示每個人的身體都能從中獲取到這麼多的能量，這個數值其實是實驗室在某些預設條件下所測得的。實際上，一個人當然很有可能完全吸收了這一百八十千卡，那麼他就是一個可以將食物有效轉換為能量的人，這個過程中他身上的寄生菌也功不可沒。另一個吃下餅乾的人或許只從中攝取到一百六十千卡，再另一個可能甚至只獲得了一百二十千卡。當然遺傳基因也會影響食物在我們體內消化的程度，它們的影響力或許比微生物來得強大。不過就算同卵雙胞胎的消化作用也並非一致，最終我們還是得回歸到微生物相來解釋這之中的差異。然而，就算細菌的運作每天只讓宿主的身體多吸收一百千卡，大約是十四公克奶油所提供的熱量，日積月累後，還是會逐漸形成可觀的脂肪層。

必須進一步確認的是，肥胖者和纖瘦者的微生物相有什麼差別。完成這項任務的同樣是高登及他的研究團隊，他們出人意表地選在二〇〇六年的耶誕節期間發表了這項研究的成果，想必有不少人因此覺得耶誕大餐享用起來更加美味。[8]看來我們終於揪出了那個讓人發胖的惡魔，說得更精確點：十億個惡魔。

高登和研究團隊徹底檢查了嚴重肥胖老鼠腸道內所有的微生物，如果放任這些老鼠無限制地攝取飼料，體重就會急遽上升，這是因為牠們的身體曾發生突變，已經無法再分泌名為瘦素的荷爾蒙。這種荷爾蒙最主要的功能便是在人們吃進足夠的食物時，阻擋住後續的食慾；換句話說，這些實驗室裡的小動物基本上是永遠吃不飽的。牠們腸內的菌群和其他正常體重的動物有極大的差異，和體型纖瘦的老鼠相比，肥胖老鼠體內的**擬桿菌門**細菌數量少了將近一半，前面提過的多形**擬桿菌**便是其中之一。不過肥胖老鼠體內其他的菌種倒是多出將近一倍，像是屬於**厚壁菌門**的**乳酸球菌屬**、**桿菌屬**和**梭菌屬**。研究團隊在肥胖者和體型纖瘦者的糞便樣本裡也觀察到同樣的現象，儘管證據已經攤在眼前，至今我們仍然無法解釋為什麼胖鼠身上會帶有較多的**厚壁菌門**細菌，而瘦鼠的體內則由**擬桿菌門**主宰。

同樣令人感到好奇的還有：這些菌種在數量上的改變究竟是造成肥胖的原因，亦或是肥胖所帶來的結果？針對這個疑問，後來有人找到了答案。

高登和他的同事分別從胖鼠和瘦鼠身上取得糞便樣本，然後將它們灌入無菌鼠體內，並餵食這些實驗老鼠富含脂肪的飼料。研究團隊經比較後發現，其中那些體內植入胖鼠菌種的老鼠體重

---

8 Turnbaugh et al.: An obesity-associated gut microbiome with increased capacity for energy harvest. Nature, Bd. 444, S. 1027, 2006; Ley et al.: Human gut microbes associated with obesity. Nature, Bd. 444, S. 1022, 2006

明顯增加得更快。而當我們將取樣對象從一隻肥胖的老鼠換成一名嚴重過胖的人類時，也得到了同樣的結果。儘管研究團隊所觀察到的現象令人感到不可思議，不過這些線索仍不足以解釋任何生物機制，他們因此進一步分析了兩種體型的老鼠體內微生物相的所有基因。值得慶幸的是，最後他們發現了和預期中相符的結果：和瘦鼠相比，研究團隊在胖鼠的糞便裡發現更大量的細菌基因，這些細菌基因不但可以指揮酵素分解植物性物質，甚至能夠操控宿主的基因，讓宿主的身體細胞透過吸收並貯存有用的養分而另外獲得由細菌所製造的能量。這套機制在人類體內也是類似的運作模式，我們每天或每餐額外從中獲取的熱量或許微不足道，但是長年累積下來，就不難從磅秤上察覺到這些具有分量的證據。

從人類史的角度來看，這一切其實自有深意。人類和微生物亦敵亦友地並肩走過好幾百萬年的發展，他們必須共同熬過物資匱乏的時期，尤其是如何在每一年的寒凜冬日中存活下來。也因此，他們需要一套能夠維繫生命的生化機制，好讓他們得以在生意盎然的季節裡預先儲備匱乏時期所需的能源。在沒有火源或暖氣、罐頭和世界貿易這些資源支援的前提下，增重就成了一項演化的優勢——由於可樂和冷凍披薩尚未出現，所以發生長期病態性肥胖的機率幾乎是微乎其微。我們的祖先之所以能夠在無法預知即將面臨何種境況的前提下存活下來，正是因為他們的身體儲存了足以在危急時刻運用的能量。增重的能力在過去一度是生存下來的重要關鍵，以演化生物學的行話來說：這是一種「適應」的能力，能提高「適存度」。良好的消化能力保障了具有優勢的生存與繁衍機會，這麼一來，人類就能順利將基因傳承給下一代，包括那些寄生在他們身上的細菌。

昨日的生存優勢、今日的威脅

這項身體素質的優勢在現代幾乎已遍布全球，除了那些長年為飢荒所苦的地區。但是我們身上的細菌大多還是那些古老的勤奮軍團，不停地為我們張羅賴以生存的養分，彷彿過了明天就沒得吃了一樣。然而，在現今這個高熱量食物永遠取之不竭的年代裡，以往那些保障生命續存的東西反而會讓人致命。長期儲存在皮下的能量會導致發胖的危機，會讓代謝作用徹底失序，並且引發因過重而衍生的疾病，比如糖尿病。至少有一部分相當受到歡迎且提出有力論據的理論都這麼認為。

腸道菌間接引發糖尿病的途徑有兩種。各種微生物代謝後所產生的短鏈脂肪酸會適時提醒身體抓緊機會儲備能量，然而，當儲存量累積得愈多，許多人對胰島素的反應會逐漸遲緩，進而喪失調節身體細胞吸收糖分的能力，直到最後再也無法發揮作用時，就會出現糖尿病的症狀。也有理論認為富含脂肪的飲食會讓腸道上皮門戶大開，這道屏障原本負責阻擋細菌以及它們的代謝產物進入人體，一旦失守，等於放任化合物和細菌分泌的內毒素（Endotoxine）隨意入侵。人體的免疫系統接觸到陌生物質會進入警戒狀態，在身體各組織引起輕微發炎，最終成為胰島素的抗體。一旦身體出現糖尿病的症狀，寄生在人體的細菌也會受到波及。不只有腸道如此，糖尿病複雜的症狀中還包含了難以治療的皮膚病變。長期研究皮膚的學者葛萊斯（Elizabeth Grice）就曾做出以下結論：高血糖會改變皮膚原本的菌相，導致我們無法以一般的治療模式處理簡單的傷口。[9]

比利時魯汶天主教大學專門研究代謝的學者卡尼（Patrice Cani）通過動物實驗推測，脂肪過多可能導致腸穿孔。他認為脂多醣（Lipopolysaccharide；簡稱LPS）是導致宿主免疫系統陷入暴動的罪魁禍首，這種醣類和某些菌種外膜的組成成分有關。在動物實驗中，脂多醣則產生了更加深刻的效果：注入這種物質的無菌鼠會在體內產生胰島素阻抗性，導致體重遽增。

至於這些在實驗中觀察到現象是否能直接套用在人類身上，仍有待科學家們進一步加以研究。「這個問題其實極具爭議性，」慕尼黑科技大學的營養生理學家哈勒爾表示。他從二〇一三年開始在德國研究協會與二十三組研究團隊共同展開一項研究人類微生物群系的特別計畫，這項計畫獲得六年一千六百萬歐元的補助金，讓他們得以在釐清其他問題之餘，也能試圖為這個問題找出答案。

糖——房間裡的大象

卡尼在二〇一三年年初發表了一份關於腸穿孔的研究報告。[10]他發現一種能夠修補破損細胞膜的細菌，這種**嗜黏蛋白阿克曼氏菌**（*Akkermansia muciniphila*）能確保敏感的腸道上皮細胞分泌足夠的黏液，形成防禦化學攻擊的保護層。體重正常的人腸道內約有百分之三到五的比例是這種細菌，不過在肥胖者體內這類細菌的占比會明顯降低。卡尼認為之所以存在這種差異原因在於富含脂肪的飲食，他的結論是：高脂食物會使得刺激黏液生成的細菌數量減少，這麼一來，不論是充滿能量的物質、訊號物質或是類似脂多醣體的發炎因子一概都能通過腸道上皮細胞的防護層。另外，過剩的養分會導致脂肪細胞腫大，觸發免疫系統開始運作，在全身引起發炎反應，進而提高罹患糖尿病的風險。

卡尼以**嗜黏蛋白阿克曼氏菌**加上益生菌果寡糖成功治療了生病的老鼠，這使得他確信，肥胖症、糖尿病及其他腸道疾病都能藉助這種細菌之力成功治癒。不過他的同事對此仍抱持懷疑的態度，哈勒爾就是其中之一。在他所主導的實驗裡，他也認為「在特定環境條件下，」腸黏膜屏障

---

9 Grice und Segre: The human microbiome: our second genome. Annual Reviews of Genomics and Human Genetics, Bd. 13, S. 151, 2012, online abrufbar unter: http://www.ncbi.nlm.nih.gov/pubmed/22703178

10 Everard et al.: Cross-talk between Akkermansia muciniphila and intestinal epithelium controls diet-induced obesity. PNAS, Bd. 110, S. 9066, 2013

的確會形成孔洞，「不過並不像卡尼在論文裡所描述的那樣簡單。」另外，卡尼餵給實驗動物的飼料有高達百分之六十都是由脂肪所組成的，「而這是殘暴野蠻的人為因素，」哈勒爾說，「換作是一個活生生的人，不可能有人承受得住。」這種飼料幾乎奪取了動物體內可燃燒的碳水化合物，「那些寄生在人體的微生物群就只能餓肚子了。」但是減肥期間攝取的少量脂肪則又是另一回事了。加上我們也還不清楚是否所有的脂肪都會造成這樣的結果，或者只有特定種類的脂肪才會，以及這一切是否只是腸道黏膜屏障的急性或慢性病變所引起的效應。「這些都是相當極端的狀況，人們應該質疑，它們具有任何意義或重要性嗎？」哈勒爾說。為了找出某些機制，這類實驗或許有其價值，然而，光是這麼做可能還是不足以解釋為什麼全世界的肥胖人口在過去幾年間會急遽增加。

英文有句諺語 elephant in the room，中文直譯為「房間裡的大象」，多是用來描述一群人就算心知肚明，卻仍對眼前顯而易見的問題視若無睹。對寄生在人體的細菌來說，這隻大象就叫：糖，或者是：精製麵粉，也可以是：所有含有大量碳水化合物的食物。士力架巧克力、可樂和白到猶如氯漂白紙的吐司，都是人體不需要花太多時間就能處理的食物，因為糖是一種多數生物可以在瞬間轉換的養分，對細菌來說也是一樣。

直至目前為止，並沒有太多研究深入探討糖對可能腸道菌造成什麼影響。這當然不是一個不重要的問題，糖甚至很有可能讓我們的腸道菌群亂了方寸、不知所措。至於為什麼會這樣，我們當然也還沒有頭緒。大多數的糖幾乎一進到消化道前段就被身體給直接吸收了，根本不需要細菌的幫忙。實際上有多少糖能抵達多數細菌活躍的區域，我們不得而知。糖當然也可能經由胰島素的分泌或其他方式間接影響腸道微生物，攝取大量糖分可能會助長諸如**困難梭狀桿菌**和**產氣莢膜梭菌**（*Clostridium perfringens*）等致病菌的生長，身體無法立即快速吸收的碳水化合物則似乎對**短雙歧桿菌**（*Bifidobacterium breve*）或**多形擬桿菌**這類益菌有利，同時能抑制**分歧桿菌屬**（*Mycobakterien*）和**腸桿菌科**（Enterobacteriaceae）這類壞菌。[11] 加拿大金士頓皇后大學研究腸道的學者史柏貝瑞（Ian Spreadbury）相信，糖和其他工業化食品會導致微生物相的改變，引起身體發炎。這是另一個造成肥胖的原因，他比較了有時被比喻為石器時代減肥法的前工業化時期飲食方式以及現代人的飲食習慣後，得出這項結論。[12]

但是和那些居住在疏林草原或雨林的人們相比，這項結論只有在特定條件下才可能成立，因為這些族群和洪斯呂克山或是梅克倫堡瑞士的居民之間除了飲食習慣，還有太多的差異。史柏貝瑞的假設仍有待商榷，需要進一步以更有系統的研究方式加以驗證。

自從貝克赫德在二〇〇四年發表的論文證實了腸道菌會影響宿主吸收與利用能量，陸續有超

11 Brown et al.: Diet-Induced Dysbiosis of the Intestinal Microbiota and the Effects on Immunity and Disease. Nutrients, Bd. 4, S. 1095, 2012

12 史柏貝瑞：和遠古時期的食物相比，複雜精緻的碳水化合物明顯更容易導致微生物群系發炎，或許飲食的主要成分是引發瘦素阻抗和肥胖的原因。Diabetes, Metabolic Syndrome and Obesity: Targets and Therapy, Bd. 5, S. 175, 2012

過兩百篇以上與這個主題相關的研究報告和文章相繼發表。然而，其中有些看似大膽的命題卻仍有證據不足之嫌，更有不少一度被認為有力的佐證在數月後被新的研究報告加以反駁。二〇一三年九月，高登團隊在一項希望引起更多討論的研究裡（後面會另行介紹）指出，擬桿菌屬的細菌似乎能讓老鼠免於發胖，不過也有其他以人類為對象的研究得到了與其相反的結果。[13]

職業介紹所的腸道職缺

目前為止，我們可以確定的只有一件事：多數過胖的人肚子裡的微生物多樣性都相當匱乏。這個結論是集結大量研究成果所得出，甚至經過一支大型國際研究團隊加以證實。由艾立許（Dusko Ehrlich）所領導的法國國家農業研究院團隊在二〇一三年夏季發表了他們的研究成果，這些科學家從一百二十三個體重正常和一百六十九個肥胖的丹麥人的糞便樣本裡確認了不同細菌基因的數量。經分析後，他們根據細菌基因數量的差異將受試者分成不同的族群：有百分之二十五的受試者最少都帶有三十八萬個不同的細菌基因，另外有四分之一的受試者帶有最多六十四萬個細菌基因，幾乎比前者多出了整整一倍。[14]肥胖的丹麥人顯然大多屬於第一種類型，他們身上的寄生菌通常要比體重正常的人來得少。此外，他們在貧乏的菌叢中發現更多的擬桿菌屬細菌，不免讓人懷疑這種細菌可能是導致體重上升的因素之一，因為它們能將纖維質轉換為可供人體利用的能量。菌叢稀疏的受試者通常也有脂肪代謝的問題，而這會使得血液裡湧現發炎訊號分子。

有趣的是，艾立許的同事將食物替換成富含高蛋白及高纖維質這類熱量較低的輕食之後，肥胖者的腸菌多樣性明顯提升，體重隨之下降，血液的各項數值也有顯著改善。[15]至於這是由於菌相改變或者單純是調整飲食所帶來的結果，我們就不得而知了。同樣無法確定的還有讓肥胖者菌種數量減少的原因，會是不良的飲食習慣所造成的嗎？這似乎是很合理的推測。又或者這些人是從其他肥胖者身上獲得了讓人發胖的細菌軍團？我們之所以會這麼問，是因為同屬一個家庭的成員大多有著類似的體態，而且自然產的嬰兒是從母親身上獲得生命中第一組微生物群，當然，每個人先天帶有的遺傳基因也扮演了舉足輕重的角色。難道是抗生素這類藥物或我們生活周遭那些化學產品的錯嗎？這些問題截至目前為止都沒有明確的答案，不過加州拉荷亞沙克研究中心的細菌學家方承淳和埃萬斯（Ronald Evans）針對上述兩項研究的看法是：「進一步的研究絕對是必要的，不過在那之前，請善待你的微生物好友。它們或許很小，卻是無比重要的伙伴。」這是一項立意良好、但聽來不知為何有些奇怪的建議，因為這些朋友究竟是誰，而我們實際上又該怎麼對微生物好，這些問題連提出建言的科學家也給不出答案來。

---

13 Walker und Parkhill: Fighting Obesity with Bacteria. Science, Bd. 341, S. 1069, 2013

14 LeChatelier et al.: Richness of human gut microbiome correlates with metabolic markers. Nature, Bd. 500, S. 541, 2013

15 Cotillard et al.: Dietary intervention impact on gut microbial gene richness. Nature, Bd. 500, S. 585, 2013

高登以勞動市場為例來解釋這些歐洲同事所觀察到的現象，他認為肥胖者的微生物群系空出許多職缺——對一個健康的經濟體系來說這並不是什麼好事。因此——就這個設定情境來說——人們必須創造刺激，以吸引符合需求的專業人士，而這裡指的應該是負責將食物轉換為熱量的能力。對那些偏好以生態系統作為比喻的人來說，腸道就好比一座森林，清一色的雲杉林雖然多樣性程度偏低，卻是豐厚的林業資源，對小蠹蟲（Borkenkäferfressorgien）這類害蟲來說也是一項利多；不過相對地，一片物種繁盛的森林則會更健康、更具有彈性以及抵抗力。

這兩篇由歐洲實驗室撰寫的文章發表在專業期刊《自然》（*Nature*）一個星期後，高登的團隊隨即在另一本同質性甚高的期刊《科學》（*Science*）刊登了另一項重大的發現，宣稱肥胖是會傳染的。[16]他的同事追蹤了四對同卵和異卵的雙胞胎姊妹，發現每對之中會有一人過胖，另一人的體重則是正常。這八位女性受試者所提供的糞便樣本正是他們植入無菌鼠體內的微生物群系。如同先前的實驗結果顯示，腸道菌將脂肪組織增生肥大的傾向從人體轉移到了老鼠身上，不過這些肥胖的動物吃的並不比那些纖瘦的多——所以問題必然出在那些細菌身上。

研究學者們於是展開了一場高登稱為「微生物相之戰」的行動，他們將植入雙胞胎姊妹糞便樣本的老鼠關在實驗箱裡，十天後，就連那些接受肥胖者微生物群的老鼠都瘦了下來。

會傳染的纖瘦

然而，光是讓老鼠們彼此擠在一塊還不足以帶來這樣的效果。食糞症是兔子和嚙齒目動物常有的習性，牠們會吃掉自己或是同類的糞便，目前唯一的解釋便是牠們或許可以藉由這種方式將尚未完全消化的植物殘渣利用殆盡。這種習性之所以在演化中保留下來，也許是因為老鼠可以藉此更新自己的腸道菌群。來自纖瘦捐贈者的多樣細菌大軍在實驗中正是依循著這樣的路徑，先通過第一隻老鼠的腸道後，再進到另一隻植入肥胖者糞便的齧齒目動物體內。相反地，多樣性程度偏低的微生物群並不會行經瘦鼠體內，這個現象驗證了高登的職缺論點——因為健康的腸道裡已經滿額沒有空缺。如果將這套模式運用到人體也這麼簡單的話，我們不免要質疑這些具有瘦身作用的微生物群系是否真的那麼可靠，否則為什麼它們沒有廣泛流行於世界各地？首先，這是因為食糞傾向在人類族群中並不常見，加上細菌通常缺乏足夠的刺激因，也就是正確的飲食。高登在後來的實驗中證實了這一點，艾立許的研究同樣也指出，嚙齒目動物必須攝取少油及纖維質豐富的食物，替換後的菌群多樣性才得以擴展，而在減肥期間攝取高脂食物並無法達到瘦下來的效果。

16 Ridaura et al.: Gut Microbiota from Twins Discordant for Obesity Modulate Metabolism in Mice. Science, Bd. 341, S. 1079, 2013

綜上所述，我們可以知道，吃下肚的食物在人體所產生的反應與作用深受遺傳基因及細菌的影響，另一方面，寄生在我們身上和體內的細菌也與我們的飲食息息相關。大多數的飲食建議之所以讓人覺得困惑，或許是因為每個人的身體都有其獨一無二的遺傳特質和菌相，加上人人對於「健康的飲食」也有不同的見解，才會衍生出各式各樣的減肥祕訣與醫療選項。不過我們幾乎可以確定，嚴重肥胖和糖尿病這類代謝疾病都是由於個人的遺傳基因、體內的微生物群系以及飲食這些因素產生不良交互作用所造成的。

要是有人日後充分掌握這之中的來龍去脈，並且找到補救辦法，那可就替那些美食主義者解決了一個至關重要的健康問題。根據世界衛生組織估計，全世界有超過百分之十以上的人口，也就是超過五億以上的人過胖，這之中女性的比例又比男性來得高，年紀大的比年輕的多。而且這個問題早就不只發生在富裕國家，而是已經擴及全球了。罹患第二型糖尿病的人口同樣也不少，根據世界衛生組織統計，大約有三十億人有代謝方面的問題，到了二〇三〇年這個數字可能還會增加一倍。[17]

儘管我們還不清楚被移植到新宿主身上的微生物群系到底做了什麼事，不過這一系列以老鼠為對象的實驗從一開始就一直圍繞著同一個問題打轉：身形纖瘦者體內的腸道菌是否也能協助肥胖的人瘦下來？透過植入糞便，或是套用醫學專家偏好的字眼「細菌療法」，也許我們可以利用身形姣好且健康的人體內的細菌讓肥胖的人瘦下來。首先，必須準備好健康捐贈者所提供的糞便樣本，接著將樣本植入事先以通便劑清理乾淨的腸道，醫院通常會使用鼻淚管探針或直腸探條完成這項手術。這項技術同時也被用來治療攻擊力強大的困難梭狀桿菌感染，不過一開始它並未受到重視，不但備受眾人質疑，就連醫學專家也幾乎一概拒絕採用，加上相關領域的研究報告都無法提出有力證據。然而，短短幾年間，它就一路發展成為最佳療法的不二人選，甚至有愈來愈多醫生希望透過這項技術來對抗肥胖症。

不過首次以十八名肥胖的荷蘭人作為受試者的醫學研究倒是讓我們從這場大夢中醒來。這項實驗的捐贈者以及受試者，都是透過報紙廣告與阿姆斯特丹醫學中心的紐德柏（Max Nieuwdorp）取得聯繫，受試者當中有九人經由淚鼻管探針被植入正常體重捐贈者的糞便樣本，另外九人則是植入了自己的糞便，相當於安慰劑的作用。這群醫生希望藉此釐清哪些效果純粹是療程本身所造成的，以及哪些才是移植的微生物群系所產生的療效。受試者並不知道自己接受的究竟是自己或是他人的糞便，儘管他們之中有些人聲稱能夠透過糞便的氣味來辨識。不過這一點在研究結束後就證實了他們的猜測並不總是準確，紐德柏表示。[18]

實驗結果：沒有任何一名受試者體重減輕，不過分析結果顯示，接受他人糞便的受試者不但

17 Wild et al.: Global prevalence of diabetes: Estimates for the year 2000 and projections for 2030. Diabetes Care, Bd. 27, S. 1047, 2004

18 de Vrieze: The Promise of Poop. Science, Bd. 341, S. 954, 2013

在後來的糞便樣本裡出現高度的菌種多樣性，其靜脈裡的短鏈脂肪酸也短暫地減少，細胞裡的抗胰島素也降低了。[19]在一場二〇〇九年十月於維也納舉辦的糖尿病研討會上，這群醫學專家發表了他們的研究成果，不過並未受到特別的矚目。直到他們三年後將完整的實驗數據發表在專業期刊上，[20]才開始有其他來自中國、美國以及同樣身處德國的研究團隊著手展開類似的研究計畫，不過這些計畫在本書付印之前都還未有明確結果。

直至目前為止，這項由荷蘭團隊所進行的研究計畫尚未有顯著的成果，與其相關的文獻也多屬軼事報導，比如紐約腸胃病學家布朗特（Lawrence Brant）的文章便是一例。儘管如此，慕尼黑科技大學的哈勒爾依舊給予高度評價，「這是首次有人以系統性方法研究這項命題，」哈勒爾指出，「而且這個研究顯示新的微生物群系的確和人體代謝脫不了關係。」最終的實驗結果雖然不至讓人大感意外，而且也未經證實，不過控制組並未出現相同的結果。「人們不能為了自然發生的事情爭論不休，」哈勒爾說，「畢竟那不是老鼠實驗，因此我認為這是一種本質上的機制。」如果我們要求一個BMI指數超過三十的胖子持續慢跑數週，這些實驗成效似乎也就沒那麼別具意義了。[21]我們必須釐清的是，為什麼接受糞便細菌移植術的人會有不同程度的反應？或許有些捐贈者的糞便出於不明的理由就是比其他人的合適，又或者有些受試者的接受度比起其他人來得好？我們無法從前述的荷蘭研究導出這些問題的答案，就像哈勒爾所說的，這是由於他們的微生物分析「稍嫌鬆散」，但相信不久就會出現至少能為我們解開其中一部分謎團的研究。

改變飲食：多樣性與植物

要重新建立腸道多樣性或者至少提升它的程度其實也有比較不那麼極端的方式，像是富含纖維質和多樣化的飲食就有助於細菌在腸內增生或是新菌進駐，那麼為什麼人們不乾脆透過飲食在消化道培養新的細菌就好？事實上，這個想法已經有多個研究進行實驗測試，不過為了涵蓋所有研究中所使用的食物，在這裡我們所談論的食物是一個包含可食用化合物的廣義概念。總之，實驗證明不同的乳酸菌和雙歧桿菌——也就是被視為益生菌的生物——能夠減輕肥胖者的體重或至少減緩胰島素阻抗現象。[22]不過當腸道內乳桿菌屬的細菌增加時，也有研究發現了完全相反的效果。另外還有其他研究利用了 Tempol 這類保護劑，這種物質原本是用來減緩放射線治療後副作用的發生，只不過它們也會殺害某些乳酸菌，導致宿主體重減輕，最起碼在老鼠身上是這麼一回

19 de Vrieze et al.: Diabetologia, Bd. 53, Supplement S. 44, 2010

20 de Vrieze et al.: Transfer of Intestinal Microbiota From Lean Donors Increases Insulin Sensitivity in Individuals With Metabolic Syndrome. Gastroenterology, Bd. 143, S. 913, 2012

21 身體質量指數（BMI, Body Mass Index）：一種衡量體重的標準，計算公式是以體重（公斤）除以身高（公尺）的平方，超過30就認定為肥胖。

22 Wolfa und Lorenz: Gut Microbiota and Obesity. Current Obesity Reports, Bd. 1, S. 1, 2012; Delzenne et al.: Targeting gut microbiota in obesity: effects of prebiotics and probiotics. Nature Reviews Endocrinology, Bd. 7, S. 639, 2011

事。[23]

同樣讓人感到困惑的還有益菌生（Präbiotika）這種人類無法自行消化、但有益於細菌成長的物質。有項研究證明了屬於這類物質的果聚糖（Fruktane）——由數個果糖單體聚合而成的分子——能帶來一連串的正面效益，它們一路從較好的血中胰島素濃度出發，通過腸黏膜屏障到達腸道細胞，降低受試者食慾的同時也連帶減少熱量攝取，達到減輕體重的效果。其他研究則沒有發現任何這種多醣類所帶來的理想效果，也就是說，這種物質在所有可能的情況下仍無法普遍有效地解決體重問題。

類似這樣相互矛盾的研究結果還有一長串列舉不完的例子，不過至少我們現在知道，要回答這個問題並不簡單：我們該如何獲得能夠保護人體不受疾病攻擊的腸道微生物，進而避免承受病痛所帶來的折磨以及後續的各種療程。遺憾的是，這並不只是針對肥胖症和糖尿病這兩種疾病，不過有一點是我們可以確定的：為了健康，人類的生態系統需要大量且多樣的菌種，一旦微生物消失，這個系統就會失去平衡；當然，希望這一天永遠不會到來——因為不管怎麼說，預防總是勝於治療。增加腸內菌叢多樣性最簡單的方法就是透過飲食，只要食物種類多樣，而且富含植物纖維，就距離專業期刊裡那些專家學者大聲疾呼「對你的微生物朋友好一點」的訴求不遠了。希望這麼一來能讓我們的同居室友好好地待在我們身邊。

如果有天晚上再度踱步進廚房裡，你或許應該想到這一點，然後用麥克筆在冰箱的留言板上簡短寫下：「你不是一個人吃飯。」

至於寫著「只要思考，就不覺得孤單」的小板子應該掛到哪裡去，這就得再想想。我們會在下一章說明這句短語的道理在哪裡。

---

23 Li et al.: Microbiome remodelling leads to inhibition of intestinal farnesoid X receptor signalling and decreased obesity. Nature Communications, Bd. 4, Artikel 2384, 2013

第十四章

肚子的感覺——細菌如何影響我們的心理

傳訊物質和神經訊號決定我們的思考與感受，後來我們逐漸得知，它們之中有不少都是由腸道以及腸道微生物所釋出。我們能夠藉由影響腸道與腸道微生物而變得更快樂嗎？

教授才剛從瓶子裡喝了一口水，就忍不住馬上又從鼻子裡噴了出來，實在是因為他不敢相信自己所聽到的。

導致他在馬里蘭州貝塞斯達的會議廳做出這種反應的正是任教於陸巴克市德州理工大學藥學系的萊特（Mark Lyte）教授。萊特正為美國國家衛生研究院的委員會進行一場演講，隨著演講進行，委員會裡有愈來愈多專家不可置信地搖起頭來，其中有一個還差點搖斷了頭。

萊特所提出的命題正是讓這名學者不慎失態的原因：人體的腸道菌不只有助於消化，同時也是獨立運作的器官，可能引發腹瀉，甚至是心理或神經疾病，當然也可能讓人變得健康。如果我們能按照所想地影響腸道菌，就能進一步操控大腦以及大腦的功能。

直到不久前，萊特還只是少數幾個支持這項命題的科學家之一。和同事交談時，他常會陷入辭不達意的困境，就連我們身為記者都難以說服報社編輯多關注這項比想像中來得重要的議題。二〇一一年年中，《星期日法蘭克福匯報》（*Die Sonntagszeitung der FAZ*）最先刊登了與此一議題相關的報導，[1]有些偶爾我們會為他們寫些東西的英語系國家的媒體則沒有這種勇氣，或者我們也可以說：「他們端不出腸子來。」[2]

愈來愈多浮出檯面的證據證實了萊特和其他少數幾個早期主張腸道會影響心理的學者是對的。二〇一三年五月，全世界的報紙版面和科學網頁幾乎全被「腸道菌的改變會影響大腦功能」[3]或是「幸運的祕密有可能藏在優格裡嗎？」[4]這類標題的報導給占據了，當時那位從鼻子噴出水來的同事一定很感謝萊特沒有將他的名字公諸於世。

寄生蟲的命令

仔細想想，假如腸道菌真的可以影響我們的思考、感受，以及那些受大腦控制的舉動，實在很難不讓人感到恐慌。要找到相符的恐怖故事，根本不用從科幻小說的書架上找。你也可以直接到生物教科書區。在動物界有一籮筐小到得透過顯微鏡才看得見的致病性寄生蟲——可能是肉眼幾乎無法辨識的小蟲或細菌，甚至是病毒——會侵襲宿主的神經系統並且紮根，進而主導整個系統。

舉肝蛭為例來說，牠們寄生在螞蟻大腦裡的幼蟲會讓螞蟻爬上草葉或花瓣後，停留在那裡持續啃噬。透過這種方式，這隻小蟲子因而得以成功在土地上爭得一席之地。更重要的是：如果有頭牛、羊或是鹿吃掉了這片草葉，肝蛭的幼蟲就能順勢進入最終宿主的腸胃道裡，對膽管造成持續性的傷害。**蟲草屬**（*Cordyceps*）的黴菌同樣也能操控昆蟲的大腦，讓蟲子爬上植物尖端。蟲子死後，屍體會長出子實體，附著其上的孢子會迅速地傳播擴散。

另一個例子則是引發弓蟲病的**弓蟲**，尤其以孕婦和胎兒所受到的威脅最大。這種單細胞生物會侵襲老鼠或鼠類的大腦，並且在裡面啟動某個開關，讓這些囓齒目動物突然愛上貓尿的味道。不費吹灰之力就輕易獵捕到這些老鼠的貓也就成了弓蟲最終的宿主。

或者是狂犬病的病毒：狗和狐狸的大腦會受到病毒掌控而徹底失去恐懼感，並且變得喜歡撕咬——病原菌正是透過咬傷而得以傳播。人類受到感染後會出現幻覺、精神錯亂、攻擊性、譫妄（Delirium）等和「發狂」沒兩樣的症狀，最後幾乎都會死亡，少數存活下來的也多會留下重大

---

1 Friebe: Viel mehr als nur ein Bauchgefühl. FAS, 10. Juli 2011, S. 55 – 56. Teile des Inhalts dieses Artikels werden auch in diesem Kapitel wiedergegeben.

2 譯注：原文為 They didn't have the guts. 英文的「gut」同時有「勇氣」、「內臟」、「腸胃」之意，作者在此使用了雙關語。

3 Anonymous: Changing gut bacteria through diet affects brain function. Healthcentral.com, 29. Mai 2013

4 Petronis: Could the secret of happiness be … yogurt? Glamor.com, 29. Mai 2013

傷害。

其實動物界的例子說也說不完，不過我們要先在這邊打住，轉向擺放科幻小說的書架。架上可能會有一本由身兼作家與微生物學家的絲隆采烏斯基（Joan Slonczewski）所寫的《大腦瘟疫》（*Brain Plague*）[5]。在這本書裡，各式各樣的微生物占據了人類大腦，有些變異株讓它們的宿主變身成為毫無顧忌、沉迷於享樂的吸血鬼，有些則做出不少貢獻，成為數學界、奈米科技或是藝術領域的大師。

假設腸道菌真的能影響大腦，或許也能帶來類似的正面效益？最後我們身上及體內就會佈滿各式有用的小幫手。我們可能從那些足以影響大腦的微生物手上奪回操控權，讓它們只做出對身體有益的事嗎？它們會因此幫助我們，讓我們感到愉快、變得聰明、充滿創意而且深具社會性嗎？

勇敢的老鼠

大多數尋找「腸腦連結」的新式實驗和研究都不再著重於「胃部」——其實是腸道——的感受，而是腸道內發生的大小事影響了我們的感受、思維以及處事方式。

兩篇在二〇一一年年初發表的專業論文就指出，擁有不同腸道菌相的老鼠們展現出截然不同的行為模式。實際上，那些擁有正常腸道菌叢的老鼠更容易感到不安，通常會想要躲起來。反倒是那些在無菌環境成長的老鼠顯得活躍許多，套用專業術語來說，就是對一切都充滿「好奇心」，[6]幼鼠的大腦甚至在出生後的第一週會發展出各式各樣的化學變化。另一個實驗則餵給老鼠含有大量肉類的飼料，腸道內的多樣性因此隨著增加。在行為測試中，這些老鼠的學習能力明顯比沒有吃肉的同類來得出色，也比較不容易顯露不安。後來還有一項研究指出，腸道菌叢的有無會長期影響幼鼠的抗壓反應與發展，顯然是因為介於下視丘、腦下垂體和腎上腺之間的「壓力軸線」持續以截然不同的方式作用。

經優格釋放而出

當時同樣也有以人類作為實驗對象的相關研究。一項研究比較了兩組皆由健康的志願者所組成的群體，其中一群受試者在攝取含有**瑞士乳酸菌**（*Lactobacillus helveticus*）和**雙岐桿菌**這兩類細菌的營養補給品三十天後，在一項標準心理測試中的表現遠比另一群沒有服用這些細菌的控制

---

5 Slonczewski: Brain Plague. Phoenix Pick, 2000

6 Neufeld et al.: Reduced anxiety-like behavior and central neurochemical change in germ-free mice. Neurogastroenterology and Motility, Bd. 23, 255, 2011

組來得好。另一項研究則發現慢性疲勞症候群的患者如果每天都能從食物中攝取到凱式乳酸桿菌（*Lactobacillus casei*）[7]，就能有效減緩焦慮。不過這項實驗是由益生菌製造商養樂多所資助，而且僅有算不上大量的三十九名受試者——這兩項因素讓人不得不對這個研究結果存有疑慮。

另一項在二〇一三年五月發表、甚至首次登上全球媒體的研究結果也僅有三十六名受試者，這項計畫同樣由一家販售益生菌的企業所贊助：達能集團是全球數一數二、甚至是最大的乳製品廠商，知名品牌如 Actimel 優酪乳和 Activia 優格就是以培養活菌作為廣告號召。這又不免讓人產生質疑，不過持平而論，新藥的研究費用通常也都是由製造藥劑的廠商支付，而且至少達能實驗室的研究人員並沒有參與這項計畫的資料分析。

同時，這也是首度有研究明確指出，如果人類腸道獲得特定細菌，那麼人類的大腦也會跟著產生反應。因為分析結果顯示，比起食用不含益菌優格或甚至完全不吃優格的女性，每日食用兩次益生菌優格的女性在四週後的腦部斷層掃描結果明顯不同。具體來說，為了刺激相對應的腦區產生反應，這些女性必須在斷層掃描的過程中將呈現憤怒表情的圖片全部歸納在一起。我們可以觀察到，攝取益生菌的女性相對來說在處理腸道訊息的大腦和控管情感的區域活動力明顯下降。

即使受試者在拍攝斷層掃描的過程中沒有進行任何任務，結果顯示兩者間還是存在差異，有些腦幹的神經連結似乎變得更加強壯。洛杉磯加州大學主導這項實驗的提爾胥（Kirsten Tillisc）表示，他們對於優格竟然能影響大腦區域到這種程度感到吃驚，不光是接收感官訊息的神經連結，甚至連處理情感的區塊都牽涉其中，甚至做出反應。

我們或許可以這樣解讀某些活躍度降低的情感區塊：腸道菌也許刺激了傳訊物質的分泌，讓宿主最終得以平靜地面對所有可能發生的刺激。除此之外，這些美味乳製品所能販售的大概也就只剩下讓消費者變成一隻很酷的肥豬，這一點達能的會計師和投資者或許早就知道了，不過現存的實驗結果之中還未曾有證據顯示乳製品可能有此嫌疑——姑且不論當然也有不少人支持「優格讓人成為溫體動物而且情感盲目」的見解。

灰質上的腸道免疫細胞

光是靠那些以囓齒目動物為實驗對象或由機能食品製造商所贊助的研究或許還不足以找出萊特想像中的「典範轉移」，不過至少學術圈裡再也沒有人認為談論腸道與情緒之間的關係是荒謬可笑的，其他諸如腸道菌專家、精神科醫師、心理學家以及神經學家也都一改原先的態度，轉而支持先前主張這套理論的學者，更帶著興奮之情期待相關研究的後續發展：「提出新見解的人總是會遭遇各種困難，」任職於波茨坦—雷布呂克德國營養研究中心的腸道菌專家布勞特

7 譯注：即俗稱的C菌。

（Michael Blaut）表示。布勞特認為自己更像是關注這項研究發展的旁觀者，而且堅信「影響大腦和人類行為的細菌一定存在」。

然而，就算是那些待在實驗室密切追蹤腸道菌叢和灰質之間任何可能聯繫的團隊，有時反而顯得更保守。「我們對於這些細菌幾乎一無所知，許多理論上看似可行的，最終可能都只是過度的假設。」多倫多麥克馬斯特大學的比恩斯托克（John Bienenstock）說。他所屬的研究團隊發現不同的腸道菌群會導致老鼠產生不同的行為和大腦化學反應。儘管有所發現，人們仍然認為他們「尚處在這項研究最初始的開端，還無法看透深藏其中的奧祕。」

不過至少過往所累積的經驗讓我們知道一件事：除了舊有的傳染性疾病，細菌和病毒對於其他不同病症的影響其實遠比我們所能想像的還要深且廣。二〇〇五年醫學諾貝爾獎得主華倫和馬歇爾認為幽門螺旋桿菌才是造成胃潰瘍的主因，不過這項主張有很長一段時間被學界取笑（見第七章）。另外，病毒才是子宮頸癌成因的說法也在一開始備受到專業人士質疑，不過後來證實這一見解是對的，海德堡病毒學家及癌症專家豪森（Harald zur Hausen）更因此獲得諾貝爾獎的肯定。這項認知現今已成為醫學常識，對抗乳突病毒（Papillomaviren）的疫苗更在多年前通過測試，拯救了好幾千名患病婦女的性命，或是讓她們免於歷經大型手術以及療程中諸多副作用的折磨。從那時起，感染開始被視為許多疾病的成因，或至少是其中一項因素，無論是阿茲海默症、帕金森氏症或肝硬化都是其中之一。

不過讓人感到沮喪的腸道菌或許也可能帶來愉悅的心情？

當然，最重要的問題是，是什麼樣的機制作用才可能發生這種情況？這條腸腦軸線看起來會是什麼樣子呢？比恩斯托克認為，細菌和大腦之間最重要的溝通管道是一條通過免疫系統的傳訊路徑，而免疫細胞幾乎有三分之二分布在腸道內。另外，人們也陸續在其他器官和血液裡發現類似機制，比如在心血管疾病和癌症這類病症中扮演重要角色的促發炎物質，也可能和細菌物質產生聯繫，然後將訊息傳遞至大腦。不過傳訊的途徑很可能不只這一條，因為許多研究至今還是無法測量到任何免疫反應。

五十億的問題

假設大腸和小腸裡的微生物真的會影響神經系統，我們至今仍然幾乎無從得知這一切是如何運作的。「腸道至少有五十億個神經細胞，」萊特說，「不過沒有人知道它們為什麼會出現在那裡，但是他們的存在勢必有某種意義。」其實我們還是發現了「一些間接的提示」，斯德哥爾摩卡羅琳學院的羅切利就舉例說明，「像是不安的狀態和沮喪的情緒經常和腸胃疾病同時出現。」根據統計資料，將近有三分之二的慢性腸炎患者也出現了精神病的症狀，患者們時常向醫生表示，他們在罹患腸道疾病之前從未有過精神或心智上的困擾。

有些形式的自閉症看來似乎也「和不正常的腸道菌叢有關，」羅切利指出。自閉症患者的確常有腸道不適的問題，這個現象說明了，一旦腸道菌叢發生問題，就可能導致自閉症發生。當然兩者間的因果關係也可能倒過來，腸道菌群之所以失調很可能是長期偏食所致，而偏食原本就屬廣義自閉症經常出現的行為之一。偏食在這裡的意思是：只吃某些特定的食物，導致消化道的菌群多樣性減少。

腸道菌群和自閉症之間各種看似相互連結的現象仍有待後續研究進一步加以證實，而目前以此為題的研究正處於「問題比答案還多」的階段，美國艾默理大學醫學院的精神科醫師、也是基因學家的庫貝爾斯（Joseph Cubells）如此描述這項研究的現況。[8]

不過這些線索都還算不上是真正足以證實菌群也可能引發心理疾病的證據。傳統上認為大腦的任何波動都會「對胃部」——精確來說是腸道——造成衝擊，導致「腸胃不適」，但是兩者間的因果關係倒過來後並不成立。

有種症狀和與其相應的治療方式正是建立在這樣的因果關係之上：肝衰竭的患者可能伴隨著經常性的癲癇發作、失智症現象，甚至陷入昏迷，而服用抗生素可以抑制這些情況發生。這項療法的原理其實非常簡單：抗生素能阻止腸道菌製造含氮的神經毒素。一個健康的肝臟通常會排除這種毒物，不過這些被肝臟拒於門外的物質反而會聚集起來成為一種威脅。

或許這個例子稍嫌極端，不過我們得以藉此一窺可能是人體微生物功能運作所依循的基本機制，這些功能甚至可能影響中樞神經系統：細菌會製造能夠——連同養分、水分、礦物質、維他命和其他東西一起——穿越腸壁、進入血液，經由輸送可抵達大腦的物質；這些物質也可能是傳送訊息至大腦的免疫細胞可辨識的，或是可被轉換為具有其他功能的物質，又或者可以直接活化神經細胞。

聯合起來吧！各派學者

除了上述理論，支持腸腦軸線假說的專家學者還主張另一套論述：雖然我們不是很清楚那些成千上萬、連基因都超過宿主所擁有的百倍以上的菌種具體做了些什麼，又散佈了些什麼，而身體又從中吸收並利用了什麼，我們目前所掌握到的其實少之又少，不過光是如此就足以吸引人一探究竟。經由老鼠實驗我們得知，被認為「傳遞幸福感」的血清素主要是從腸道經由腸壁進入血液，而且是正常菌群在沒有任何優格的協助下所製造出來的。就連其他已被證實或至少據傳會影響神經系統的重要物質也是由細菌製造後輸送至身體裡，伽瑪—胺基丁酸（Gamma-Aminobuttersäure）這種重要的神經傳遞質就是其中之一，在動物實驗裡產生抗憂鬱效果的一般丁酸則是另

8 Mulle et al.: The Gut Microbiome: A New Frontier in Autism Research. Current Psychiatry Reports, Bd. 15, S. 337, 2013

一種，[9]而碳水化合物經過細菌發酵後所形成的短鏈脂肪酸也同屬這類物質。

有一點是確定的：就算是全世界最頂尖的研究學者，要將種類繁雜的細菌、各式各樣的腸道環境、宿主先天的遺傳基因及後天習得的特質、各異其趣的飲食習慣和所有這些因素的交互影響一一梳理釐清，也都是一項極為艱鉅的任務。要發現類似「A菌分泌了物質B，物質B和受體分子C接合導致物質D分解成物質E和物質F，其中物質F擁有能夠到達大腦的特質，並且在那裡與神經細胞結合釋出電子訊號G，讓突觸H得以釋出傳訊物質I，而傳訊物質I到達距離最近的神經細胞後會釋出訊號J，刺激人類產生預期中的反應K；假設A菌沒有製造物質B的話，也就不會產生反應K了」這樣具體的運作機制其實一點都不容易，而且根據經驗，像這樣的生物化學反應實際上的運作會更加複雜得多，幾乎不可能有辦法以上述採取的線性方式加以描述。

儘管如此，我們是否有可能釐清腸道菌叢對大腦以及人類行為的影響，並且找到理想的預防和治療方式？我們可能發現比「優格活菌似乎會影響大腦活動」更好的結果嗎？如果科學家們彼此間願意像人體和他的微生物伙伴那樣分工合作、相互溝通，或許還有可能。二〇一一年，萊特在《生物學論文集》（*Bioessays*）期刊上發表了一篇〈假說論文〉（Hypothesenpapier），[10]他在文中向腸胃病學家、精神科醫師、腦神經科學家及微生物學家提出一項計畫，闡述我們應該——或是換個更好的說法：必須——如何研究腸道菌和其對神經系統的影響。「我們必須深思熟慮過程中的每一步，嘗試瞭解不同菌種所製造出來的各式神經化學物質會造成實驗動物產生何種反應，進而探討這些細菌對實驗動物的影響。」萊特詳細解說了他的提議。按照他的想法，一旦發現具有大好潛質的微生物，我們就能小心謹慎地進行臨床試驗。萊特顯然刻意避免釐清完整的連鎖作用，對他來說，現階段「A菌最終導致了反應K」這樣的描述就已經足夠了。

不過萊特自己也預期到會面臨「一個重大問題」，因為對其他人來說，尤其是負責藥物管理的有關當局，光是「只要有了A菌，不管怎樣都會產生反應K」這樣的概念是不夠的。事實上，我們幾乎不可能為腸道內錯綜複雜的運作過程、後續的傳訊路徑和大腦反應之間的相互關係找到一套找到「明確的作用機制」，當然也就無法滿足今日各地方政府、以至於國家層級管理單位的要求。另外，我們還必須確認訊號鏈不存在其他岔路，以防錯誤的連結帶來不必要的副作用。

腦部的早期發展

然而，卡羅琳學院的生物學家羅切利卻認為亟待研究的應該是另一個截然不同的部位。根據羅切利實驗室及另一份日本的研究報告，腸道菌似乎在生命初期就對大腦產生影響了。老鼠早期

9 Schroeder et al.: Antidepressant-like effects of the histone deacetylase inhibitor, sodium butyrate, in the mouse. Biological Psychiatry, Bd. 62, S. 55, 2007

10 Lyte: Probiotics function mechanistically as delivery vehicles for neuroactive compounds: Microbial endocrinology in the design and use of probiotics. Bioessays, Bd. 33, S. 574, 2011

的腦部發展會依據腸道菌的有無而明顯不同，羅切利比較了在無菌環境下培養和擁有正常腸道菌叢的老鼠，並觀察到無菌鼠明顯更加活躍，也更具有冒險精神，比方說，無菌鼠停留在開放空間的時間比對照組老鼠來得長。不過經實驗證明，只要將正常菌群植入無菌鼠體內，就能讓牠們的行為趨於正常化，但是這種作法只在幼鼠身上見效，羅切利猜測這是由於微生物在生命的期對大腦的發展具有關鍵性的影響力。[11] 如果人類的腦部發展也同樣依循著這一套模式的話，那麼我們就必須深入探討「兒童在早期服用過多抗生素」這項議題，羅切利表示。

至於諸多懸而未決的問題是否能在不久的將來開始有人著手研究，這得視萊特這幾年不斷以書寫或演說的方式，鼓勵各家學派打破疆界共同合作的訴求是否獲得具體回應而定。「我們必須努力將微生物學與腦神經科學連結起來，」這名來自德州的教授說，「不過至今仍有許多科學家無法認同這一點，因為他們所受的教育和訓練都侷限在一個極小的領域裡。」

事實上，確實有人嘗試整合德國境內精神科醫師和腦神經學家的各種看法，不過幾乎沒有人願意對此表示意見，因為大家都不知道該說什麼才好。易薩河畔慕尼黑工業大學附屬醫院的精神科主任佛斯特（Hans Förstl）就承認：「關於這個主題我一點概念都沒有，不過倒是很有興趣。」英國索爾福德皇家醫院的腸道疾病專家塞林格（Christian Selinger）則抱持懷疑的態度：「我們或許可辨識出神經傳導物質在腸道內的作用，但這種物質會對整體系統帶來什麼樣的後續影響我們的確一無所知，」塞林格表示。這項假說雖然聽來「不錯」，實際上卻「很難加以驗證，」因為我們無法以簡單的劑量反應曲線追蹤益生菌的效用，加上「腸道菌群的結構和組織會受到許多不同因素的影響。」假設我們能為萊特的命題找到證據，那麼就可能「將演化往前推進一小步」。

從糞便移植這個字眼幾乎成為一種宣傳標語的現象來看，我們不難理解與腸道菌相關的研究或療法為何能在短時間內有這麼大的轉變，同時，如同我們先前已經提過的，各大報章雜誌在此期間也陸續刊登了各種關於腸道菌可能影響大腦的報導與文章。

一旦提及腸道微生物，人們顯然不該只是聯想到食品公司廣告部門印在優格杯身上的那些宣傳文字，而是必須考慮得更多。我們腸子裡的那些「老朋友」不單只在生理上協助我們，在心靈上也給予我們很大程度的支持，這種說法應該不至於偏離本書主題。至於它們是否真的做了這些事，又是如何辦到的，仍有待科學家們為我們解答。

可以確定的是，我們不可能毫無緣故就與這些久遠的老友斷絕來往，它們或許聞起來讓人不怎麼舒服，不過看在這麼久的交情上，我們還是必須接受。

腸道菌——也就是我們的老友，或者不管人們想要怎麼稱呼它們——對人體健康的影響所及遠遠不僅止於心理層面，下一章我們將會討論另一個同樣受到微生物牽動波及的區塊。

---

11 Diaz Heijtz et al.: Normal gut microbiota modulates brain development and behavior. PNAS, Bd. 108, S. 3047, 2011

第十五章

請問總理，微生物是助長還是抑制了腫瘤？

細菌會製造助長癌症生成的物質，不過也能協助我們對抗腫瘤。一個全新的研究領域就此而生。

我們要以一項眾所周知的事實展開這一章的討論：一個人得到癌症與否和生活型態絕對有很大的關係，飲食習慣更是決定生活型態的要素之一。我們吃進或喝到肚裡的東西，以及這些東西的分量決定了一個人是否會面臨惡性腫瘤的威脅，又會在什麼時候碰上這種狀況。

有不少食物和其成分都可能引發癌症或至少會助長癌症生成（檳榔、燒焦的肉、香車葉草都屬於有致癌嫌疑的食物），而真正會致癌的食物至少和有嫌疑的一樣多（核桃、烤焦的麵包，還有野莓），另外還有一些食物在某些研究裡被證實具有預防癌症的效果，在其他研究裡則不然，比如取自魚油的 Omega-3 脂肪酸。

許多食物，包含前面提到的絕大多數都不是由致癌或抗癌的物質所組成，真正導致或預防癌症生成的物質產生於身體處理這些食物的過程之中。

像是大家都熟悉的例子：前面提到的燒焦的肉。燒焦的肉含有所謂的異環胺（heterozyklische Amine），當蛋白質裡的氨基酸和同樣會出現在肉類裡的肌酸（Kreatin）同時受熱就會形成這種物質。異環胺聽起來雖然不怎麼可口，但對人體完全無害，不過到了大腸，它卻會製造出可能攻擊遺傳物質的反應分子，而受損的遺傳物質正是致癌的因素之一。

也有科學家試圖從一種名為鞣花酸（Ellagsäure）的物質——一種可從莓類和堅果取得的多胺類——找出抗癌特質，不過這類物質本身或許根本不具任何抗癌特質，倒是腸道內同樣由鞣花酸代謝生成的尿石素（Urolithine）就很有可能具有這種功能。

當然，這個轉換的過程中也少不了腸道菌的協助。

乳桿菌的防護

我們的腸道菌會轉換並且改造大量人體從食物中所攝取的物質，會製造、減少、分解或只是微調某些物質。隨著腸道菌群組成結構的不同，質量平衡的狀態看起來也會有些——甚至是相當——不一樣。如果我們將飲食視為致癌或抗癌的因素，那麼我們不能不將腸道菌以及它們如何處理我們每日吞下肚的麵包一併納入考量。

許多癌症之所以形成，甚至最終危害人體健康，很可能是因為患者體內腸道菌群的組合正好適合某種癌症發展；或者用正面一點的方式來說：許多人之所以能健康到老或是與癌症絕緣，其實只是因為他們擁有或曾經具備正確的腸道菌群。

淋巴瘤（Lymphom）是最常見的癌症之一，這種病症是由免疫細胞發展而來，有些變異株能輕易治癒，有些則沒那麼簡單對付。就我們目前所知，基因可說是決定了一個人是否容易得到癌症的關鍵因素，同時也會影響患者復原或存活的機率。不過另外也還有其他同樣值得重視的因素。

二〇一三年七月，洛杉磯加州大學以及位於河濱市校區的科學家們共同發表了一項老鼠實驗的結果。這些小動物具有一種基因缺陷，這種缺陷無論對老鼠或人類來說，都容易導致也被稱作非何杰金式淋巴瘤（Non-Hodgkin-Lymphome）的B細胞淋巴瘤（B-Zell-Lymphom）發生。不過在這項實驗裡，老鼠是否得病的關鍵主要還是取決於體內的腸道菌，有些菌種明顯具有防護效果，比如**約式乳酸桿菌**（*Lactobacillus johnsonii*），這一點甚至能從分子層次上獲得證實：如果老鼠從飼料裡攝取到這類桿菌，全身基因缺陷的程度會隨之降低，其他像是發炎這類可能導致癌症生成的因素也會因此減緩。當時同樣也參與了這項實驗的放射腫瘤專家斯奇（Robert Schiestl）聲稱，這項研究不但是有史以來首次證實腸道菌會影響淋巴瘤形成，他們發現「可能干預B細胞淋巴瘤和其他疾病的因子」更是「很有機會在不久的將來獲得證實」，因為最終腸道菌會是「可能的影響因素之一。」[1]

「很有機會在不久的將來獲得證實」這種說法已成為現今科學界發表言論時盡可能避免使用的不當字眼。至於腸道菌在人體是否同樣也能提高或減少致病機率，當然得再進一步確認。若果真如此，那麼或許我們在某種程度上能預防疾病發生，尤其是容易罹患淋巴瘤的高風險群就能夠透過特定的遺傳傾向性進行腸道微生物相的檢查。一旦檢查結果不盡理想，這群潛在的病患便能接受進一步的醫療協助，消滅具有危害性的細菌並增加體內的防護性細菌。

或許利用先前提過的抗生素療法徹底汰換腸內舊有的菌群是必要的，又或者只要服用某些特定的益生菌就足夠，不過也可能兩種方法都無法見效。我們知道個體的腸道菌叢是經年不變的，甚至在接受抗生素療程後也大多絲毫未動，或是原班人馬再度班師回朝。不過這些現象或許是好事，因為我們並無法排除那些能夠抑制淋巴瘤生成的細菌可能具有助長攝護腺癌或心臟疾病的特質，亦或是有利於任何一種疾病發生。

有線索指出，有些癌症的病因若是換到其他器官中反而能抑制癌症生成。一般被視為致癌物質的大量酒精就被證實能減低罹患腎細胞癌及非何杰金式淋巴瘤的機率，至於細菌是否在其中發揮了任何影響力則仍是未知數。不過有些經證實為腸道菌所轉換的物質也被猜測可能具有類似功效，例如微生物會將大豆異黃酮苷素（Daidzein）轉換為作用與動情激素相近的雌馬酚（Equol），而這種荷爾蒙似乎具有預防攝護腺癌的效果，卻可能同時有助於其他癌症生成，因為動情激素以及身體細胞上與動情激素結合的接受器都已被證實可能會助長不同癌症的生成。[2]

克弗爾可預防癌症？

人們或許會說，這些都只是揣測。但事實並非如此。首先，容易起疑的人——也就是心理狀況不佳的人——通常會有腸胃疾病以及微生態失衡的問題；其次，疑慮本身也會左右癌症的生成以及存活機率；再者，儘管我們對微生物影響癌症生成、發展以及擴散的程度所知甚少，不過和前幾年相比，我們現在又瞭解得更多了；另外，我們也已經大致掌握了一些對腸道微生物有益且健康的東西。

例如，經過微生物加以轉換的發酵乳製品不只有助於預防癌症，對整體健康也甚有助益。優格、克弗爾[3]及其他類似製品中所含的微生物能幫助腸道裡其他細菌製造身體所需的短鏈脂肪

1 Yamamoto et al.: Intestinal Bacteria Modify Lymphoma Incidence and Latency by Affecting Systemic Inflammatory State, Oxidative Stress, and Leukocyte Genotoxicity. Cancer Research, Bd. 73, S. 4222, 2013

2 Plottel und Blaser: Microbiome and Malignancy. Cell Host & Microbe, Bd. 10, S. 324, 2011

3 譯注：克弗爾（Kefir）是一種發酵乳，源自於高加索山區，是高加索居民平日習慣飲用的飲品。

酸。[4]相反地，大量的糖分和澱粉會促進各式各樣的新陳代謝，其中也包含了可能對身體不利的代謝過程以及支援這些代謝作用的微生物，像是目前已經證實發炎反應和腫瘤形成有關。

四十多年前，當時的美國總統尼克森曾帶頭高喊「向癌症宣戰」，然而早在尼克森發表這番宣戰言論之前，投入癌症研究的資金和動力其實從未間斷過，只是遲遲未能有突破性的進展，但仍是累積了不少研究成果——分子間的關係、正常和失敗的訊息傳遞路徑、腫瘤促進劑和抑制劑，以及一堆關於分子、基因和代謝過程的資料。只不過，除了少數案例，所有這些被認為「很有機會在不久的將來獲得證實」的繁瑣知識和發現至今都尚未能有效改善治癒率，但是這些為了瞭解微生物如何影響癌症生成及擴散所投入的大量研究卻在現在變得相當有用。因為當人們知道某種細菌會製造X物質時，就能很快確認這種物質是否曾被發現，而這一切都要歸功於長期以來對於腫瘤形成機制的研究，我們先前提過發炎反應就是一例。

大火雖好，燎原就不妙了

人人都知道細菌會引起發炎，這是一種人體和免疫系統為了擊退病菌而產生的自然反應，就如同一把燒光一切的大火。但是所謂發炎並不只是發熱、疼痛、受傷、紅腫和化膿這麼簡單，過程中還會有傳訊物質釋出，促使細胞分裂和血管增生。這些運作也都是必要的，因為一方面我們需要大量的防禦細胞，另一方面則必須盡速修復或取代受損的組織，而要達到這個目標當然就需要穩定的血液輸送。這種日常可見的例外狀況所帶來的正常結果就是：受到病菌大舉入侵的人體奮勇抵抗數日後，發炎反應就會趨緩，此時，細胞分裂的訊號會再次釋出，以修復傷口，然後一切就又復歸平靜。

不過要是換作慢性發炎，例如在壞菌占盡優勢的腸道裡，這把火就不只在腸道延燒，更會蔓延至全身上下。長時間的細胞悶燒會持續釋出促發炎物質，刺激免疫細胞和更多其他的細胞在無預警的情況下開始進行細胞分裂增生，這套原本立意良善、會適時停止運作的防禦修復機制在這裡卻是不健康的表徵，最終甚至可能導致腫瘤生成。如果這個腫瘤又正好獲得新生血管供應養分，問題可就大了。

有些促發炎反應的物質會造成無法挽救的傷害，如果它們活躍時間過長，細胞先天原本負責修復遺傳物質的機制就可能受損，進而提高突變風險，導致癌症生成。

細菌、發炎和發炎的後果三者間另一種可能的關聯則是免疫系統的訓練（見第十二章）。如果免疫系統沒有及早學習區分好菌和壞菌或是其他惡意侵入者的差異，日後就可能以劇烈的發炎

---

4 Mortensen und Clausen: Short-chain fatty acids in the human colon: relation to gastrointestinal health and disease. Scandinavian Journal of Gastroenterology Suppl., Bd. 216, S. 132, 1996

反應來對付所有的細菌，包含寄生在宿主身上的那些。

鐸並非真的那麼棒

以脆弱類桿菌（*Bacteroides fragilis*）為例，我們得以一窺細菌產物如何影響至少經老鼠實驗證實的癌症形成機制。這種細菌分泌的金屬蛋白酶（Metalloprotease）會分解上皮細胞黏附蛋白（E-Cadherin），進而開啟所謂的「Wnt/ß-Cadherin 訊息傳遞路徑」，而我們發現這條路徑的活化與否幾乎與腸癌脫不了關係。此外，金屬蛋白酶也會活化細胞核轉錄因子（Nuclear Factor - Kappa B），啟動一系列參與發炎及細胞分裂的基因。

還有許多類似的例子，比如感染幽門螺旋桿菌可能引發胃腫瘤（見第七章），或是免疫系統的生物感測器會影響腫瘤生成過程中不同的關鍵點，也就是所謂的類鐸受體（Toll-ähnlicher-Rezeptor）[5]。

此外，我們也經由老鼠實驗得知，生態體系失去平衡的腸道，可能會發生某種遺傳物質受損的細菌暴增百倍以上的情形。[6]事實上，罹患發炎性腸道疾病或腸癌的患者身上都明顯帶有大量名為 NC101 的大腸桿菌，而發炎狀態則讓這些細菌更容易進入腸上皮細胞破壞細胞基因。

這類腸道的「生態失調」通常會伴隨著諸如腹瀉、發出惡臭的脹氣，以及便祕等各式症狀。[7]經常有「胃腸」問題的人不應該輕忽這些徵兆，而是要盡快接受檢查。長年受腸疾困擾的人其實不在少數，其中更有些人甚至樂於給予連帶的副作用正面評價，因為他們吃得再多也不會發胖。另外，對穀類麩質這類食物過敏不耐的症狀通常也不易發現，患有這類免疫疾病的人要是長期攝取含有麩質的食物，不但會傷害健康，罹患腸癌或淋巴瘤的風險也會提高好幾倍。

---

5 類鐸受體的英文為 Toll-Like Receptors（TLR），不過 toll 在這裡並不是指英文的「收費站」或「海關」，而是源自於德文嘆詞 toll（中譯為「太棒了！」）。「鐸」一詞的誕生歸功於一個發育生物學家，當時在德國，尤其在杜賓根，還會用麵疙瘩（Spätzle；譯按：一種多數昆蟲體內都具有的基因）、黃瓜（Gurken；譯按：果蠅體內一功能基因，參與果蠅背腹的分化過程）、鏈子（Kette）或咕嚕聲（Schnurri）這類有趣的字眼替基因命名，並以此為樂。諾貝爾獎得主努司萊-佛哈德（Christiane NüssleinVolhard, 1942）一八九五年在實驗室發現了一隻畸形的果蠅幼蟲後，脫口而出 toll 這個字，因此這個導致果蠅發生突變的基因後來就被稱為「鐸」。類鐸受體是一種與鐸受體結構相似、但在人體肩負另一種任務的分子，也就是負責防禦病原體。然而，一旦它們持續受到活化，就可能助長癌症形成。長年承受慢性腸道炎之苦、最終罹患腸癌的患者大多擁有相當活躍的類鐸受體第四型（TLR-4）（Göran und Edfeldt:Toll To Be Paid at the Gateway to the Vessel Wall. Arteriosclerosis, Thrombosis and Vascular Biology, Bd. 25, S. 1085, 2005）。鐸在果蠅胚胎的早期發育中主要負責區分上方跟下方，也就是調控果蠅背腹軸的形成。鐸必須和活化的「麵疙瘩」接合，並且和活化後的上表皮接受體形成素「黃瓜」發生作用，才有可能發展出完整的背腹型態。一旦少了鐸，那麼精緻繁複的生命體就無法擁有不同的身體構造和器官，而今日的我們也就只能是一堆毫無差異的細胞團。更多關於鐸的作用以及其他和人體 DNA 具有類似功能的果蠅基因，可參照：sdbonline.org/fly/aimain/3adtest.htm.

6 Arthur et al.: Intestinal Inflammation Targets Cancer-Inducing Activity of the Microbiota. Science, Bd. 338, S. 120, 2012

7 「菌群生態失衡」（Dysbiosis）或「菌群失調症」（Dysbakterie）是指消化器官的菌群無論在各菌種間的比例，或是健康程度發生較大幅度變化而超出正常範圍的狀態。

這麼做會肚子痛

好消息是，腸道經常送出明確的警告訊號提醒人們應該就醫或上藥局尋求協助，或是嘗試調整飲食，好讓腸道重新恢復平衡狀態。對患有麩質不耐症的人們來說，這就代表：放棄所有含麩質食物。由於醫生並不見得總是可以依據檢驗數據確診出麩質不耐症，遇上這種情況時，也可以透過調整飲食來尋求改善。

另一個好消息則是，我們對微生物造成的影響及其所製造的物質認識得愈來愈多，許多後來的新發現與多年累積的研究成果相輔相成，我們因而得以更加瞭解、甚至透析某些機制，找出一連串訊息的最終源頭，也就是微生物。

還有一個沒那麼好的消息則是，即便我們掌握了某些機制，順應這些機制量身打造的療法和預防措施並不會因此而自動送上門來。畢竟細菌的生活及其在腸道的活動至少和身體運作或是癌症形成的機制同等錯綜複雜，甚至還充滿各種變異的可能性和冗餘性。這也是為什麼醫生和患者在治療過程中，尤其是癌症，經常會一再感到不安的原因。儘管如此，我們還是可以嘗試將已知具有破壞性的菌種排除在外，或是找到足以與之匹敵微生物，尋求治癒的可能。

重要的是，我們應該以全面性的角度來思考。發酵的產物或是腸道內利用綠色蔬菜的益菌之所以有助於預防癌症生成，很少是由於單一分子所造成的影響，而是多種功效相互作用的結果。

例如醋酸、丁酸以及丙酸這類經細菌代謝的產物其實不單只是輸送能量的物質。醋酸通常會黏附在免疫細胞的表面受體，並因此減緩一連串發炎的過程。丁酸則會支援腸上皮的屏障功能，並阻斷與大腦溝通往來的傳訊路徑，過程中更會出現名為微型核糖核酸（Mikro-RNAs）的小片段非轉譯RNA，這種物質經實驗證明能調控癌症細胞的分化。而丙酸似乎會影響免疫系統輔助型T細胞（T-Helferzell）的工作效能。

多酚，具有療效的細菌飼料

因此：想降低罹癌機率，最好的辦法就是討好那些製造丁酸、丙酸以及醋酸的細菌，也就是經常攝取它們喜歡吃的食物。至於有些不算是太嚴重的副作用，像是對心理（見上一章）造成正面影響，就姑且當作是免費的附加價值。

不過，這有時得視細菌本身的特質而定，像是它們引起發炎的時候，通常和細菌怎麼處理食物也有關係。如果我們想知道細菌是如何影響健康與疾病，那麼我們就必須釐清這些共食者製造了什麼，以及這些代謝產物又會引發什麼效應，或是阻礙了哪些機制的運作。

例如本章一開頭提到的鞣花酸是一種取自莓類和堅果類的多酚，經腸道菌代謝生成能抑制發炎的尿石素，被視為一種抗癌特質。

多酚普遍被視為一種對健康有益的物質，不過鞣花酸的效用並非來自於多酚，而是一種細菌的代謝產物。要是少了這種細菌，多酚很可能也就無法發揮作用。一項研究發現，大約只有百分之三十到五十的受試者擁有足夠的益菌將大豆異黃酮苷代謝生成雌馬酚，同時也只有這些人具有較低的罹癌風險。

這個研究結果也說明了，為什麼有些菌群研究證實了特定多酚類的效用，而有些則沒有。這些差異可能取決於受試者是否擁有或缺乏了正確的菌群，至於正確的菌群又該包含哪些菌種，至今則尚未有定論，不過我們可以確定擬桿菌門會是其中之一。當然，這一切不光如此，實際情況顯然還要複雜許多：凡德爾維勒（Tom van der Wiele）和同事利用分析儀發現，代謝作用的全貌其實因人而異，會隨著個人體內腸道菌群的結構和組成，以及這個人攝取了哪些多酚而有所變化。[8]

所有癌症生成或擴散的過程幾乎都和微生物群系脫不了關係：健康的代謝作用、癌細胞的代謝、神經訊號、免疫反應和其他的防禦機制、發炎現象等。相反地，宿主的反應，也就是我們的細胞和組織所產生的反應，也會對微生物群系造成影響，比如特定的細菌遭到消滅，又或者細菌藉由人體代謝獲得或是被切斷養分供應，諸如此類。

搭便車或是渦輪增壓器？

細菌和癌症之間其實還有另一種直接又密不可分的連結：醫生和科學家在組織學和病理學的研究中透過顯微鏡在許多腫瘤樣本中都觀察到了細菌。進一步加以分析後，他們發現某些腫瘤經常和特定的細菌連結在一起，例如前列腺癌患者身上經常帶有**痤瘡丙酸桿菌**（*Propionibacterium acnes*）。至於到底是這些細菌導致癌症生成，或是癌症助長了這些細菌繁衍，這個問題至今我們仍舊無法解答。

不過，或許我們根本就不需要思考這個問題。惡性腫瘤的形成與增生會歷經不同的階段，而細菌可能在任何一個時間點加入這個過程，其中有些可能只是搭了疾病的順風車，另外還有不少則是因為分泌促發炎物質，或是酸化腫瘤周邊，導致腫瘤擴張、轉移，進而助長癌症生成。譬如腸道腫瘤就經常伴隨著大量在正常情況下其實無害、甚至有益的細梭菌。透過老鼠實驗，我們得知至少有一種**細梭菌**會刺激腫瘤分化，並與其他助長腫瘤生成的細胞結合，導致發炎變本加厲。不過它們是在腫瘤已經存在的前提下間接促成的，否則，就一般所知，**細梭菌屬**並不會加劇發炎

8 Possemiers et al.: The prenylflavonoid isoxanthohumol from hops（Humulus lupulus L.）is activated into the potent phytoestrogen 8-prenylnaringenin in vitro and in the human intestine. Journal of Nutrition, Bd. 136, S. 1862, 2006

的程度，更不會助長癌症生成。

這類細菌雖不會導致癌症生成，卻在無意間被腫瘤挾持利用。不過，無論它們是否真的有助癌症形成，或者只是偶然間被腫瘤納入旗下，就實際面來說，還是將細梭菌屬為威脅比較萬無一失。

然而還是有許多細節是我們無法確認的，例如總是伴隨著癌症發生卻連帶被妖魔化的發炎反應在某些情況下其實是一件好事，丹麥奧胡斯大學的布魯格曼（Holger Brüggemann）就指出，因為「促發炎反應的物質會向免疫系統呼救並索求遏止腫瘤細胞的計畫，譬如痤瘡丙酸桿菌在七○和八○年代就常被用來抑制腫瘤。」[9]另外，根據一份二○一三年十二月發表的研究報告，攝護腺發炎的男人幾乎很少被診斷為腫瘤。[10]

就我們所知，並且向專家求證後，目前並不存在任何經過實驗證明的療法專門醫治伴隨腫瘤出現的細菌。「遺憾的是，據我所知，目前還沒有人有勇氣嘗試以抗微生物物質來治療前列腺癌。」更不用提試圖利用可能抑制癌症生成的細菌來取代腫瘤裡那些提供援助的細菌。

或許不久後，醫學專家就會嘗試利用腸道菌群治療前列腺癌，或是減低患病風險。前列腺癌所造成的威脅雖不是最強烈的，卻是工業化國家男性最容易患得的癌症。目前已經存在不少相關建議，提供了各種可能的因應辦法，[11]只是我們必須先釐清，為何代謝作用會提高患病風險，究竟又是哪些腸道微生物助長了腫瘤的生成，最後再透過改變飲食、微生物療法或是用藥來重新拴緊生理運作機器的螺絲釘。

癌症不只是**一種**疾病，事實上，我們甚至可以將每個腫瘤視為單一的個體。這麼一來，我們不但可以利用單一腫瘤和其他多數腫瘤的共同特質，同時也能針對個體的弱點下手，或是根據每個腫瘤獨有的特質予以馴服，藉此削弱其攻擊性。透過這些方式，我們或許能按照心意干擾或抑制腫瘤生長，甚至斷絕任何導致腫瘤形成的可能。而在這個過程中，細菌也許在某個時候能幫上忙。

遺憾的是，我們必須在這裡使用「也許」和「某個時候」這樣的字眼。對現在已經生病的人來說，這種無法給出明確時間表的可能性當然幫不上什麼忙。真正重要的是，無數的癌症研究實驗室和眾多投身其中的出色科學家應該善用手中有限的預算與資源，給予腸內及那些影響腫瘤的微生物群系更多關注與心力。截至目前為止，這項研究分支在實際的醫療應用上仍未有顯著的具

9 另一種同樣相當成功的方法則是利用了不具危害性的牛結核菌治療人類的表淺性膀胱癌。十九世紀時，有兩名法國人為了治療牛結核病研發出一種名為卡介苗（Bacille Calmette-Guérin）的疫苗，後來人們發現，接種卡介苗也有助於刺激免疫系統抑制表淺性膀胱癌，很多時候卡介苗的治療效果甚至比傳統化療來得好，尤其能有效抑止疾病復發。（Alexandroff et al.: Recent advances in bacillus Calmette-Guerin immunotherapy in bladder cancer. Immunotherapy, Bd. 2, S. 551, 2010）

10 Moreira et al.: Baseline prostate inflammation is associated with reduced risk of prostate cancer in men undergoing repeat prostate biopsy: Results from the REDUCE study. Cancer 2013, doi: 10.1002/cncr.28349

11 Amirian et al.: Potential role of gastrointestinal microbiota composition in prostate cancer risk. Infectious Agents and Cancer, Bd. 8, S. 42, 2013

體成效，有企圖心的研究學者們更應該要好好抓緊這個機會，尋求突破的可能。近來，微生物研究界興起了一股令人難以忽視的文藝復興風潮，愈來愈多的科學著作也將重心轉往探討癌症與微生物之間的關係，我們或許可以樂觀期待未來的發展，而不用等到「某個時候」才「可能」發生。

同樣面臨這種狀況的還有另一種疾病及與其相連的微生物，我們將在下一章介紹這個組合。

第十六章

用桿菌取代β阻斷劑？

腸道菌決定了心肌梗塞的嚴重程度？抗生素和益生菌同樣具有保護心臟的功能？鈣化的動脈裡有細菌？這些聽來讓人感到不可思議，卻都是千真萬確。

我們有太多理由強烈反對濫用抗生素，不過要是有人期待在這本書裡讀到對於這類藥物的詛咒，可能會感到失望。因為抗生素是很棒的東西，前提是——如果人們審慎、適切且合乎目的地使用它：抗生素不但能拯救人類性命，也能造福無數動物生靈。這項藥物的發明讓好幾百萬原本可能死於感染的人得以撿回一命。

抗生素的威力還遠不止於此，像是有種名叫萬古黴素（Vancomycin）的抗生素不但能減緩心肌梗塞的症狀持續惡化，同時還能幫助患者復原。一群患有心肌梗塞的實驗鼠證實了這項功能。

不過我們對抗生素的歌功頌德要到此為止，因為市面上含有**胚芽乳酸桿菌**（*Lactobacillus plantarum*）的益生菌其實也具有同樣的功能，而且背後運作的機制也如出一轍。

抗生素和益生菌會讓血液裡的瘦素——脂肪細

胞分泌的傳訊物質——濃度直線下降，這也是為什麼微胖者會發生心肌梗塞的原因，同時，我們也相當確定這是由於微生物群系及其代謝產物發生了變化。

為什麼這個問題值得我們進一步探討？首先，這個例子證明了我們可以在不仰賴抗生素的情況下，處理微生物所製造的毒素，甚至達到一樣的效果。[1]

就某種程度來說，這個問題之所以引人入勝是因為美國密爾瓦基威斯康辛醫學院的貝克（John Baker）和維拉姆（Vy Lam）經由動物實驗證實了腸道微生物會影響心血管系統。根據他們的實驗結果，消化道的微生物基本上會以各種可能的方式影響心臟的健康，這項結果也因此證實了一個在數年前讓許多心臟病專家百思不得其解的命題。同時，他們也經由瘦素發現了傳遞這種作用的重要訊號，甚至可以說是最重要的。

但是他們並不是很清楚這種作用背後的運作機制。瘦素是一種由脂肪細胞所分泌的物質，主要負責傳遞飽足感的訊號給大腦。其他像是心臟之類的組織也會分泌瘦素，而且似乎具有更多不同的功能，例如體內瘦素濃度高於平均值的女性比較不容易感到憂鬱。瘦素分子據說也能保護女性的骨頭免於斷裂，不過也有證據指出，瘦素會活化腸癌幹細胞。活躍在代謝舞臺上的瘦素可說擁有相當多樣又複雜的特質。

我們已經知道肥胖者或是代謝症候群患者[2]的瘦素功能較弱，等到他們終於感到飽足時，其實早就吞下了比實際需要還要多的食物，而他們的脂肪細胞也會因此製造出比平常更多的瘦素。

這是由於正常的瘦素分泌量無法達成預期任務，所以身體當然只能被迫製造出更多瘦素。不過腸道菌群的改變又是怎麼讓血液中的瘦素濃度發生變化的呢？貝克認為，細菌受到益生菌和抗生素的影響，會釋出能夠穿越腸壁進入血管，然後隨著血流到達肝臟的瘦素小分子，這些小分子很有可能在肝臟再次轉換後，重新回到血管，最後影響脂肪細胞分泌瘦素或是瘦素在血液裡的分解作用。

貝克實驗室寓言

還好不會有細菌一路從腸道跑到冠狀動脈或供應大腦血液的動脈裡，然後在那裡安頓下來，人們應該為此感到高興。不過，就算沒有發生這種事，待在腸道裡的細菌還是對心臟及血管健康造成了莫大影響。一份密爾瓦基實驗室得出的研究結果就驗證了這一點。透過拉姆和貝克的實驗，我們得知無論是抗生素或是益生菌都能降低血液裡的瘦素濃度，這麼一來，實驗鼠發生嚴重心肌梗塞的機率也會隨之降低。如果我們先餵給老鼠抗生素或益生菌，再注射瘦素，就會抵消掉

1 Lam et al.: Intestinal microbiota determine severity of myocardial infarction in rats. FASEB Journal, Bd. 26, S. 1727, 2012

2 代謝症候群：腹部脂肪堆積、高血壓、脂肪代謝異常，以及糖尿病前期的綜合症狀。詳見引言注4。

抗生素或益生菌原本應該發揮的保護作用。然而在這個過程中，瘦素並非是唯一的關鍵性訊號物質，「經由微生物合成的代謝產物會影響宿主的生物性，一旦菌群失衡，宿主的健康也會連帶受到波及，」貝克和同事在二〇一二年發表的文章裡這麼寫道。

同時間，這個實驗室還完成了其他研究，只是在本書送交付印之際，這些研究成果仍處於尚未公開發表的階段，不過貝克還是相當大方地讓我們搶先一探他與所屬團隊最新的工作進度。他們試圖在腸道找出除了瘦素以外的代謝產物，這些物質的濃度會在腸道菌群受到攻擊時發生變化，連帶影響老鼠心肌梗塞的嚴重程度。最後，他們找到了不少這樣的東西。

二百八十四隻老鼠當中，有一百九十三隻的代謝產物濃度明顯和腸道微生物有關，大致來說：這些老鼠腸道內各種大量的物質轉換至少有三分之二是微生物的功勞。至於人類體內的情況看來又是如何呢？關於這一點，我們到目前為止一點頭緒都沒有。在一百九十三種和微生物有關的代謝產物中，有三十三種是苯丙胺酸（Phenylalanin）、色胺酸（Tryptophan）和酪胺酸（Tyrosin）這三種胺基酸代謝生成的。一旦老鼠攝取抗生素，這三十三種物質就幾乎不會出現，老鼠的心肌梗塞也就不再惡化。「這些結果說明了腸道微生物所製造的物質不只影響鄰近的周邊，甚至還擴及至距離遙遠的器官，例如心臟。」貝克指出。

我們也能這麼說：這些結果顯示抗生素是健康的，它們最終減緩了心肌梗塞的惡化，不過愚蠢的是，它們也消滅了許多有用的細菌，而且時常服用抗生素的人還得冒著可能會助長致病菌或困難腸梭菌的風險。因此，習慣將抗生素作為一種預防性治療絕對不是可行的方式，除非有人預知自己即將在數日後遭遇心肌梗塞發作，我們才會建議他這麼做。相對地，同樣具有類似功能的益生菌或其他不會一開始就全面殲滅微生物的物質對我們來說就是一種好的預防方式。只要將這些經研究發現的代謝物質在實驗室的條件下進行測試，就能有助於及早判斷患病風險並給予患者預防性治療，即便只是開給他阿斯匹靈。貝克認為這項結果「可能會讓我們找到全新的診斷標準、治療方式以及預防方法，有效防阻心肌梗塞發作。」

人體試驗

貝克的說法聽來或許有些模糊，但是比起那些報章雜誌上以「或許總有一天」這類字眼評論最新研究成果的文章已經更具體了一些。第一個以此為主題的醫學研究早在二〇一三年就展開了，這項研究的目標在於測試萬古黴素這種抗生素和從超市買來的益生菌是否對慢性心臟疾病有所助益，同時，特定細菌與其代謝產物的濃度是否能預測患病風險。[3] 一項以抽菸人士為主的早期研究顯示，**胚芽乳酸桿菌**能有效降低受試者罹患心血管疾病的風險和瘦素濃度。

3 益生菌與心血管疾病。本項研究計畫已登錄於政府資料庫 clincaltrails.com，詳見：http://clinicaltrials.gov/ct2/show/NCT01952834

可惜腸道菌的實際功用並不僅止於腸道內，有時也會滲透到通往心臟或大腦的血管，導致動脈硬化、增加心肌梗塞發作的風險或引起心臟病發。至少我們已經從這些血管裡的動脈粥狀硬化斑塊發現典型腸道菌的遺傳物質，[4] 一旦這些物質累積得愈多，受試身上可測得的發炎警訊就會愈強烈。對健康來說，發炎反應就猶如浮士德般的戲劇性人物，如果它強烈對抗外來入侵，那麼對身體就是有益的，但是如果這種熾熱的疼痛感轉而對內，引起慢性發炎，連帶影響許多身體機制，最終讓一切失去控制，那麼可就糟糕了。

瑞典微生物學家貝克赫德和他的同事從動脈沉積物中發現了細菌的遺傳物質，他們知道腸道也會分泌促發炎物質，因此試圖找出兩者之間的因果關係。

他們質疑：比起健康的一般人，動脈鈣化的患者是否擁有不一樣的腸道菌群？如果答案是肯定的，那麼兩種菌群的差異為何？又是什麼原因導致了這樣的差異？

他們從受試者身上取得豐富的糞便樣本，發現那些頸動脈含有動脈粥狀硬化斑塊的人在腸道裡特別容易出現大量名為**柯林斯菌屬**（*Collinsella*）的細菌，而那些血管健康、沒有鈣化問題的人則有較多**真菌屬**（*Eubacterium*）和**羅斯氏菌屬**（*Roseburia*）這類細菌在他們的消化道裡。

直到數年前，**柯林斯菌屬**才被視為一個獨立的屬，不過這裡用來命名的柯林斯並非大家所熟知的歌星[5]或是曾經執行阿波羅任務的太空人[6]，而是一位鮮為人知的英國微生物學家。至於柯林斯菌屬及其他兩種菌屬的細菌究竟在不同個體的腸道內做了什麼事，科學家們至今也只認識到其中一部分。貝克赫德和同事進行了一項被稱為多源基因體學的研究，他們分析了受試者的腸道內容物以及那些已知其功能的細菌基因，最終得到的結果是：患者身上常見的多是助長發炎的基因產物，而具有抗發炎功能的遺傳物質則多以抗氧化劑或短鏈脂肪酸等代謝產物的形式出現在健康者身上。

給素食主義者的肉

讓我們回到腸道菌對心臟的遠距影響，因為這項主題還有更多值得我們進一步探討的面向與細節。這些影響主要是我們吃進肚裡的食物和細菌相互作用後所產生的，如果我們能掌握這一連串效應的運作機制，勢必能開啟全新的可能性，找到有效的治療方式，甚至是預防疾病的方法。

讓我們以科學方法檢視肚子和心臟之間的關係：大量攝取肉類會對心血管造成什麼負擔？要回答這個問題，就必須先讓一名長期茹素的受試者吞下一塊牛排。

參加醫學研究的受試者大可不必擔心實驗過後會留下任何後遺症，因為測試用藥早在實驗室

4 Koren et al.: Human oral, gut, and plaque microbiota in patients with atherosclerosis. PNAS, Bd. 108, S. 14592, 2011

5 譯注：指知名英國歌手菲爾．柯林斯（Phill Collins, 1951-）。

6 譯注：指阿波羅十一號計畫中留守在指揮艙的麥克．柯林斯（Michael Collins, 1930-）。

經過多次動物實驗，甚至也會讓少數受試者先行服用，以確認不會超出人體可負荷的程度。當然醫學實驗裡也可能出現與眾不同的特級品，由俄亥俄州克利夫蘭醫院的哈琛（Stanley Hazen）所主導的研究就是一例。在這個實驗裡，受試者必須吞下的不是帶有苦味的藥丸或是加了糖的安慰劑，而是一塊甜美多汁的牛排。二〇一三年，哈琛在《自然醫學》（*Nature Medicine*）發表了這項研究的成果並指出，人類自古以來一成不變的飲食習慣可能會對心血管造成不良的副作用，其負面效果堪比今日的醫學藥物。[7]

只要靜下心來仔細想想就不難發現，哈琛的結論並不是什麼新穎的見解——紅肉本來就富含多汁肥美的脂肪和膽固醇，而這些成分對心臟一點好處都沒有。倒是接下來的主張或許會讓人感到驚訝：後來的研究明確指出，我們錯把肥美的脂肪和食物裡的膽固醇誤會成不健康的成分了。值得注意的是，紅肉並沒有被包含在這張除罪清單裡，看來紅肉可能含有其他讓動脈鈣化的成分，而這很可能是腸道菌代謝引發的生物化學反應所造成的。

哈琛之所以為受試者準備了牛排，是因為他認為食肉腸道菌間接參與了這套機制的運作。早在二〇一一年，哈琛和同事就發現，專職代謝肉類食物的共生菌可能促進動脈硬化。這些細菌會將一種名為膽素（Cholin）的物質轉化為另一種名為氧化三甲胺（Trimethylamine-N-Oxid，簡稱為TMAO）的物質。我們也能以氧化三甲胺的代謝生成為例來說明微生物和宿主體內的酵素是如何共同合作的：三甲胺（TMA）是細菌的產物，而氧化物（O）則和某種人類酵素有關。一般來說，蛋或肉類都含有膽素，而氧化三甲胺可能會讓健康的血管——或是心血管——失去應有的彈性及管腔大小。

副肉精（Carnitin）則是一種結構與膽素類似的分子，兩者都是由兩個胺基酸所組成。副肉精這個名稱是由拉丁文 Caro 而來，有肉類的意思。許多消耗大量體力的運動員都會攝取副肉精作為營養補給，不少素食者也會這麼做。哈琛讓受試者吃進添加副肉精粉的肉塊，然後測量他們血液裡氧化三甲胺的濃度。最後測得的指數高到破表，我們幾乎可以篤定這種結果是腸道菌一手促成的，因為哈琛讓同一批受試者服用殺菌的抗生素後，受試者血液裡的副肉精數值甚至飆得更高，而三甲胺則消失得幾乎不見蹤影。

因此，我們可以大致理解素食者的心態：他之所以能克服障礙吞下肉塊，大概是因為他知道這項研究旨在證實食用肉類的缺點，恰好與他個人所支持的價值觀相符合。事實也是如此，相較於無肉不歡的肉食者，研究團隊在茹素者身上幾乎沒有發現任何氧化三甲胺含量上升的嫌疑。這項有些諷刺的結果很可能是生物化學和微生物學相互作用所導致的：對通常不吃肉的人來說，他的腸道裡顯然——不意外地——幾乎沒有負責分解肉類食物的細菌。

---

7 Koeth et al.: Intestinal microbiota metabolism of L-carnitine, a nutrient in red meat, promotes atherosclerosis. Nature Medicine, Bd. 19, S. 576, 2013

就像偶爾來塊牛排般奢侈

哈琛的研究團隊所得出的結論或許也說明了，為什麼關於飲食的研究最好將那些不屬於純粹的茹素者或素食主義者、實際上也甚少吃肉的人——也就是飲食均衡的族群——排除在外。這些人或許缺少了某種將肉類代謝生成有害物質的細菌，不過他們卻能從中獲取有益的養分，比如豐富的維他命K。這一點和貝克所得到的實驗結果不謀而合：他的研究團隊發現，經過細菌轉化而釋出的苯丙胺酸（Phenylalanin）、色胺酸（Tryptophan）和酪胺酸會使得老鼠的心肌梗塞更加惡化。胺基酸天然的來源是蛋白質，肉類就是由蛋白質所組成，而肉類蛋白質又正好富含上述三種胺基酸。

對那些一直以來都將飽和脂肪及從食物攝取的副肉精視為心臟毒藥的人來說，這項結論著實讓人感到訝異。不過腸道微生物的研究本來就是充滿驚喜的，很可能沒多久後又會有人針對這項結論提出全新的見解與觀察，舉例來說，先前的研究並沒有在肉食者身上發現任何氧化三甲胺含量上升的跡象。[8]另外，氧化三甲胺除了在腸道內經由一套複雜的過程生成，許多海鮮也富含這項成分。攝取大量肉類及甲殼類食物的人雖然在同一項實驗測得的氧化三甲胺數值也明顯偏高，不過無論就過往的經驗或是科學上的佐證來看，這些人心肌梗塞發作的風險並沒有因此提高；甚至，根據上述各項研究結果，實際情況很可能和我們所想像的恰好相反。

儘管這些研究成果以及由此所推演出來的結論著實令人讚嘆，不過我們仍應對此抱持保留態度，但也毋須因此感到不安，尤其當我們準備探索的是一塊像人體微生物這樣嶄新又不熟悉的研究領域時。

或許哈琛和貝克的觀察都是正確的，只是代表了兩種截然不同的意義。至今尚未有明確證據指出，肉食者之所以比茹素者更容易罹患心血管疾病是因為他們攝取肉類的關係，不過至少有跡象顯示，肉食者患病率較高的原因並不在於他們攝取肉類食物，而是由於他們——相對於素食主義者來說——並不會特別講究健康的生活模式。[9]這麼一來，前面所提到的現象就說得通了，也就是富含氧化三甲胺的海產甚至是對健康有益的。

儘管還有許多未知的細節有待釐清，但我們有成堆的好理由成為一個素食主義者，不過其中絕對不包含氧化三甲胺。

我們應該留下深刻印象的是那些哈琛、貝克赫德、貝克以及他們的研究團隊透過實驗不斷追尋的基本機制。

腸道菌的遠端影響力通常也是遵循著一套類似這樣綜觀全局的運作模式：微生物會分解食物

---

8 Zhang et al.: Dietary precursors of trimethylamine in man: a pilot study. Food and Chemical Toxicology, Bd. 37, S. 515, 1999

9 Davey et al.: EPIC-Oxford: lifestyle characteristics and nutrient intakes in a cohort of 33 883 meat-eaters and 31 546 non meat-eaters in the UK. Public Health Nutrition, Bd. 6, S. 259, 2003

並代謝生成能輕易穿越腸壁的極小分子，這些小分子經由血管到達身體各個不同部位，最終在身體的某處直接或間接發揮作用。不過這些分子實際上是如何運作的，我們知道的並不多。

要釐清這些問題還需要投入更多的研究，但對絕大多數人來說，透過這些運作機制去找到可行的治療方法或預防的可能性或許也不是那麼重要。假設我們能從這些相互影響的網絡中抽出一些分子，或是用更健康的細菌來取代原本釋出這些分子的細菌，並藉此讓一個人變得健康，那麼其實就不一定非得追根究柢、鉅細靡遺地掌握每個分子的運作機制。當然，如果能夠做到這個程度那是再好也不過，不單是因為藥物管理單位傾向開放一種新的治療形式，也不只是因為釐清這些過程本身就是令人著迷的，而是因為多數時候我們會在探索的過程中發現新的契機，幫助我們更加瞭解身體裡其他的運作模式。

這種說法聽來似乎有些老套，但是我們必須時時提醒自己：人體內沒有獨立於其他作用機制存在的運作過程，所有的一切都是相互影響、環環相扣。當然，有些運作機制或許在身體某個部位是有問題的，卻可能在另一處發揮保護、甚至對生命至關重要的功能。生理學就猶如至少擁有兩具靈魂的浮士德：由腸道菌代謝生成的物質雖然會導致心肌梗塞惡化，卻可能同時具有預防癌症的作用。又好比同樣是腸道菌所製造的短鏈脂肪酸通常被視為助益甚多的物質，但有時它們也會在這裡或那裡惹出一些麻煩。一旦我們對於所有的運作機制、彼此間相互牽連影響的複雜網絡有某種程度的瞭解，那麼或許就能在面對一些惡意的驚喜時，找出治療或預防的方法。不過關於腸道微生物及其作用於心臟和血管的遠距機制，我們實際的研究進度其實還很初階。

抗生素對心臟有益，益生菌也具有同樣的好處，肉類至少不會危害素食主義者的身體健康——這些還不是這個研究領域可以帶給我們的壓箱驚喜。

相較之下，腸道菌也會影響腸道健康似乎就沒那麼讓人感到意外。至於它們是如何辦到的，請見下一章。

第十七章

生病的腸道

數百萬德國人有腸道不適的困擾，從消化不良到危害生命的慢性腸炎都是可能出現的症狀，而罪魁禍首通常是細菌，只不過這些微生物其實也能幫上不少忙。

作為一千億個細菌的遊樂場、高效能的器官、體內和體外的溝通平臺，以及致病菌的入口大門，腸道為了維持生命的正常運作有時也會生病，這其實沒什麼好意外的。仔細想想，這樣的腸道竟沒有處於長期混亂的危急情勢中才教人吃驚。

腸壁是一道將腸道內容物和人體內部阻隔開來的屏障，這道屏障就和人體的皮膚一樣，將內與外分隔開來。腸壁一方面必須讓養分通過進入人體內，另一方面又得擋下有害的細菌。沿著這道邊界則有免疫細胞負責巡視警戒，任何靠近的對象都必須先經過盤查，身體才能決定是否該釋出善意歡迎來者或是以防衛之姿迎戰對方。這項任務並不輕鬆，因為免疫細胞不能不分青紅皂白地直接迎頭痛擊來路不明的養分，而是得放行對身體有益的共生菌，同時阻擋病原體的威脅。處於這種隨時可能爆發衝突的高風險狀態下，這些守護人體邊界的巡警有時一不小心反應過度，其實也不令人意外。

這種時候便會引發過敏反應，免疫機制也會使得發炎加劇。如果誤判的狀況一而再、再而三發生，那麼防禦細胞不只是對無害的外來者過度反應，甚至會對人體造成傷害。一戰時期發展出來的戰爭概念「誤傷友軍」（friendly fire）就相當適合用來描述這種情形。如此一來，腸壁會開始產生病變，然而其中有不少都是肇因於這類不必要的、誤判或是過度激烈的防衛反應。數年前開始，這種情況發生頻率就逐漸攀升。

全世界有超過百分之十的人口承受腸疾所帶來的困擾，例如疼痛、痙攣或是慢性發炎等問題，他們也可能因為腹瀉或是便祕，一天必須跑二、三十趟廁所，甚至出血、失去體重。全球每年有三萬人以上死於這類疾病，不過這項統計數字會隨著不同國家而有所差異，這當然和不同的調查方式有關。加拿大的數據約在百分之六，而墨西哥則至少有百分之四十三的民眾長期有消化道疼痛或痙攣的問題。

腸道激躁症

所有腸疾中最常見但定義最模糊的就是俗稱腸道激躁症的病症，引起這種病症的因素很多，服用抗生素、食物過敏或壓力都是可能的病因。有種理論認為，小腸細菌的過度繁殖也可能造成諸多不適，部分患者服用抗生素後獲得明顯改善的事實雖然證實了這項假設，但離真正解決問題其實還有一大段距離。調整胃酸分泌的藥物也有引發腸躁症的嫌疑，這種藥物會抑制小腸前段分泌酸性內容物，藉此改變細菌的生存環境。對某些腸疾患者來說，停用氫離子幫浦阻斷劑（Protonenpumpenhemmer）這類藥物對改善病情也有幫助。[1]

腸道激躁症雖然不致讓人喪命，但是突如其來的便意，或是便祕、腹瀉、痙攣及腸胃積氣等問題卻會帶給患者諸多限制與不便。患者在工作上的出勤狀況可能因此受到影響，連帶導致生產力低弱，還必須經常看醫生。光是五十歲以下接受結腸鏡檢查的受檢者中，每四人就有一人患有腸道激躁症，[2]這之中女性的比例高出男性一點五倍，五十歲以下的比五十歲以上的還多，而收入微薄者患病機率又比收入豐厚者來得高。

腹痛、噁心、嘔吐和腹瀉屬於慢性發炎性腸道疾病的幾個關鍵症狀，簡單來說：克隆氏症及潰瘍性大腸炎都屬於慢性發炎性腸道疾病。雖然只有少數人受到這類病症的威脅，患病過程卻相當折磨人，疼痛感會一再浮現，卻找不出真正的病因為何。不同於腸道激躁症，這兩種病症會持續很長一段時間，最糟時甚至會轉為慢性疾病。整個腸胃道都可能染上克隆氏症，但病徵通常是

---

1 Compare et al.: Effects of long-term PPI treatment on producing bowel symptoms and SIBO. European Journal of Clinical Investigation, Bd. 41, S. 380e6, 2011

2 Brennan und Spiegel: The Burden of IBS: Looking at Metrics. Current Gastroenterology Reports, Bd. 11, S. 265, 2009

區段性的，不像潰瘍性大腸炎會全面覆蓋整個大腸。至於這些病徵形成的時間點、方式及原因，目前還沒有人能提出明確答案，但可以確定的是，兩種病症都受到基因遺傳和環境因子交互作用的影響——也就是飲食、微生物群系、用藥習慣及壓力，進而啟動免疫系統進入高度戒備狀態，引發一連串的發炎反應。

慢性發炎性腸道疾病最常見於北美及北歐地區，這也是為什麼腸胃病學家相信，生活方式是重要的關鍵之一。高脂、高糖但缺乏纖維的食物似乎會助長發炎，一般來說，通常要到二十至三十歲之間才會首次出現病徵。兒童時期曾接受抗生素治療的人似乎更容易在成年後罹患腸疾，[3]而且患者多屬收入較豐厚的族群，這一點和腸道激躁症明顯不同。光是在德國，患有克隆氏症和潰瘍性大腸炎的民眾加起來少說超過三十萬以上。有趣的是，在年輕時期切除闌尾雖然能減低潰瘍性大腸炎發生的機率，卻會增加罹患克隆氏症的風險。

腸道疾病和失調的症狀不但繁雜又多樣，可想而知，病症的起因必然也多得讓人眼花撩亂。長期以來，我們累積了不少關於食物過敏和食物不耐的知識，了解到這些失序的症狀是從何而來，即使還沒能百分之百掌握這些症狀形成的過程與原因。至於為什麼愈來愈多人在年輕時期便有食物過敏和慢性腸道發炎的困擾，這個問題至今尚未有解。當然，我們或許可以從老朋友身上找出某種解釋，也就是那些寄居在我們身上的——或者說該在卻不在的——共生菌。有個普遍獲得共識的理論認為，我們生活在一個幾乎無菌的世界，飲用無菌水、吃的是可保存的包裝食物，和微生物的接觸可說微乎其微，根本不足以讓我們的免疫系統維持正常運作。與一團失業傭兵無異的防禦細胞也就只能將所有精力都耗在所剩無幾的對象上：食物成分、葉草或是榛樹的花粉、蟎的排泄物、黴菌孢子，以及其他諸如此類的東西，甚至開始射殺好幾百萬年以來與我們相濡以沫、同甘共苦的微生物伙伴。

如果這套理論屬實，那麼人們就必須賦予具有襲擊能力的免疫系統真正的任務，同時，不僅要讓各種腸道不適的症狀自行康復，更要對抗過敏反應和自體免疫疾病。全世界的研究學者們正為此努力，而其中一名先驅就是溫史達克（Joel Weinstock）。

飛機上的蟲

一直到了九〇年代中期左右，波士頓塔夫斯大學某位總是繁忙不已的腸胃病學家終於有足夠的時間靜下心來好好思考。那時他正在趕往某場研討會議的路上，原本預計從芝加哥起飛的班機因為暴風雨延誤了五個鐘頭，於是他便利用了這個空檔修訂一份以寄生蟲為題的書稿。不過如果他希望能夠有些突破性思考，或許應該先讓自己從四周的各種紛擾——雷電交加的氣候、誤點的

3 Kronman et al.: Antibiotic exposure and IBD development among children: a population-based cohort study. Pediatrics, Bd. 130, S. e794, 2012

班機、一本關於寄生蟲的書——跳脫出來。接下來的好幾年裡，他都不斷地思考著同一個問題。

溫史達克專注於修稿的同時，人們也逐漸意識到衛生觀念的發明對人類來說不純然是種救贖。身為研究寄生蟲的專家，溫史達克看待這條等式的角度當然與微生物學家不同，因為事實上還有一群與人類熟識已久的舊識尚未在本書登場。這裡指的正是腸道寄生蟲——直到發明淨水處理之前一直與人類同在、卻從未真正造成傷害的小蟲子。牠們之中當然也有令人作嘔、能讓我們大病一場的蟲子，不過大多數還是在幾乎不被察覺的情況下安然地在人體內與我們共存。為了自保，牠們製造出一種專門對付免疫系統的鎮靜劑，但多數時候牠們選擇低調行事；正常來說，牠們並不會造成傷害。

雷電交加之際，溫史達克不禁懷疑，過敏症和自體免疫疾病這類文明病之所以狂暴肆虐，難道不是因為這些寄生蟲消失所引發的嗎？我們能夠逆向操作，讓寄生蟲和宿主重新產生連結嗎？這個主意聽來似乎有些熟悉，我們好像在本書開頭的前幾頁就已經提過了。這項噁心的研究或許會讓許多人忍不住臉部扭曲，不過對溫史達克重回實驗室的同事來說卻是充滿說服力的。好吧，至少其中有某些人是這麼想的，剩下的則以為這項研究計畫只是個玩笑。[4]

沒過多久，他們就意識到溫史達克是來真的，因為他立即就著手開始驗證自己的寄生蟲假說。順利結束老鼠測試後，溫史達克所屬大學的道德委員會同意他以人體進行實驗。對他來說，要找到合適的自願受試者並非難事。最後雀屏中選的是一名罹患潰瘍性大腸炎多年，卻遲遲未能治癒的病患。一般常見的可體松（Cortison）或類似藥物的療程，還是其他免疫抑制劑對他的病情已經起不了任何作用了，以至於他迫不及待地將兩千五百顆豬鞭蟲（*Trichuris suis*）的蟲卵配著檸檬水一口吞下，希望長年以來的困擾能就此減緩。

事實上，效果很快就出現了。

六週後，這套寄生蟲療法不但帶來預期中的效果，受試者的病徵開始出現好轉的跡象，後續六名受試者不適的症狀同樣也在短時間內就獲得緩解，而且沒有任何併發症。溫史達克仍不斷重複測試，同時也有愈來愈多的醫生和另類療法的治療師和他合作，利用寄生蟲來治療其他病症。到了二〇一三年年底，已經有多項大型的醫學研究計畫開始運作或積極籌備中，其中由法蘭克福大學附設醫院的院長休梅里希（Jürgen Schölmerich）和弗萊堡霍克大藥廠共同推動的計畫[5]在二〇一四年中期首度發表了他們的研究成果。

這份研究報告指出，豬鞭蟲並無法協助每一名患者，但仍有許多人的病情因此獲得改善，只不過他們必須定期吞服蟲卵，因為人類並非寄生蟲天然的宿主，牠們無法自行在人體內進行繁衍。儘管如此，溫史達克和他的同事還為這項療法設計了一道安全防護措施，因為他們並不希望

4 Weinstock: The worm returns. Nature, Bd. 491, S. 183, 2012
5 研究計畫說明：http://clinicaltrials.gov/show/NCT01279577

長期吞服蟲卵的患者擔負寄生蟲可能在體內定居下來的風險。豬鞭蟲的幼蟲會順利地從蟲卵孵化出來，觸發一次免疫反應後，就等於完成任務，直到牠們「經由自然之途」——如同這家企業在官網所聲稱的那樣——被送出人體外之前，並不會有足夠時間成長為具有繁殖能力的成蟲。

至今還沒有人知道寄生蟲療法是如何安撫這麼多患者的免疫系統，而這些寄生蟲又為何在某些患者身上無法發揮作用。事實上，也有不少人提出看似合理的解釋，不過有種理論聲稱，只要丟給運轉中的腸道免疫系統一些蟲子，那麼這支防禦軍團就不會魯莽地犯下誤擊自體細胞這類愚蠢舉動。很明顯地，要說服主管當局同意開放這些蟲子作為治療大量患者之用，這套說詞是絕對行不通的。然而，對數百萬患有發炎性大腸不適症的人們來說，這項新式療法正是他們迫切需要的。儘管現階段的研究計畫看似未有明確結果，但或許進行到中段時會發生一些改變也說不定。

為防護牆注入強化的生命力

或許還存在其他可能緩阻腸道免疫系統發動愚蠢攻擊、甚至引發疾病的辦法，例如借助細菌之力。

原則上，克隆氏症可能在消化道任何一處引起發炎反應，只是這些反應通常發生在菌群密度較高的地方，也就是在小腸的尾端及大腸裡，不過我們在潰瘍性大腸炎患者身上倒是沒有觀察到這種現象。另外，腸腫瘤的數目也會隨著微生物群聚集的密度攀升，然而這些現象只說明了兩者間的相關性，我們依舊無法確知它們之間是否存在因果關係。這些有趣的發現當然會吸引科學家和醫學專家更加深入探索，進而提出合理解釋。至今為止的動物實驗也得到了與上述現象相吻合的結果：無菌鼠雖然有不少毛病，但根據現有資料，慢性發炎性腸道疾病並不在此列。另外，由於體內缺乏承擔相關職責的細菌，牠們的腸道屏障功能幾乎無法正常運作；倒是那些體內有正常菌群的老鼠反而相當容易染上這類疾病。

先前曾經提到，發炎反應也可能會攻擊原本具耐受性的腸道菌。感染發炎性腸道疾病的患者似乎無法正常發揮腸壁的屏障功能，此外，他們的腸道菌群不但會改變原有的組成結構，多樣性的程度和變異株數量也會明顯減少。哈斯勒以那些因生活環境遭受破壞而發生的種族滅絕為例，說明這些變化及損失對患者來說是相當嚴重的，因為那些消失的細菌通常肩負了重要的保護功能，像是更新腸道上皮細胞具有保護功能的黏膜層。哈斯勒參與的另一項研究計畫則首次證實，微生物和黏膜層之間的分子互動，按照這位基爾分子生物學家的說法，「幾乎完全喪失。」

至於這些因素之中哪些才是真正引起發炎反應的原因，哪些只是伴隨發生的現象，我們還無從得知。不過有不少醫療人員相信，只要這些因素當中的任何一項恢復正常，患者的不適就能獲得明顯改善。這一點我們可以從各種有時見效、有時效果則不如預期的各種療法中得到應證，像是消炎藥、免疫抑制劑、抗生素、含有丁酸的灌腸劑、養分轉換，以及攝取益生菌等。不過就治療克隆氏症來說，益生菌至今為止並無顯著效果。倒是用來治療潰瘍性大腸炎的大腸桿菌Nissle 1917型（*Escherichia coli* Nissle 1917）經臨床證實可產生良好療效，名稱中的 1917 標示著這型細菌被發現的年代，也就是一九一七年由當時在弗萊堡行醫、同時身兼細菌學家的尼索[6]從人類糞便中分離出來的，那時他正一心尋找能夠治療腹瀉的藥物（見第十八章）。

腸壁是一道兼具機械性及免疫性的防護牆，一旦這道牆不夠堅實，感染源就容易侵入人體內部，食物性抗原也會循著同一條路徑由腸道進入內腔。這麼一來，人體的防護系統會陷入混亂，導致發炎反應一路由腸道延燒到其他器官，加速肥胖症、糖尿病及心血管疾病惡化，至少目前的研究結果都顯示出這樣的跡象（見第十三及十六章），誰知道還會有什麼其他的問題呢。

很多因素都可能讓這道屏障失去應有的作用，例如外來的侵入者可能會驅逐負責更新腸道上皮細胞黏膜層的細菌。不良的飲食習慣也可能是其中一項因素，至少動物實驗證實了飲食會造成劇烈影響。芝加哥的腸胃病學家張尤金（Eugene B. Chang）餵食帶有腸炎基因的實驗鼠大量乳脂，發現這些老鼠生病的機率比僅有攝取低脂食物或食物中富含不飽和脂肪酸的老鼠要來得高。不過這項實驗結果對人類並不具有太大的意義，因為我們不確定攝取多少乳脂會帶來同樣的效果，也不確定人類是否擁有助長或抑制這種效果的基因變異株，而我們又該在哪個時間點採取這種飲食方式，也沒人知道。

話說回來，這類動物實驗和畢希納筆下窮困的伍采克接受的豌豆食療法[7]幾乎沒有兩樣：給予一名先天條件不良的病患（在這個案例中就是一隻具有這項疾病基因的老鼠）極度單一且不自然的食物（哪隻正常的老鼠會以乳製品為主食？），最終得到一個再極端也不過的反應並不令人意外。不過從動物實驗中我們至少還有些許機會獲得一些線索，讓我們得以循著某項可能存在的物理化學機制繼續探討深究。

膽囊之愛

乳脂其實並不容易消化，肝臟必須製造大量的膽酸才能分解這種養分，這樣的環境對大多數的細菌來說都是不利生存的，除了**沃茲沃斯氏嗜膽菌**（*Bilophila wadsworthia*），如魚得水的它們反而會迅速繁衍。正常來說，這種細菌對腸道容易發炎的老鼠並不會造成威脅，不過只要受到正確刺激，就會開始快速繁殖，瓦解腸道細胞上的黏膜層。一旦黏膜層受到破壞，免疫系統就會啟動，讓大腸出現發炎反應。[8]張尤金相信，典型西方飲食裡的其他元素（糖！）也會讓微生物相

6 譯注：尼索（Alfred Nissle, 1874-1965），德國醫生、科學家，很早就注意到腸內菌叢對人類疾病的作用。

7 譯注：伍采克這個角色出自日耳曼劇作家畢希納（Georg Büchner, 1813-1837）的劇作《伍采克》（*Woyzeck*），伍采克是社會邊緣人的代表，為了養家將身體賣給醫生當實驗品，每天只吃豆子，導致幻視幻聽意識混亂，地位卑下也讓他受盡歧視與譏嘲。

8 Devkota et al.: Dietary-fat-induced taurocholic acid promotes pathobiont expansion and colitis in Il10 / mice. Nature, Bd. 487, S. 104, 2012

往不健康的方向發展，阻礙免疫系統正常運作。最起碼對那些先天體質就容易發生這類問題的人們來說是如此。

這項乳脂的實驗至少證實了食物的確具有不容忽視的影響力，就算實驗條件和人類的實際狀況還有一段差距。另一個說明飲食和腸道健康之間強烈連結性的例子則是乳糜瀉，這是一種免疫系統會對麩質產生激烈反應的小麥蛋白質不耐症，對腸道造成重大傷害。遺傳因子也是可能的影響因素之一，不過後來的實驗顯示，腸道菌或許才是決定這種疾病是否爆發開來的關鍵因素。只要患者擁有健康良好的腸道菌群，就算攝取含有麩質的大麥或黑麥，免疫系統似乎就不會過度反應了。我們已經在第十二章詳盡探討過這個主題。

許多不同的措施後來被逐一證實能補強漏洞百出的腸道屏障，雖然這些方法不見得對所有腸道發炎的患者都有效，但指出了維持腸道健康的重要性，好讓腸道屏障功能持續正常運作。

腸壁上特殊的杯狀細胞會分泌具有保護功能的黏液，這些黏液主要由蛋白質組成，與水接觸時會劇烈腫脹；其他細胞則會製造抗菌蛋白質，能阻止錯誤的微生物在腸道定殖下來。腸道上皮的細胞膜會持續從內部幹細胞巢不斷向外擴展以進行更新，這段過程只需要短短幾天，是人體細胞中存活時間最短暫的。然而，持續性的更新也說明了腸道在高度運轉下不斷上升的磨損率。因此，為了確保腸壁的屏障功維持正常運作，長期的維護工作是必要的。只要腸道生態維持平穩，人類細胞就能從微生物那裡獲得協助。先前在第十二章介紹過的普拉梭菌就是一種特別勤奮的幫手，能將人體酵素無法消化的纖維質代謝生成丁酸，而且是所有丁酸中結構最為簡單的一種，主要負責替腸道上皮細胞運輸能量，同時也能抑制發炎。丁酸會阻擋促發炎訊號的分子，連帶也會酸化腸道內容物，讓**沙門桿菌**（*Salmonelle*）和其他致病菌難以生存。[9]

雖然我們還不清楚其中的原因和結果為何，不過慢性腸道炎患者擁有的普拉梭菌一向少之又少，丁酸濃度也普遍偏低。由於至今未曾有人利用**普拉梭菌**進行益生菌療法，因此亦無法得知在菌群貧乏的腸道植入這種細菌是否有所助益。至於攝取益菌生或其他有助普拉梭菌成長，抑或是促進丁酸分泌的食物，是否就能改善菌群稀疏的狀態，也仍是看似可行卻未經檢證的想法。我們唯一可以確認的是，部分大腸激躁症患者對食物裡的纖維質會產生敏感反應，而麩質成分則會明顯讓症狀更加惡化。事實上，有好長一段時間纖維質都被視為對付腸道疾病的良方。

纖維質的角色

不過，至少就大腸激躁症來說，情況似乎正好相反。墨爾本蒙納許大學的腸胃病學家吉柏森（Peter Gibson）和營養學家雪佛（Susan Shepherd）早在十多年前就已經發現這一點，並且發展

9 Hamer et al.: Review article: the role of butyrate on colonic function. Alimentary Pharmacology & Therapeutics, Bd. 27, S. 104, 2008

出一套不含纖維質的飲食方式，以減緩患者的不適。他們將這套放棄以細菌消化碳水化合物的概念稱為「低FODMAP飲食法」，FODMAP指的是「可發酵性的寡糖、雙糖、單糖和多元醇」，全都是可溶於水的纖維質，諸如洋蔥、小麥以及其他蔬菜和穀類含的聚果糖都屬這類纖維質，另外，乳製品裡的乳糖、水果的果糖，還有莢果的糖和澱粉也是其中一員。事實上，禁止食用的食物清單很長一串，這也是為什麼徹底執行這種飲食法很困難的原因。

有許多植物分子是人體酵素無法消化的，它們會原封不動通過小腸，成為大腸菌群的食物。而那些在正常情況下有助於細菌成長並且提升菌種多樣性的物質通常會造成腸躁症患者的不適，因此吉柏森和雪佛並不建議長時間採取這套飲食法來減緩症狀。另外，他們也不推薦非腸胃不適者採用，因為這麼一來腸道原本的消化能力反而可能成為一種負擔。基於同樣的原因，一旦患者症狀獲得改善也應該立即停止這套飲食法，同時我們也能得知，他們被允許攝取那些食物，又該從中攝取多少分量。藉由這種刻意減少纖維質攝取量的方式或許能緩解慢性發炎性腸道疾病的病徵，不過患者實際上獲得改善的程度則仍有爭議，但是無論如何，這些人都不該在病情正糟的時候嘗試這種療法。[10]

如果腸道缺乏代謝生成丁酸的菌群，那麼還有另一種可行的辦法。一系列的動物實驗和醫學研究顯示，含丁酸的灌腸劑能減緩慢性發炎性腸道疾病患者的不適，不過這種作法的效果其實很短暫，不斷重複這個流程絕對不是一勞永逸的好辦法。

請開一帖安慰劑

事實上，要讓腸壁恢復平衡，重新植入特定菌群才是更好的辦法。目前經過系統性研究的益生菌已超過二十種以上，雖然這些菌種在臨床上的應用尚未出現完全康復的案例，不過確實能減緩部分腸躁症及潰瘍性大腸炎患者的不適。以腸躁症患者為例，功效最明顯的就屬雙歧桿菌屬的細菌，不但能安撫腸道、調節水分攝取，還會刺激腸道蠕動。[11]至於這些作用是否全都由細菌一手包辦，則有待進一步研究，因為安慰劑同樣能有效平復受到刺激的腸道，即便在醫生告知實情後，仍不影響安慰劑的良好效果。[12]不過，有些時候益生菌也可能讓病情更加惡化，同時，我們也不應該期待在短時間內見到成效。在做出任何定論前，一般建議至少接受為期四週的療程。

若是植入數種菌群後仍不見改善，那麼或許就得仰賴糞便細菌移植術來挽救全面失衡的菌相。這項療法的原則是：徹底清理不利細菌生存的腸道環境後，透過植入腸道健康者所捐贈的腸

---

10 Gearry et al.: Reduction of dietary poorly absorbed short-chain carbohydrates（FODMAPS）improves abdominal symptoms in patients with inflammatory bowel disease-a pilot study. Journal of Crohn's and Colitis, Bd. 3, S. 8, 2009; Gibson & Shepherd: Personal view: food for thought-western lifestyle and susceptibility to Crohn's disease. The FODMAP hypothesis. Alimentary Pharmacology & Therapeutics, Bd. 21, S. 1399, 2005

11 Mc Farland und Dublin: Meta-analysis of probiotics for the treatment of irritable bowel syndrome. World Journal of Gastroenterology, Bd. 14, S. 2650, 2008

12 Kaptchuk et al.: Placebos without Deception: A Randomized Controlled Trial in Irritable Bowel Syndrome. PLoS One, Bd. 5, S. E15591, 2010

道內容物，試圖打造一個全新的腸道空間。我們並不清楚到底有多少慢性發炎性腸道疾病的患者接受了健康者捐贈的糞便樣本，可能有好幾打，甚至上百或上千人。就我們所取得的資料顯示，這套治療方式獲得了相當廣泛的良好成效。澳洲的細菌療法先驅巴洛迪（Thomas Borody）就指出，六十二名接受這項療法的潰瘍性大腸炎患者當中，有四十二人再也沒有出現任何不適的症狀。至於為何這套如此成功的醫療方式遲遲無法成為標準療法，我們將在第十九章進一步說明。

寄生蟲、益生菌、益菌生、抗生素、食物、消炎劑、免疫抑制劑、丁酸，還有糞便，這一長串都是我們已知可以用來治療腸疾的選項，只要我們對細菌的作用認識得愈多，相信這張清單還會變得更長。也許我們會發現各式各樣足以塞滿一整間小店的治療方式，這麼一來，一切將會變得更簡單，人們再也不需要灌下細菌雞尾酒或接受寄生蟲療法，而是只要吞下一些能將免疫系統和腸道菌相導往理想方向的分子。有不少致力於將細菌療法商品化的新興產業正要準備崛起，接下來的兩章我們將深入探討這個問題。

第四部

微生物療法

第十八章

吃優格延年益壽

理論上，益生菌或益菌生可修復受到破壞的腸道生態體系，富含兩者的發酵食品便是一例。不過，它們真的這麼神奇嗎？

「攝取益生菌會引發微生物群系產生變化，不過這是否就是患者症狀獲得改善的原因，截至目前為止仍尚未有研究加以證實。」這個沉重又殘酷，卻又讓人無從反駁的句子取自近期一篇關於益生菌的科學評論性文章，[1]作者是一群對這個主題再熟悉也不過的科學家。這麼一來，我們似乎只需要用短短一句話就可以結束本書最精簡的一章：益生菌的作用還未經科學證實。

然而，實際上可沒那麼簡單，當然也不至讓人直接放棄。

再往下讀幾行，同樣出自上述那篇評論性文章的另一個句子是這麼說的：「益生菌是活微生物，足量提供能為宿主健康帶來助益。」這同時也是聯合國專家諮詢小組在二〇〇一年達成共識的益生菌定義。[2]就算不是語言天才，想必也能輕易解讀這兩句話加在一起所要傳達的意思：就現階段而言，我們對於益生菌這個字眼所衍生的一切想像其實是虛幻不實的。

不過，缺乏一個有力的證據並不表示我們想要尋找的因果關係不存在，也許只是還沒找到而已。

至於為何遲遲無法尋獲一個嚴謹的科學證據，原因其實很平淡乏味：由益生菌所引發的腸道菌叢變化可能會影響人體健康，然而，要找出其中的因果關係卻相當不容易。因為真的要找到這些「因果關係」就必須募集大量受試者進行實驗，這整個過程不但繁複冗雜而且所費不貲。另外，假設我們讓這批人服用益生菌兩週後，問他們是否感受到任何改善，基本上也不會有太大的幫助。因為很可能會有其他因素讓受試者感覺自己變得更健康了，甚至這種感覺只是想像出來的。

對每個人來說，只要自己親身經歷過一次——在不舒服的時候吃下一杯含有活菌的優格，之後就感到好多了——就算是一種強而有力的證據。然而這種效果可能是某種安慰作用，或是身體某種自我療癒能力所造成的，就算少了活菌，身體不適的狀況依舊能獲得改善。又或者，在我們吞下優格的同時，也吃進了其他真正紓解不適的因子？

不過我們倒是毋須對上述這種簡單的提議感到不安，畢竟目前可在市面上取得的益生菌，或是任何類似的產品，至少絕大多數都是對人體無害的（當然也有例外，我們稍後會針對這一點有更多的討論）。如果有人認為這些產品的確能幫得上忙——但同時又不抗拒其他可能的治療方式，那麼就應該親自試試，而且最好是有一個對這種作法採開放態度的醫生陪同進行。要是患者的症狀真的因此獲得改善，那麼我們就得好好恭喜他，就算專家認為這些不過是安慰劑所帶來的效果，相信他們並不會放在心上。

要找到普遍有效的因果連結性之所以是一項艱鉅的任務，另一種可能的解釋同時也說明了為什麼每個人都應該親自試驗後，再主觀認定是否有效：即便身體不適的患者服用同一種益生菌，也幾乎不會出現同樣的效用，這是由於不同個體的腸道內——處理的食物不同、基因構造不同、寄居其中的菌群結構和組成也不同——引起不適的原因千奇百怪。考量到個人化的腸道菌群療法至今仍未成氣候，最好的治療也就是找到幾種可能行得通的方式，然後在嘗試過程中不斷加以調整或修正錯誤。

烏克蘭的梅契尼可夫逝於一九一六年，享年七十一歲，整整超出工業化國家男性平均壽命二十五年以上。[3]不過梅契尼可夫並非出身貧寒，甚至還有貴族血統，這些條件讓他得以比當時的

---

1 Sanders et al.: An update on the use and investigation of probiotics in health and disease. Gut, Bd. 62, S. 787, 2013

2 聯合國糧食與農業組織（FAO）/世界衛生組織（WHO）: Health and Nutritional Properties of Probiotics in Food including Powder Milk with Live Lactic Acid Bacteri. Report of a Joint FAO/WHO Expert Consultation on Evaluation of Health and Nutritional Properties of Probiotics in Food Including Powder Milk with Live Lactic Acid Bacteria, 2001

3 Hacker: Decennial Life Tables for the White Population of the United States, 1790 – 1900, in: Historical Methods, Bd. 43, S. 45, April – June 2010. Im Netz abrufbar unter: http://www2.binghamton.edu/history/docs/Ha cker_life_tables.pdf

一般平均壽命多活好幾年。由於他生存的年代距今還不算太久遠，讓人不禁好奇，他之所以如此長壽的奧祕究竟是什麼。不管怎麼說，梅契尼可夫是史上第一個以前段提及的方式、將自己當作實驗對象進行治療的人。他同時也是第一個在科學假設的基礎上，試圖透過後來被稱為益生菌的物質來改善自身健康、甚至延長壽命的人。

當然，梅契尼可夫並不是什麼江湖術士或是崇拜某個在上個世紀初大受歡迎的神祕宗教，他只是一名主持巴黎巴斯德研究中心的微生物學家。來自烏克蘭的他注意到，同樣鄰近黑海，但另一個國家的居民似乎特別健康，而且也都相當長壽。這些人就是食用大量優格及優酪乳的保加利亞農民，而保加利亞的微生物學家葛里格洛夫[4]在一九〇五年正是從這些再普通也不過的日常飲食中發現了一種獨特的乳酸菌。梅契尼可夫確信，這些現在被視為德式乳桿菌亞種（*Lactobacillus delbrueckii* subspecies *bulgaricus*）之一的「保加利亞乳桿菌」（*Lactobacillus delbrueckii* subsp. *bulgaricus*）會在腸道製造毒性較低、延緩老化過程的物質。

幾乎就在同一期間，梅契尼可夫也試圖藉由出版推廣健康細菌的概念，因此和艾里希共同獲頒諾貝爾獎，以表彰他為免疫系統所作的突破性研究。[5]那同時也是一個人們對細菌認識得愈來愈多的年代，細菌因而得以逐漸擺脫臭名（詳見第六章）。這種情形延續了好幾十年。

與微生物相關的間接證據

由於科學數據嚴重不足，導致當時的梅契尼可夫只能以超市販售的優格或從藥局取得的烘焙酵母粉在自己身上進行實驗。然而現今的局面已經截然不同，相對於無所依據的梅契尼可夫，我們不但擁有好幾世紀以來所累積的經驗，專家學者們也在這段期間投入了大量研究。如果上述兩種成果仍無法為現代醫學以及有關當局所尋求的因果連結提供足夠的證據，我們還是有辦法得出一些結論。假設某個地區的傳統飲食包含大量的發酵食品，而當地居民平均的健康狀態明顯優於另一區沒有這種飲食習慣的人們，也更耐得住特殊疾病的侵襲——甚至試圖排除其他可能的影響因素後，最後得出的統計結果還是一樣的話——那麼這些現象就是一種強而有力的證據。或是在一項研究中，如果服用益生菌的患者獲得改善的程度要比吞下安慰劑的來得顯著，那麼這些結果通常都不是偶然的。

根據那些以老鼠、人類或是其他動物為實驗對象的研究報告，我們得知有些被視為益生菌的

---

4 譯注：葛里格洛夫（Stamen Grigorov, 1878-1945），保加利亞微生物學家、醫生，曾發明結核疫苗。

5 Metschnikow: Beiträge zu einer optimistischen Weltauffassung, von Ilja Metschnikow. 德文譯本已取得作者同意出版，譯者：Heinrich Michalski. München 1908

菌種至少會暫時改變腸道菌群的組成結構，或是改變腸道菌的功能。[6]這一點甚至連最嚴厲的評論者都加以證實：雖然沒有切確的實證，但是現有的線索指出，益生菌能減緩某些不適症狀，至少對某些人來說是有效的。

通常我們會從以測試為基礎的間接證據來檢視益生菌，讓我們試著綜觀這些間接證據：

目前存在不少針對不同疾病和症狀所作的益生菌研究，像是腸躁症、已有發炎前兆的腹瀉、腸炎、新生兒壞死性腸炎、其他感染性疾病、過敏，或是癌症。這些研究各自發現了某種益生菌的功效，有些甚至相當明確。不過也有些研究的規模太小，易遭受無異於安慰劑的批評，有些實驗則是設計太差，或是接受過多的企業金援，也可能實驗者本身就對益生菌的效用深信不疑，甚至還有些只想利用它們來賺錢而已。

因此，醫學專家和傳染病學家在前一段時間進行了所謂的後設研究，作法是這樣的：他們會先針對已發表的研究提出一個問題，例如「益生菌能有效改善腸躁症嗎？」然後以此為題進行驗證。這類後設研究並不在於重新檢視當初的研究結果，而是研究本身的品質與可靠性，好比受試者是如何挑選的？受試者的人數是否足夠？是否另有給予安慰劑的控制組？「盲目試驗」的設計與安排是否充分完整（不論研究者或患者都不知道誰吞下了益生菌，而誰又服用了安慰劑[7]）？益生菌的質和量是否一致？研究者是否一開始就預設立場，干擾實驗走向以導出特定結論？令人驚訝的是，許多研究在開始進行後設分析之前，就已經因為立論基礎薄弱而站不住腳。

事實上，除非後續有新的研究採取更進一步的動作，否則同樣的主題應該進行一次後設分析就足夠了。各種疾病的患者無不將希望寄託在益生菌上，然而益生菌有成千上百種，也帶來了迥異的結果。

錯誤和欠缺的建議

首先，讓我們以腸躁症為例。加拿大麥馬斯特大學的毛耶迪（Paul Moayyedi）和同事在二〇一〇年進行了一項後設分析研究，證實益生菌的效用確實優於安慰劑。[8]距此一年前，另一支由布雷納（Darren Brenner）所主導的團隊則針對十六個公認最好的研究進行了後設分析，並指出這些研究大多數要不是規模太小，就是實驗時間過短，或是盲目試驗的設計與安排不甚完整。最後，總共只有兩份研究是他們認為可靠的，同時也證實了益生菌的療效。有趣的是，這兩個實驗

6 McNulty et al.: The impact of a consortium of fermented milk strains on the gut microbiome of gnotobiotic mice and monozygotic twins. Science Translational Medicine, Bd. 3, S. 106ra106, 2011

7 這種「盲目試驗」（Blindheit）當然不是指直到最後都無法得知究竟誰吞下了什麼東西，不過一直到研究結束之前，這些資訊會完全封鎖或只有未參與實驗的人員才會知道。更多關於盲目試驗的介紹：ebm-netzwerk.de/pdf/zefq/schulz-epidemiologie8.pdf

8 Moayyedi et al.: The efficacy of probiotics in the treatment of irritable bowel syndrome: a systematic review. Gut, Bd. 59, S. 325, 2010

同樣都使用了嬰兒型比菲德氏菌35624（*Bifidobakterium infantis* 35624），其中一項實驗甚至觀察到血液中傳訊物質的改變可能會影響療效，這項觀察至少讓我們往一直在尋找的作用機制更靠近了一步。[9]

其他並非以腸躁症為主題、但同樣採取這套流程的研究也會被挑選出來進行後設分析。在此我們就不對其他病痛的相關細節以及與其相應的益生菌多做介紹，而只專注於後設分析的結果。

感染性腹瀉一向是落後國家最感棘手的兒童病症，根據資料顯示，使用益生菌的病童的確復原得更快，通常會比那些沒有給予益生菌的孩子早一天、甚至在有些研究裡會早四天恢復健康。[10]人們同樣希望能藉助益生菌之力來減緩院內感染所導致的腹瀉，不過相關研究得出的結果是：時好時壞。[11]

新生兒壞死性腸炎是一種主要發生在早產兒身上的疾病，由於他們的腸道尚未完全發育，必須以人工方式餵食，並且經常給予抗生素。對一個健康的腸道生態來說，這種治療方式並不是理想的發展條件，但是益生菌能協助改善其中的缺陷，而且在數個研究中被視為是一種可行的預防措施。這類研究通常以乳桿菌屬、雙歧桿菌屬和酵母菌屬（*Saccharomyces*）的組合為主，如果進一步以後設角度加以分析，就能發現得病率和死亡率（通常是患病人數的百分之三十，不過就算存活下來，也得對抗各種嚴重的併發症）確實呈現下降趨勢。[12]一項埃及的研究也顯示，不論是活躍的、甚或是已經被殺死的乾酪乳桿菌鼠李糖亞種（*Lactobacillus rhamnosus*）都能明顯提升新生兒的存活率。[13]

另一方面，有三組採取隨機對照試驗並給予**動物雙歧桿菌**屬作為安慰劑的研究最後並未發現任何突出的療效。[14]不過至今為止，有關當局亦未曾建議予以早產兒益生菌治療，理由是「我們還需要投入更多的研究。」[15]然而，幼童是否應該接受益生菌治療的問題最終還是取決於父母——他們是否知道這是一種可能的選擇，以及兒童加護病房的醫生是否對此種療法採取開放態

---

9 O'Mahony et al.: Lactobacillus and bifidobacterium in irritable bowel syndrome: symptom responses and relationship to cytokine profiles. Gastroenterology, Bd. 128, S. 541, 2005

10 Aponte et al.: Probiotics for treating persistent diarrhea in children. Cochrane Database Systematic Review 2010 (11): CD007401. Guandalini: Probiotics for prevention and treatment of diarrhea. Journal of Clinical Gastroenterology, Bd. 45, Suppl:S149 – 53, 2011

11 Floch et al.: Recommendations for probiotic use – 2011 update. Journal of Clinical Gastroenterology, Bd. 45, S. 168, 2011

12 Deshpande et al.: Updated meta-analysis of probiotics for preventing necrotizing enterocolitis in preterm neonates. Pediatrics, Bd. 125, S. 921, 2010

13 Awad et al.: Comparison between killed and living probiotic usage versus placebo for the prevention of necrotizing enterocolitis and sepsis in neonates. Pakistan Journal of Biological Sciences, Bd. 13, S. 253, 2010

14 Szajewska et al.: Effect of Bifidobacterium animalis subsplactis supplementation in preterm infants: a systematic review of randomized controlled trials. Journal of Pediatric Gastroenterology and Nutrition, Bd. 51, S. 203, 2010

15 Thomas und Greer: Probiotics and prebiotics in pediatrics. Pediatrics, Bd. 126, S. 1217, 2010

度。[16]

其他關於嬰幼兒時期腸道發炎的研究，尤其是克隆氏症，則大多令人失望，雖然因為服用益生菌而獲得改善的案例仍時有所聞。相對來說，在掌控病情較不嚴重的潰瘍性大腸炎上，我們反而有較多斬獲，通常以雙歧桿菌屬、乳桿菌屬、鏈球菌屬，加上名為 Nissle 的大腸桿菌屬都能獲得不錯的療效，[17]因為這些菌種似乎能阻擋疾病的攻擊，而且平均復發率也比沒有給予益生菌的情況要低得多。

益生菌對其他感染性疾病的幫助多到不勝枚舉，不論是成人或兒童皆然。益生菌似乎能以不同的方式帶給免疫系統正面的影響，即便我們還不是很清楚這套機制是如何運作的。同樣地，一項針對十個研究總計約三千五百名受試者所做的後設分析也證實，服用益生菌的人發生上呼吸道感染的機率微乎其微，類流感症狀也會比一般人來得輕微，發病的時間也連帶縮短許多，不過益生菌對下呼吸道感染似乎沒有明顯幫助。[18]

研究指出，早期給予益生菌至少能減低患有遺傳性過敏的兒童感染濕疹的機率，不過這並不表示他們日後就不會受到感染。[19]至於有過敏症狀的成人是否能因此獲得改善，目前在科學上尚未有明確解答，不過只要隨便問問身旁有這方面困擾的人，想必他或她會相當樂意分享益生菌是如何改善了他們原本的生活。這些說法或許可信，不過其中涉及了各式各樣的飲食習慣與生活方式，也可能摻雜了某種安慰劑的效果。也就是說：你必須親自嘗試後，才會知道益生菌到底有沒有用。

一般來說，利用富含乳桿菌的益生菌治療「細菌性陰道炎」通常都能收到不錯的成效，這是由於乳桿菌原本就是陰道裡的優勢菌種；要不是原生的，就是被添加在食物裡。不過也有一群專家在仔細研究過所有發表過的研究結果後，認為現有數據及資料仍不足以通過官方認可的標準。[20]

---

16 任何向大眾推薦的療法都應該經證實的確安全有效，才顯得嚴謹並且具科學可靠性。其他嬰幼兒時期的干預一直以來都被視為標準作法，然後我們從未真正釐清這些方式是否有助於嬰幼兒的長期發展，或者甚至是種傷害。例如，德國政府就建議每日給予新生兒 500IU（國際單位）的含氟維生素D。儘管氟化物已被證實除了強化牙齒與骨骼以外，對人體健康其實是有害的，加上維生素D這類營養補充劑對新生兒健康長期發展的影響也仍然欠缺有力的研究證明。就算有研究發現攝取維生素 D_2 和 D_3 的成人並不見得總是可以獲得正面效益，因為維生素D會影響腸道菌叢，但我們還是無法從中得知這些補充劑對新生兒來說會有什麼影響。另外，尚待釐清的還有維生素D所含的氟化物——一種細菌毒物——會如何對新生兒的腸道菌叢產生作用。

17 Tursi et al.: Treatment of relapsing mild-to-moderate ulcerative colitis with the probiotic VSL #3 as adjunctive to a standard pharmaceutical treatment: a double-blind, randomized, placebo-controlled study. American Journal of Gastroenterololgy, Bd. 105, S. 2218, 2010 ; Kruis et al.: Maintaining remission of ulcerative colitis with the probiotic Escherichia coli Nissle 1917 is as effective as with standard mesalazine. Gut, Bd. 53, S. 1617, 2004.

18 Hao et al.: Probiotics for preventing acute upper respiratory tract infections. Cochrane Database Systematic Review 2011（9）: CD006895

19 Folster-Holst: Probiotics in the treatment and prevention of atopic dermatitis. Annals of Nutrition and Metabolism, Bd. 57, S. 16, 2010

20 Mastromarino et al.: Bacterial vaginosis: a review on clinical trials with probiotics. New Microbiology, Bd. 36, S. 229, 2013

關於風險與副作用

我們在前面已經介紹過微生物和癌症的相關性，雖然有不少醫學專家也開始注意到這一點，但是這兩者間的連結或許比他們所能想像的還要強大，在疾病的預防及治療上也扮演著更重要的角色。有些腸道菌明顯會助長腫瘤的生成，體內沒有腸道菌叢寄生的無菌鼠雖然能正常成長，但整體而言，牠們的健康狀況並不盡理想；不過比起擁有正常菌群的老鼠，無菌鼠確實比較不容易罹患腸道癌。[21]

不少研究指出，腸道菌群的結構和組成不但會影響個體患病的風險，同時也關係到腸道或身體其他部分既存腫瘤的成長。如果能夠透過益生菌影響體內的微生物群系，讓那些不具危險性、甚至具有防護功能的菌種擁有並維持優勢，那當然是再好也不過。

截至目前為止的研究其實還是提供了不少線索，像是在動物實驗裡，優格、發酵的牛奶和其他類似產品總是能達到預期的效果。[22]不過進入人體實驗的階段就會困難得多，因為正常療程通常還是以放射性治療、化療或開刀等方式為主，醫生不可能單純只以益生菌治療癌症患者。我們只知道，益生菌能減少腸道細胞的基因受損。一份研究報告指出，如果患者在診斷出腸癌並接受治療後的四年間持續服用**乾酪乳桿菌**（*Lactobacillus casei*），那麼病情惡化的機率會遠比沒有服用這類菌種的對照組來得低。另一項為期十二年的研究則追蹤了四萬五千名長期食用優格的義大利人，並發現這些人得到腸癌的機率比一般民眾還要低。還有一些研究顯示，益生菌能有效減緩化療及放射線治療所帶來的副作用和後遺症。但是總的來說，以病患為對象的研究其實還未能提供具有參考價值的有力證據，而且現階段也沒有任何專業研究者願意正式推薦這項療法。

另外，當然還有關於其他病痛及診斷方式的研究，其中有一部分已經在其他章節做過詳盡的介紹，例如益生菌可能對心理有正面影響，或是益生菌曾被發現具有降低血壓的效果。[23]

總結來說：我們所發現的線索大多與益生菌的正面效益有關，當然也有一些讓人對其作用不那麼確定的結果。另外，我們也知道腸道內容物或腸壁裡有隨時有大量微生物在處理或進行各種已知或較不為人知的任務——就算只是占住某個位置，也等於讓壞菌失去生存的空間。同時，人們也發現了一些方法可以讓外部的細菌影響原本存在宿主體內的共生菌，或至少試圖影響。但是在正式推廣這些療法之前，科學家必須盡可能讓參與各種研究實驗的受試者吞下大量的乳桿菌、鏈球菌或其他類似菌種，外加一堆安慰劑，然後經過多年的追蹤觀察與訪談，以確保這些療法是

---

21 Vannucci et al.: Colorectal carcinogenesis in germ-free and conventionally reared rats: different intestinal environments affect the systemic immunity. International Journal of Oncology, Bd. 32, S. 609, 2008

22 Saikali et al.: Fermented milks, probiotic cultures, and colon cancer. Nutrition and Cancer, Bd. 49, S. 14, 2004

23 Lye et al.: The Improvement of Hypertension by Probiotics: Effects on Cholesterol, Diabetes, Renin, and Phytoestrogens. International Journal of Molecular Sciences, Bd. 10, S. 3755, 2009

安全無虞的。

至於益生菌是否絕對安全無虞、完全不傷害人體，這一點就連科學界也不敢貿然給出肯定的答案。因此，被大量用在動物身上的其實不只抗生素，益生菌也不遑多讓，例如專門製造動物用益生菌的廠商就打出「增重速度加快」百分之十這種令人反感的廣告詞。[24]另外，長期觀察工業發展的評論專家也懷疑達能、養樂多和其他類似廠商所培養的活菌也會讓人發胖，或至少會影響一部分人的體重。事實上，他們的疑慮雖非空穴來風，卻也尚未有人能提出明確反證。

雖然只有少數證據顯示益生菌療法可能真的會有問題，但也因此更讓人感到不安。比方說，急性胰臟炎患者如果在療程中服用益生菌，其死亡率明顯比沒有服用的對照組來得高。[25]少數幾個案例也曾發生原本應作為治療之用的細菌卻離開腸道，轉而進入人體內腔後引起發炎。[26]這些案例裡的益生菌已經不再符合世界衛生組織的定義，然而益生菌這個詞簡單來說就是：刺激細菌生長的東西。但人們有時會寧願某些東西不要成長。另外，一些不好的基因，像是抗生素耐性，也可能讓益生菌轉為病原體。「光憑這一點我就不會把這些細菌吞到我的肚子裡，除非我真的生病。」開羅大學的微生物學家阿奇茲說。尤其是因免疫系統缺陷而必須服用免疫抑制劑的人更應該特別注意。

到底哪些細菌對哪些疾病來說是有幫助的，而且要以什麼方式——益生菌、食物，甚至是（取代其他細菌的）抗生素——才能刺激它們以利於人體的方式成長，並且經由代謝機制生成有益的分子。關於這一些，我們知道的仍然太少。同樣的道理，我們也可以透過釐清細菌之所以產生破壞力的原因及過程來達到同樣的目的。

打開膠囊、放進細菌、闔上膠囊

獲頒諾貝爾獎的益生菌研究先驅，同時也是免疫學家的梅契尼可夫認為，大腸細菌的生存環境其實是惡劣的——而且還不是因為那裡發出的臭味。他視結腸為演化過程遺留下來的多餘麻煩，裡頭盡是毒害身體的細菌，因此將它稱為自體中毒。對不少人來說，這名出色烏克蘭人是利用微生物調解人體健康的始祖，但我們必須提醒他們可別忘了梅契尼可夫對結腸的看法，他甚至認為，必要的話也可以透過開刀解除這條管子所帶來的痛苦。在英國的確有好幾十人接受了這項手術，連恩爵士[27]就是因為發展了無菌手術的技術而致富（詳見第二十一章）。

24 Lawrence: Are probiotics really that good for your health? The Guardian, 25. Juli 2009

25 Besselink et al.: Probiotic prophylaxis in predicted severe acute pancreatitis: a randomised, double-blind, placebo-controlled trial. The Lancet, Bd. 371, S. 651, 2008

26 Snydman: The safety of probiotics. Clinical Infectious Diseases, Bd. 46, S. 104, 2008

27 譯注：連恩爵士（Sir William Arbuthnot Lane, 1856-1943），著名英國外科醫生，專精腸道手術，率先發現並宣揚矯正腸道對人體慢性健康問題的重要性。

事實上，要讓所有民眾接受手術的想法聽來或許太不切實際，梅契尼可夫因此轉而尋求過程較和緩、費用更低，同時就經驗上來說也較不複雜的取代方式，也就是利用保加利亞的乳製品。不意外地，這項新的替代方案獲得了巨大迴響，梅契尼可夫甚至讓這些乳製品在「科學社群」中嶄露頭角，直到他死後仍享有盛名。

這項由梅契尼可夫所鼓吹的細菌療法後來風行了好長一陣子。曾經和在巴斯德研究中心共事、也是小兒科醫生的亨利·提西爾（Henry Tissier）在法國研究兒童的腹瀉症狀，他從兒童的糞便中發現看起來呈Y字形的細菌，因此將之命名為**兩歧桿菌**（*Bacillus bifidus*）。這種細菌經常出現在健康兒童的身上，而提西爾則是從仍在襁褓中的新生兒的腸道內容物中首度觀察到這種細菌。因此他提出利用兩歧桿菌治療病童的建議，幫助他們的腸道菌叢及腸道環境恢復健康。[28]不過就我們所知，提西爾所使用的方法從未被廣泛採用。

儘管醫生們逐漸確信腸道裡根本不存在當時仍被稱為**保加利亞乳桿菌**，同時也是梅契尼可夫最愛的細菌，因此這種細菌不可能在腸道發揮作用。不過人們之後也陸續發現其他像是**嗜酸乳桿菌**（*Lactobacillus acidophilus*）這種能輕易通過胃部的細菌。[29]另外，前面曾經介紹過的大腸桿菌變異株 Nissle 則是在一九一七年由一位名為尼索的軍人所發現並且以自己的名字為其命名，他是同袍中唯一一名罹患志賀桿菌病但幸而康復的人。尼索將培養皿培育的細菌裝進病患吞服的藥物膠囊裡，然後把自己當作實驗對象進行測試，沒多久後就成功控制住志賀桿菌病及沙門氏菌感染症的病情。當時他所服用的膠囊後來成為了今日被稱為 Mutaflor 的藥劑。

日本的代田博士在三〇年代發現了**養樂多代田菌**（*Lactobacillus casei* Shirota），並以此推出一款名為養樂多的產品上市。過去二十年間，益生菌似乎有重回世界舞臺之姿，然而早在這股復興浪潮再起之前，養樂多在日本已是歷久不衰、長銷好幾十年的熱賣商品了。不過一直要到一九九六年，養樂多才首度登陸德國。

回溯我們和細菌往來的歷史其實有許多諷刺之處，所謂的細菌療法就是其中之一：一開始我們嘗試以友善的方式對腸道菌叢造成正面影響，然而，這些意圖良好的方法卻在磺胺類藥物和四〇年代的抗生素問世後，突然顯得有些多餘。其實，當時利用細菌進行治療在本質上就是一種抗菌療法，因為我們所做的不外乎是藉由細菌來讓其他細菌變得不具傷害力。不過一旦發現可以直接消滅所有細菌的方法，那麼我們就不需要那麼麻煩，還要透過一群活躍的細菌來消滅另一種族群。

人們發現抗生素能讓大量牲畜迅速成長後，這種殺菌藥品便成了各大藥局公認的超級巨星。日本人還是持續飲用養樂多，不過主要是因為它很好喝。在蘇聯則仍有少數研究機構認同梅契尼

---

28 Tissier: Traitement des infections intestinals par la methode de la flore bactérienne de l'intestine. CR. Soc. Biol., Bd. 60, S. 359, 1906

29 Cheplin und Rettger: Studies on the transformation of the intestinal flora, with special reference to the implantation of Bacillus acidophilus, II. Feeding experiments on man. PNAS, Bd. 6, S. 704, 1920

可夫的觀點，相信好菌的存在並持續尋找，只是他們的處境其實更像是羅馬帝國時期高盧地區的某些農村，堅持為細菌奮戰而絕不妥協。

然而，在這波抗生素崛起的趨勢中，這些與人類和牲畜互利共生的細菌也正以重新以另一番面貌逐漸復甦。我們從牲畜身上觀察到的現象說明了細菌在動物體內不只是遊手好閒的無用之物或是引發病痛的罪魁禍首，事實上細菌可以做的事比我們想像得還要多。

看似戰無不勝的抗生素其實帶來了更多未知的風險和副作用。人們不但發現了第一批具有抗藥性的細菌，也注意到困難梭狀桿菌感染的比例之所以在一夕間暴增，顯然和先前的抗生素治療脫不了關係。

沒多久後，微生物就被公認為是腸道最重要且必要的居民，就連「益生菌」也被當作「改善微生物平衡的活體微生物營養補充品。」[30]也因此，對動物來說，尤其是反芻動物，微生物有助於消化食物已是不爭的事實。或許我們可以在各種不同情況中利用細菌，也就是生命或生物（*Biotika*），取代抗生素（Anti-*biotika*）來清除或消滅特定的壞菌，這種作法在現今已經成為一種充滿企圖的革命性概念。而就我們記憶所及，這個概念其實源自於上個世紀一名住在法國的烏克蘭人及他所發現的保加利亞細菌。

發酵、發酵、發財讓人呵呵笑

二十一世紀初期的益生菌是一種具有高達百萬的市場商機的產品。根據透明度市場研究二〇一一年的報告，益生菌創造了高達二千八百萬美元的市場價值。這項產品之所以能帶來如此巨大商業利益主要是因為使用者必須持續服用才能維持其功效與作用，相對的，一旦細菌被吞進人體，就會永久地定居下來，堅守崗位並貢獻一己之力。優格和克弗爾都含有益生菌，可能是粉狀、稠狀、錠狀或膠囊的形式，而且不管人類或動物皆能食用。過去人們利用牛奶或葉菜、芽菜、黃豆，還有其他類似食材製作發酵食品，乳製品裡將乳糖發酵為乳酸的細菌也會在蔬菜發酵的過程中製造乳酸，另外先前提到的大腸桿菌變異株 Nissle 以及我們介紹過的**酵母菌屬**也都能用來發酵。藥品說明書上最常見到的則是**乳桿菌屬**，提西爾發現的雙歧桿菌屬、鏈球菌屬也會出現在其中，有時也會有真正的**桿菌**。

益生菌這個概念據稱是由德國倡導純素生食的發起人柯拉特（Werner Kollath）在上個世紀的五〇年代初期提出的，他將益生菌定義為一種健康生活不可或缺的「活物」（aktive Substanzen），不過柯拉特指的顯然不只是乳酸菌，還包含食物裡未經烹煮的酵素、細菌或是黴

30 Fuller: Probiotics in man and animals. Journal of Applied Bacteriology, Bd. 66, S. 365, 1989

菌。

如果我們以過去幾年間的研究成果為基礎，進一步追問那些給予腸道菌叢及人體健康協助而不會造成傷害的東西具體來說究竟是什麼，或許是比較有意義的作法。這樣看來，那些以益生菌之名在市場上銷售的商品似乎就是我們要找的答案，當然還要算上那些散佈在鄉村或是農場生活的細菌，或是在運動過程中和其他運動員交換到的，甚至是經由性交獲得的那些（詳見第八章）。

此外，只要不是真正活生生的食物成分看來也都屬於這類東西的範疇，其中尤以植物性纖維和醣鏈居多，而它們就叫：益菌生。事實上，益菌生這個名稱一直到一九九五年才正式出現，[31]在此期間，人們也一點一滴地不斷調整對於這個概念的認知。一開始，人們認為益菌生是無法被消化的，不過後來他們發現有些腸道菌可以消化某些纖維質，因而重新調整了原先的觀念。到了今天，益菌生正式被定義為「可被選擇發酵的食物成分，能促進腸胃道菌叢的結構組成及活躍程度發生特殊變化，進而對宿主的健康及身體舒適產生助益」。[32]

提出這個概念的羅勃佛伊德（Marcel Roberfroid）認為有兩種分子正好滿足這項定義，例如大量出現在菊芋塊莖的菊醣（Inulin），以及由乳糖而來的半乳寡糖（Galakto-Oligosaccharide）。有些食品專家則會將範圍放得比較寬，把乳酮糖（Laktulose）、果寡糖（oligofructose）及棉子糖（Raffinose）這類較長的分子也都算進來。當然，不論就嚴格或不那麼嚴格的定義來說，還有一些物質也符合我們對益菌生的想像，只是它們的功效尚未被證實，或者僅有少量難以測得的數據，但仍舊對腸道菌群的變化具有影響力。

無論是羅勃佛伊德心目中的前兩名或是其他分子都有大量豐富的證據指出，它們的確會影響消化道菌群的結構和組成，並且為健康帶來正面效益。通常我們至少能測得一些可作為患病風險指標的數值變化，比如血壓。另外，益菌生對於改善免疫反應或腸道的礦物質吸收能力等生理功能也有幫助。同時也有資料顯示，攝取大量益菌生的人不容易罹患腸癌或其他類似的疾病。根據主要以老鼠為對象的實驗結果，這是因為腸道上皮的菌群結構特別容易受到益菌生作用的影響，其屏障功能可獲得大幅改善，進而有效阻擋細菌和其他不受到歡迎的分子入侵，連帶減低慢性發炎發生的機率，這對預防任何疾病、甚至是肥胖症來說都是一件好事。[33]如果我們給予肥胖症患者菊醣或果寡糖這類益菌生，就能測得腸道菌群以及重要代謝過程的具體變化，不過他們並不會因此就擁有模特兒般的身材。[34]

---

31 Gibson und Roberfroid: Dietary modulation of the human colonic microbiota: introducing the concept of prebiotics. The Journal of Nutrition, Bd. 125, S. 1401, 1995.

32 Roberfroid: Prebiotics. The concept revisited. The Journal of Nutrition, Bd. 137, S. 830S, 2007

33 Delzenne et al.: Targeting gut microbiota in obesity: effects of prebioticsand probiotics. Nature Reviews Endocinology, Bd. 7, S. 639, 2011

34 Dewulf et al.: Insight into the prebiotic concept: lessons from an exploratory, double blind intervention study with inulin-type fructans in obese women. Gut, Bd. 62, S. 1112, 2013

至於使用益菌生到底會在人體內部引發什麼效應？物質分子間繁複眾多又精細巧妙的轉換機制和路徑，最後又是哪一套產生了效用？關於這些問題，我們目前所知道的就和我們對益生菌的認識差不多。不過，幾乎每個禮拜都會有新的研究進展，例如法國圖盧茲第三大學的伽齊尼（Davide Cecchini）和同事在二〇一三年九月經由人類腸道內典型但部分仍然未知的細菌發現了能迅速消化大量益菌生的酵素。[35]

綜觀來看，短鏈脂肪酸似乎是其中一個關鍵性角色，像是已經提過很多次的丁酸在益菌生分子的作用下，產量會明顯增加。各項實驗數據也證實了益菌生可帶來大量正面效益，例如促進細胞以對健康有利的速度進行分裂。就算是退化的細菌也能從中獲益，再次恢復正常運作。不過我們也發現，益菌生在特定的生理條件下也可能會造成負面影響（詳見第十三章）。

基本上，益生菌是一種活體媒介，能促進腸道菌群發生對身體健康有益的變化，而益菌生並不具有生命。理論上，兩者同時作用所產生的效益會比各自運作時來得強大，而事實上，也已經有研究證實了這個假設。近來有篇評論文章指出，「如果要讓決定大腸癌發生與否的生物標記發生變化，那麼使用混合了益生菌與益菌生的共生質（Synbiotics）會比單一的益生菌或益菌生更有效率，就我們至今的觀察，這樣的現象還未曾出現過例外。」[36]

多吃酸菜！

標示共生質的生命性字首 Syn 也混合了益生菌字首 Pro- 和益菌生字首 Prä- 之意，表示綜兩者之力能產生更大效益。我們也可以用一般大眾更容易理解的字眼來說明這種現象：假設相關研究所得出的結論都是正確的，那麼攝取含菌發酵食品以大量植物纖維質的人會活得比較健康。主要的原因或許是這種飲食對腸道菌叢造成影響。

多吃一點優格和菊芋，多喝一些酸菜汁和克弗爾！這麼一來，那些益生菌、益菌生和共生質研究所要傳達的訊息就會更加清楚，至少就我們所知，這些物質幾乎不具傷害性，對人體健康的好處卻超乎想像。

不過，如果可以認識到更多關於這些物質具體的作用機制，再根據不同目的攝取菌類、植物纖維或長鏈醣，甚至因應特殊需求提升或改善這些物質個別或整體的效能，那當然是再好也不過。因為「治療潛能和實際上的臨床應用存在著差異」，一群食品科學家在一份二〇一三年出版

---

35 Cecchini et al.: Functional Metagenomics Reveals Novel Pathways of Prebiotic Breakdown by Human Gut Bacteria. PLoS ONE, Bd. 8, S. e72766, 2013

36 Sanders et al.: An update on the use and investigation of probiotics in health and disease. Gut, Bd. 62, S. 787, 2013

的研究現況總結報告[37]中指出了益生菌和益菌生在理論和實踐之間，存在著讓人不得不正視的差異，而這一點不免讓深信細菌療法的醫生備感壓力。

個人化的細菌療法

在臨床應用上仍停留在理論階段的療法之一就是個人化治療，唯有更深入瞭解每個患者實際的狀況以及其體內與不同療法相應的微生物群系，我們才有可能突破現有的困境。不過或許還有簡單一點的作法，因為我們不見的非得針對不同個體一一量身打造專屬療法。以發炎性腸道疾病為例，目前我們已從人類基因組辨識出超過一百種和這種疾病相關的基因變化，雖然每種變化都是獨一無二的，但也都不出以下三種範疇：

- 影響腸道黏膜上皮功能
- 造成免疫調節失序
- 或者妨礙辨識和防護功能正常運作。

只要知道患者是在這三大基因群之中的哪一個出了問題，至少我們就能嘗試影響細菌，讓它們恢復正常運作或減輕它們的負擔。假設遭遇到的是第一種狀況，那麼我們也許可以藉由共生質來協助擁有正確功能的細菌成長，進而強化腸道黏膜上皮的屏障功能。*FUT2* 是一種決定黏膜上皮能否正常發揮屏障功能的基因，一旦克隆氏症患者的 *FUT2* 基因發生突變，幾乎也都會有微生物生態失衡的問題，[38]而益菌生能為他們補充身體所需的細菌。

對藥廠來說，這之中吸引人之處在於他們能藉助益生菌和益菌生之力在工廠而非腸道製造益於人體健康的元素——最好當然是（這裡指的不見得是患者或是醫療保險，更多是就股市而言）還可以獲得專利。

事實上，還有其他論述認為患者攝入的細菌產物劑量應該受到控制，像是一種由**鼠李糖乳酸桿菌**（*Lactobacillus rhamanosus*）製造、會影響免疫系統的分子 p40[39]，或是由**脆弱擬桿菌**（*Bacteroides fragilis*）分泌的多醣體 A（Polysaccharid A）。[40]另一種可能的作法則是在處理慢性腸炎這類疾病時，先利用可體松或抗生素等傳統藥物加以清理，阻止發炎持續惡化，再依據不同目的透過益生菌和益菌生——或是有機菌，也就是移植健康者的糞便——讓真正的老朋友進駐腸

---

37 亦可參照本章注一。

38 McGovern et al.: Fucosyltransferase 2 （FUT2） non-secretor status is associated with Crohn's disease. Human Molecular Genetics, Bd. 19, S. 3468, 2010

39 Yan und Polk: Lactobacillus rhamnosus GG-an updated strategy to use microbial products to promote health. Functional Food Review, Bd. 4, S. 41, 2012

40 Mao et al.: Bacteroides fragilis polysaccharide – A is necessary and sufficient for acute activation of intestinal sensory neurons. Nature Communications, Bd. 4, S. 1465, 2013

道，壓縮害菌的生存空間。利用生物反應器製造混合菌群不但衛生，而且能按照患者需求操控菌群基因。若是能夠以此種技術取代現行的糞便細菌移植術，想必有助於相關當局、醫界以及患者同意並接受這種細菌療法。

生物性預防與未來的益生菌

未來的益生菌——或是那些被叫作共生質、細菌藥劑或是腸道療法的東西，極有可能與它們現今的面貌大相逕庭。長久以來，專家學者一直尋求一種可能，希望能根據不同目的改造細菌基因，讓它們在腸道或生物反應器裡製造出更加完善、甚至是全新功能的物質。相當受到推崇的聖路易斯微生物學家高登就預測，「接下來的五年內」市場上將出現從人類腸道分離出來、含有我們較不熟悉菌種的「新世代益生菌」。

或許今後的益生菌也不具特別值得一書之處，例如加拿大皇后大學醫學專家佩卓夫（Elaine Petrof）所帶領的研究團隊認為未來將出現一種將糞便細菌移植術稍加改良的「微生物生態體系療法」。[41]腸道生態體系失去平衡或發生病變的患者將接受一種近似子宮切除術的手術，以盡可能全面清除腸內所有細菌，接著再重新植入全新、健康、優質，穩定且功能完備的菌群。唯有在執行手術前可能必須注意新的生態體系和宿主的基因條件是否達成一致，經掃描確認沒有新的致病菌後，才能重新植入具有特殊功能的菌群。佩卓夫和她的團隊相信，相較於植入單一菌種的繁複過程，這種經健康捐贈者測試的全新微生物相會是一種更好的可行辦法，因為這麼一來我們就不用先確認（每種不同的）微生物是否具有療效？又是以什麼樣的機制運作？以及它們是否會受到微生物相裡其他菌群的影響，又會如何受到影響？他們因此建議應該「好好利用那些健康狀態特別良好的個體所提供的微生物群系」。比起那些藉助優格或是纖維質讓腸道生態體系重新恢復平衡的簡陋手法，佩卓夫和她的團隊提出的方式的確更具有實質意義。

然而，有件事是未來細菌療法和生物性預防絕對不會捨棄的：一種讓人類及其共生菌共同健康成長的飲食方式。只是在談及各種機能保健食品的完美效能，像是全麥燕麥粥、菊苣，以及保加利亞優格等，或是食品裡那些已知或有待釐清的分子作用之際，甚或在進行後設分析時，有一點必須牢記在心：進食最主要的意義還是心滿意足地飽餐一頓，享受食物的美味。由於現有的研究仍不足以釐清分子之間是如何影響彼此，產生交互作用，使得我們只能再次回到自體實驗的老路上，至於實驗材料則是輕易就能從廚房、花園、週末市集或是販售生活用品的商店隨意取得。

下一章的主題是先前提過的影響腸道菌的可能性，屆時我們可就不建議讀者以身試法了。

41 Petrof et al.: Microbial ecosystems therapeutics: a new paradigm in medicine? Beneficial Microbes, Bd. 4, S. 53, 2013

第十九章

為健康捐贈的十億

消化道內活生生的內容物逐漸被視為獨立的器官，也就是一個名為微生物的身體部位。如果這個部位無法正常運作，可以透過移植手術來協助。然而這種不用流血的器官捐贈並非毫無風險。

大多數人都覺得糞便噁心。儘管擷取的糞便中含有數十億有助消化的細菌，也無助於提高人們對糞便的評價。事實上，我們的腸道內容物絕對值得更多的尊重，因為我們逐漸發現，這些細菌的能力遠不止單純幫助消化。糞便可以作為具有療效的藥物，拯救人類的生命。

人們將它稱為細菌療法、糞便細菌移植術，或是優雅一點的說法：微生物群系修復工程，又或者如英文裡的 Transpoosion 聽來也不錯（Poo 即糞便之意）。這種將他人捐贈的糞便植入患者腸道進行治療的方法聽起來就像是中古世紀一點一滴啃噬掉黴菌的煉金術，但是現今全球的醫學研究無不躍躍欲試。不過這套治療方式的重點並不在於從人體排出的廢棄物，而是裡頭數十億活生生的細菌。

一開始，只有少數幾名極具勇氣的醫生破例使用了這套備受質疑的方式，治療困難梭狀桿菌感染，但在短短數年間，它已經成為治療重症的常見方法之一。在美國、歐洲以及中國也有人利用它來協助肥胖症患者。除了無數成功治療嚴重腸道疾病的案例，更有大量的個案報導指出糞便細菌移植術也能用來對抗多發性硬化症、憂鬱症、痤瘡、失眠症、口臭，甚至有助於改善自閉症。

透過持續摻入不同的單一菌種，人們可以將失衡的微生物生態重新導回正確方向，就像我們利用益生菌那樣，或是我們也可以藉由益菌生來改善細菌的生存環境。比起糞便細菌移植術，這兩種方法不但更加精細巧妙，也會徹底更換掉整個生態體系——如果不只在技術上，而且在生物性上也成功的話。又或者，如果人們能以科學家的眼光將腸道菌群當作微生物器官看待，那麼那些又老又病的器官就會被來自捐贈者的健康器官所取代，同時，這種解釋也再次驗證了移植這個概念。

這種療法在臨床應用上會先利用抗生素治療及大腸水療將受損且生病的微生物相清除得一乾二淨，然後經由鼻淚管探針將新的微生物植入小腸前段，也可以透過內視鏡或是灌腸劑植入大腸。如果一切順利，那麼微生物就會在腸道內繁衍、成長、茁壯，成為全新的穩定生態，患者的症狀也能因而獲得改善。當然，前提是捐贈者必須是健康而且通過病原體檢測，同時至少在一年內沒有服用抗生素的紀錄。由於生活方式——是否有抽菸習慣、運動量的多寡，以及最重要的，都吃些什麼東西——就和基因一樣會影響我們的微生物群系，所以在挑選捐贈者時也應該注意到這些面向。一旦確定了捐贈者，糞便樣本就會被溶解在生理食鹽水，經過過濾後就完成了移植體，雖然外觀和濃稠度看來就和巧克力奶昔無異，不過味道可就騙不了人了。

古老的方法

這段期間不光只有各種關於這項療法的傳聞，就連遭受病痛折磨好幾個月的患者也在科學出版品裡證實其療效。胃痙攣發作猶如身處地獄，每天至少要跑廁所二十趟以上，而且體重會急速下降。抗生素通常只能壓制住困難梭狀桿菌幾天，之後這些細菌就會重振旗鼓，再次攻擊腹腔。部分接受移植的患者在手術結束一天後就不會再感到疼痛，可以馬上出院，不過直到複診日之前仍無法完全康復。相較於過程繁冗的抗生素治療，由於住院時間明顯短縮，因此能節省不少支出。不過目前尚未有保險公司願意受理這筆醫療費用的給付，這一點和許多必須長期住院的傳統療程倒是不同。身為烏爾姆大學附屬醫院的胃腸專家，同時也參與了德國第一個針對糞便細菌移植術發表個案報告的醫療團隊，索伊弗萊估計一套完整療程大約需要花費三千歐元：「捐贈者必須接受相當繁瑣又昂貴的測試，光是病毒診斷大概就得花掉五百歐元，」。這筆費用包含在醫院待上兩到三天，以及特殊的結腸鏡檢查或是鼻淚管探針的使用。

事實上，認為人類排泄物具有某種療效是一種相當古老的觀點。最初利用人類糞便進行治療的時間點現已不可考，目前所知最早發表於專業期刊的案例是在一九五八年，至於糞便療法的相關報導甚至早在一千六百多年以前就已經出現。

西元四世紀的中國晉代曾有一位名為葛洪的名醫，流傳至今的糞便懸浮物口服處方便是由他所發明，據傳他藉此治療腹瀉及食物中毒的患者，拯救了不少人的生命，他當時的作法也因而被視為奇蹟。這些資料詳載於中國第一部臨床急救手冊《肘後備急方》，書裡同時也記錄了如何利用成長一年的艾草治療瘧疾。由於艾草含有青蒿素（Artemisinin）的藥效，直到今天都還被用來治療瘧疾。「據我們所知，這是第一份傳承至今的糞便細菌移植術紀錄，」大量涉獵糞便療法相關文獻的南京醫科大學胃腸病學家張發明說。

到了十六世紀的明朝，陸陸續續出現更多案例報告。在這些案例中，糞便經過發酵、稀釋或乾燥處理成為藥材，用來治療腹瀉、發燒、疼痛、嘔吐和便祕。這些療法也被記錄在中藥學最知名的經典《本草綱目》，或被稱為《藥草治療之書》的古籍中。為了不讓患者受驚，當時的醫生多半使用諸如「黃湯」[1]這樣無害的字眼來形容這種藥物。

一名勇敢的《Vice》雜誌女記者在不久前嘗試了南韓傳統的「糞酒」（Ttongsul；原始報導裡則使用了 Poo Wine 這個字）。要製作糞酒，醫生必須將取自兒童的糞便溶解在水中，然後讓混濁的液體靜置二十四個小時，隔日加入新鮮煮好的米飯和酵母後，再置於攝氏三十到三十五度的溫度中發酵七天。這名女記者淺酌一口之後的感想是：「嘗起來很像米酒，不過從嘴巴呼出來的氣味聞起來就像糞便。」而醫生則回她：「那只是妳想像出來的。」或許這種酒精濃度約百分之九的藥酒的確幫了一些患者的忙，但是顯然這位女記者並非其中之一。她費了好大一番功夫才把這口酒吞進喉嚨裡，不過為她準備這杯酒的治療師倒是很享受這種飲品。過沒多久，她回到了街上，那口好不容易吞下的酒又再次經過喉嚨，只是這次是往另一個方向。[2]

大約和「黃湯」處方出現的同一時期，義大利解剖學家法布里休斯[3]也分別利用健康和生病的動物透過口服及植入直腸兩種方式進行糞便細菌移植術的實驗。他可能是觀察到有些動物會吃掉自己或同類的排泄物，因而產生幫動物進行糞便細菌移植術的念頭。這些主要都是草食性動物，牠們的消化系統和住在裡頭的微生物無法在第一次循環就分解較堅韌的植物部位。

來自上天的禮物

最晚約莫在十七世紀末左右，歐洲醫學界終於將糞便療法應用在人類醫療上，不過我們無法

1 Zhang et al.: Should We Standardize the 1,700-Year-Old Fecal Microbiota Transplantation? The American Journal of Gastroenterology, Bd. 107, S. 1755, 2012

2 糞酒的報導影片：http://www.vice.com/de/shorties/ how-to-make-faeces-wine（此網址擷取於二〇一三年十二月）

3 譯注：法布里休斯（Girolamo Fabrizio, 1537-1619），解剖學、外科先驅，第一位詳細描述靜脈瓣、胎盤和喉的學者，被尊為胚胎學之父。

找到這些案例最終治療結果的任何紀錄。德國醫生保里尼（Christian Franz Paullini）在一六九七年出版《療癒的穢物藥局》（*Die Heilsame Dreck-Apotheke*），書裡紀載了大量利用糞便和排泄物的內服與外用處方。這本作品不但成為暢銷書，還多次再版，保里尼在書裡將人類的排泄物描述為來自上天的禮物。[4]

即使引起廣大迴響，糞便療法在西方醫學的光譜中還是一閃而逝，一直到一九五八年才又重新崛起。丹佛的醫生艾瑟曼（Ben Eiseman）成功為四名腸道嚴重感染葡萄球菌的病患植入健康者的糞便。根據資料顯示，自此有超過四百名患者接受了糞便細菌移植術的治療，而實際接受治療的人數可能接近一萬人。光是澳洲胃腸科專家、同時也不遺餘力推動這套新式療法的巴洛迪從一九八〇年代末期就為三千名以上的關節炎、痤瘡、口臭、失眠或是憂鬱症患者進行糞便細菌移植術。[5]巴洛迪以「具有說服力的改善程度」形容他的患者，不過他並未發表過任何醫學比較研究的報告，而只是陳述他的實際醫療經驗。[6]

至今為止，最常利用這種方法修復腸道菌叢的疾病就是簡稱為 *C. Diff* 的**困難梭狀桿菌感染**。正常來說，困難梭狀桿菌並無法在人體內存活，除非與其競爭的菌種受到抗生素威脅，才讓它們有機會竄起坐大，開始分泌毒素，引發可能讓人喪命的嚴重腹瀉。這種細菌經常出現在安養院或醫療院所，儘管人們試圖利用抗生素加以消滅，不過它們會一再捲土重來，而且一次比一次還要難纏。就算困難梭狀桿菌不堪化學藥物的攻擊，它們的孢子也會存活下來，並且在抗生素消失後逐漸萌芽，更在缺乏競爭的有利條件下迅速繁衍，對人體造成新的危害。感染困難腸梭菌的患者在結束首次治療後，再次復發的機率約有四分之一，即便之後不斷更換新的抗生素，療效仍然非常有限，甚至每況愈下。

長久以來，糞便細菌移植術也被用來治療其他病症，像是潰瘍性大腸炎或克隆氏症這類腸道疾病，也有醫生用其來治療慢性便祕、多發性硬化症、帕金氏症或是阿茲海默症。然而，目前在臨床應用的研究上，除了困難腸梭菌感染和肥胖症這兩種疾病，尚未有關於其他疾病的具體結果（詳見第十三章）。根據一份荷蘭的開創性研究報告，儘管受試者當中沒有人減輕體重，不過研究人員至少測得了受到影響的生理數值，值得我們系統性地加以研究。

這項後續研究的籌畫尤以德國和中國的學界為最。張發明在客座巴爾的摩約翰霍普金斯醫院

---

4 「重點並不在於使用穢物這個字眼來取代糞便或是泥土，其實意思都一樣。人類就是泥土，而大地是我們所有人的母親，一切都是由塵土而生，並復歸於塵土。（…）腐壞賦予生命時間上的永恆，讓時序更迭生生不息。（…）上帝是永遠的老陶匠，利用糞土在他的轉盤上形塑流轉萬物。那麼我們要怎麼獲得完整的健康？如何再次擁有堪比上帝卻已經失去的寬容胸懷？透過草葉、根莖、動物以及礦物製作而成的藥方。一旦探究這些物質從何而來，你會發現它們最終也不過是穢物。（…）鄙視糞土之人，也就是鄙視自己最初的原點。」出自：Paullini, C. F.: Heylsame Dreck-Apotheke, Frankfurt am Main 1696, 2. Ausgabe. 線上全文：diglib.hab.de/drucke/xb-3174/start.htm. 一九〇八年再版線上全文（易讀介面）：http://digital.ub.uni-duesseldorf.de/vester/con tent/structure/1720559

5 de Vrieze: The Promise of Poop. Science, Bd. 341, S. 954, 2013

6 Borody et al.: Fecal Microbiota Transplantation: Indications, Methods, Evidence, and Future Directions. Current Gastroenterological Reports, Bd. 15, S. 337, 2013

的期間得知這項療法，並在返回中國後開始積極研究大量相關資料。他和同事崔伯塔在發炎性腸道患者的身上首次嘗試使用這項療法，這名患有第二型糖尿病的五十歲女性患者接受糞便治療後，不只腸道的疼痛獲得大幅改善，胰島素的注射量也縮減許多。另一名患有第一型糖尿病的病患雖然對胰島素的需求沒有減少，不過疼痛感還是明顯好轉。這兩個偶然間的觀察促使張發明和同事在二〇一三年為一項糖尿病的研究計畫招募了更多病患，一開始願意參與的受試者並不是很踴躍，但是過沒多久就有一堆女性爭相報名。她們之中絕大多數有肥胖的問題，希望能夠透過糞便細菌移植術減輕體重，至少目前為止我們在老鼠身上的確得到了這樣的結果。儘管有意者興致勃勃，不過除了糖尿病患者，其他人就不具備參與這項研究計畫的資格。

徒勞無功的研究

雖然糞便細菌移植術在臨床應用上已行之有年，不過一直要到二〇一二年這項療法才首度在一項隨機分派的（受試者同樣也是根據隨機原則挑選並分配到不同的實驗組別）安慰劑對照醫學研究裡接受測試。這項研究最初是由阿姆斯特丹學術型醫學中心的紐德柏帶領一群實習醫生共同進行，而實驗對象則是一百二十名重度感染的腸梭菌患者。不過有關單位的安全委員會在第四十二號受試者的實驗結束後便阻止了這項研究計畫。理由是：這些專家發現治療效果實在太好，相對剝奪了實驗組患者的就醫權益，而這是不道德的。十六名先接受萬古黴素療程，再透過鼻淚管探針將捐贈的糞便樣本植入小腸的患者中，有十三名在短時間內就感受到這項新式療法所帶來的效果。[7]研究人員又利用另一名捐贈者的糞便幫剩下三名患者再次執行相同動作，在這之後，其中兩名獲得痊癒。作為對照，接受標準療程的患者中有十三名只被給予萬古黴素或是抗生素加上灌腸處理。標準療程結束數天後，共計二十六名受試者裡頭僅有七名的症狀獲得改善。對於這套療法，紐德柏的同事一開始還存有疑慮，甚至有人以嘲諷的語氣問他是否也想以同樣方式治療醫院裡的心臟病患。不過現在已經有愈來愈多人想和他共事了。[8]

上述實驗結果或許能引來不少注目，然而距離成為標準療法仍有一段不短的路途，有太多問題還等著我們釐清。例如，我們要如何確定捐贈者的糞便不會帶有病原體？通常捐贈者會從血緣親近的家庭成員中挑選出來，不過就算這樣，還是無法徹底隔絕那些捐贈者本人並不知情、甚至連實驗室檢測都無法發現的病原菌。一般來說，每位採取這套療法的醫生都會將捐贈的糞便樣本植入不同受試者體內進行測試，只不過這道流程並沒有明確的守則。每個人對於最理想的程序和步驟都有各自的看法，有些醫生認為捐贈者提供的糞便樣本必須經過廣泛且漫長的測試，而且傾

7 Nood et al.: Duodenal Infusion of Donor Feces for Recurrent Clostridium difficile. New England Journal of Medicine, Bd. 368, S. 407, 2013

8 de Vrieze: The Promise of Poop. Science, Bd. 341, S. 954, 2013

向在移植之前將這些糞便冰凍起來，以確保樣本不致腐壞。另外也有人主張應該盡快將捐贈的糞便植入患者體內，以避免療效流失。

有些腸道專家將正在這個領域上演的一切描述為「醫學界的蠻荒西部」，那裡沒有任何章法，只要走進廁所就能製造出具有療效或理論上具有類似效果的東西。每個人都能成為提供這種醫療服務的治療師，醫療品質和安全標準參差不齊，有些或許很優良，有些則可能完全不注重。長久以來，各大網路論壇也充斥著各形各色的應用說明，指導人們如何自己在家進行糞便細菌移植術。這種發展態勢迫使美國食品和藥物管理局決定從二〇一三年中期開始制定規範。由於糞便細菌移植術並沒有合法的治療形式，因此美國管理單位要求每次執行移植手術前都必須事先提出申請。這項決策不僅無法獲得高登等微生物學家的認同，也招致眾多來自胃腸病學界的不理解與批評。許多人擔心，這麼一來他們的病患就無法盡快獲得照料，更可能因此轉而尋求其他協助。有時關鍵就差那麼幾天，患者根本無法為了一張許可證等上好幾個禮拜，一位女醫生在推特上說道。她擔心這項新規定會迫使許多病患轉而在親友間或網路上自行尋找捐贈者進行治療，療程中需要的各種器材能輕易從各大藥妝店、藥局或是網路上取得，而使用說明則同樣從網路就可隨意搜尋，如同先前提過那樣。

然而，不管是自己動手（Poo-it-yourself）或是在醫療院所進行的糞便細菌移植術，人們對於實際上可能發生的風險認識其實很有限。至今也只有零星幾篇報導介紹過這種治療方式可能涉及的複雜面向，不過這種情況不應該持續下去。身為一名在美國首先採用這種醫療形式的先驅之一，布朗特認為嚴重的副作用遲早會出現。「可能是急性感染或是過敏性反應，亦或是長期的後遺症，因為患者體內獨特的腸道菌叢會逐漸往捐贈者的方向改變，」他在一段評論中這樣寫道。[9]在重建微生物生態平衡的漫長療程中，糞便細菌移植術才只是第一步。

德國慕尼黑工業大學的營養醫學專家哈勒尤其擔心布蘭特提到的第二種風險，不過他認為人們只需要接受病原體檢測，就可以控制感染風險。「但假設我們現在對於微生物群系所做的論述都是對的，那麼每一次的糞便細菌移植術其實都有其風險，比如可能對患者的代謝作用或是心理層面造成長遠的影響。」舉例來說，一名感染困難腸梭菌的患者因為接受健康者捐贈的糞便細菌移植術而恢復健康，就當時的研究標準來說，他或許就此擺脫了腸梭菌。然而，這些細菌除了驅逐腸梭菌，轉移到另一名宿主身上的它們其實還擁有許多不同的特質。這些特質對捐贈者來說也許原本就是一顆不定時炸彈，搬遷到新宿主體內後，更是無法預測會產生什麼樣的效果。因為新宿主不但有截然不同的遺傳基因和生活習慣，就連年紀可能也不盡相同。這些全新的菌群可能引發憂鬱症或是糖尿病，甚或助長腫瘤生成。「如果我必須治療一種可能致命的傳染病，那麼也只有在風險是可掌控的前提之下，」哈勒望著感染**困難腸梭菌**的病患說，「不過要是人們嘗試以這

9 Brandt: FMT: First Step in a Long Journey. The American Journal of Gastroenterology, Bd. 108, S. 1367, 2013

種方法治療肥胖症，其中的風險是否仍是可承擔的呢？」

尋找合適的捐贈者

另一個有待釐清的問題是：一個理想的捐贈者看起來應該是什麼樣子？怎麼樣才算是正確的混合菌群？真的存在一種植入任何病患體內都會發揮同樣療效的細菌組合嗎？移植體的多樣性程度愈高愈好嗎？其中是否有些菌種的重要性比其他幾種來得高？如果是的話，又是哪幾種比較重要呢？捐贈者和接受者是否應該同齡？或者年紀並不會影響最終結果？最好採用遠古時期健康蒙古人的糞便，還是親叔伯的糞便？捐贈者和接受者的性別與體格差異，以至於道德認知是否相近會影響移植結果嗎？而採樣又該如何進行呢？究竟誰才是真正合適的捐贈者呢？西方國家過度講究乾淨用水及無菌飲食的生活型態嚴重傷害了微生物群系，我們是否應該試圖尋找那些仍倖免於這些衛生習慣的菌群？和人類比起來，坦尚尼亞的黑猩猩或許是更合適的捐贈者？

最後的這個想法其實並沒有那麼異想天開。加州大學戴維斯校區的艾森是備受全球微生物學家尊崇的學者，他在一次訪談中被問及「誰才是理想的糞便細菌移植術捐贈者？」艾森回答：「由於人類和黑猩猩在基因上的親屬關係相當密切，因此我認為我們可以合理假設，相較於生病的人類，黑猩猩的微生物群系反而和健康人類所擁有的更相近。」[10]

為了釐清混合菌群應該包含哪些微生物才算是理想的（或至少是必要的），加拿大的研究團隊建造了一臺製造人工糞便的生物反應器。他們從二〇一一年開始以橡膠和玻璃打造消化道，並在完成後餵食這條「機械腸道」由一名四十一歲健康婦女所捐贈的糞便樣本。另外，為了避免細菌與氧氣接觸，他們還以無法消化的纖維素和澱粉封住了氣密系統，這麼一來就與大腸實際的狀況相當類似了，也就是一團看來噁心的棕色黏糊狀物。

加拿大貴湖大學的維爾克和研究團隊只從原始的糞便樣本分離出六十二種細菌在實驗室進行培育。假設原本的女宿主擁有正常菌群，那麼拒絕在培養皿成長的菌種就有超過一千種以上，而它們也藉此躲過了辨識檢測。維爾克和同事針對那些可培育的微生物進一步測試了它們的危害性以及抵抗抗生素的能力，最後得到三十三種應該不至危害人體，而得以用來進行實驗的細菌。研究人員讓這三十三種細菌各自在無氧狀態下的培育溫床持續成長，最後再將它們全部一起溶解在食鹽水裡成為一杯雞尾酒。

就算少了人工腸道的協助，研究團隊也許還是可以經由持續不斷的測試直接從這位女士的糞便裡找出這三十三種微生物。不過這臺儀器可以依照實驗需求設定處理程序或培育菌種，證明它

---

10 誰是比較理想的糞便捐贈者——人類或是黑猩猩？艾森的答覆：http://humanfoodproject.com/a-fecal-transplant-from-a-healthy-chimpanzee-or-average-joe-which-would-you-choose/

其實還是很有用的，而原則上它也的確發揮了應有的效能。研究小組將那些產自人工腸道和培養皿的實驗糞便稱為「RePOOPulate」[11]。就濃稠度、外觀和氣味來說，這項人造產物與天然的糞便其實毫無相像之處。和一般用於糞便細菌移植術的懸浮物相比，它或許更接近超市販售的益生菌優酪乳，只是人造糞便無法飲用，只能透過內視鏡被送到需要的地方。

這些繁複的前置作業就是為了要製造出一種絕不含病原體，而且只由已知並通過測試的菌種組成的族群。維爾克和同事希望糞便細菌移植術能自此成為一種可控制的療法。

兩名症狀嚴重且重複感染困難腸梭菌的女性患者準備接受替代性糞便的測試。第一位女性患者在服用抗生素後，

短短一年半內重複感染了六次困難腸梭菌。所有擾人的症狀卻在植入人工合成糞便後隨即消失，十天後醫生們就再也找不到任何困難腸梭菌的蹤跡，六個月後的追蹤檢查也得到了一樣的結果。雖然她在這段期間又因膀胱炎必須再次服用抗生素，不過並沒有再次發生腹瀉的狀況。

第二名女性病患則已高齡七十，她同樣在服用抗生素後首次感染困難腸梭菌。不過從這些細菌發動第三次攻擊開始，一般的藥物就完全使不上力了。這群加拿大醫生幫她治療後，腹瀉的狀況在三天內就徹底銷聲匿跡了。即便她多次因為其他感染而必須服用抗生素加以治療，但是困難腸梭菌的感染再也沒有復發。

人造糞便療法

利用三十三種細菌混合調配的雞尾酒對抗困難腸梭菌的療效大致如上。其實另外還有一些值得注意的現象，例如第一位女性病患在接受治療前就擁有高度的菌種多樣性，這一點就她的病況來說其實是不尋常的，因為一般來說，感染困難梭狀桿菌的腸道多樣性通常是貧乏狀態，菌種數量甚至會在治療後短暫下降，不過很快就又會回復到原本的水平。第二名女性病患的菌種多樣性則如預期般偏低，接受治療後明顯有上升傾向，之後也持續維持在高點。根據基因分析的結果，這三十三種細菌之中至少有些是全新進駐，而且並不像慣用的益生菌那樣很快地就離開人體。[12]

二〇一三年初前導研究發表後，加拿大健康管理局出面要求中止所有後續實驗，因為他們將這種混合物歸納為必須通過藥物核可才允許廣泛應用的人造產品。隔沒多久，一名原本任職於美國食品和藥物管理局的員工就在靠近加拿大南部邊界的明尼蘇達州羅斯維爾成立了 Rebiotix 公司，著手進行加拿大管理當局不樂見的第二階段患者研究。Rebiotix 製造的產品基本上和

11 譯注：RePOOpulate 即是 repopulate（有再生、種群恢復、重新增加人口之意）加上 poo（糞便）組合而來，中文可大致譯為「恢復種群的糞便」。

12 Petrof et al.: Stool substitute transplant therapy for the eradication of Clostridium difficile infection: ›RePOOPulating‹ the gut. Microbiome Journal, Bd. 1, 2013

RePOOPulate 的作用大致雷同，不過裡面應該含有數百種不同的細菌。至於實際效果如何，可能直到二〇一五年早春之前都無法有明確答案。[13]

也許利用人工合成糞便能讓我們克服先前提到糞便療法所面臨的種種困境之一：為了減少厭氧細菌的痛苦，應該盡量縮短捐贈和移植之間的時間。另一方面，捐贈的糞便樣本應該經過徹底的病原體檢測，但這項過程至少需要耗費好幾個鐘頭。雖然我們後來得知移植體的菌種在冰凍過程中並不會大量流失，不過更聰明的作法還是從完全密封的冷凍庫取出確定沒有受到致病菌污染的糞便樣本後，就立即植入患者體內。

取自加拿大婦女的三十三種細菌雖然在前兩名女性病患身上發揮了效用，不過並沒有人知道為什麼會有這樣的結果。像是為什麼困難梭狀桿菌再也沒有重返，反而是許多來自另一名宿主的細菌定居了下來？因為這三十三種微生物阻止它進入腸道？或者只有其中的一、兩種，還是三種？如果在上千種細菌中，正好有個足以抵擋困難梭狀桿菌的菌種被混入了最後的合成雞尾酒裡，那麼這就是一個偶然的意外，畢竟許多菌種都有這種本事。一般糞便細菌移植術的樣本通常含有上千、甚至更多的細菌，但是人造糞便只混合了三十三種就達到同樣療效，其中的原因究竟為何？

或許這杯人工合成的雞尾酒擁有一套截然不同的作用機制？又或者它們會在腸道引發一種讓困難腸梭菌無法駐留的反應？還是腸道經它們刺激後產生了防御能力？就和我們現階段對糞便細

菌移植術是如何產生療效仍存在許多疑惑一樣，這些臆測也有待進一步的研究和驗證。

基爾的感染科醫生、同時也是腸胃科專家歐特懷疑，我們真的可以將至今為止的成功案例都歸功到移植細菌身上嗎？根據他的看法，如果人們還是以傳統的方式——就像多數已發表的研究那樣——從廁所取得移植樣本的話，那麼他們採集到的微生物群系其實也就只是「細胞廢料和新陳代謝的產物」。

歐特相信，一旦樣本離開捐贈者的身體，微生物組成的結構就會改變。他認為這個過程中可能會有不少細菌死去，根本無法在新宿主的腸道存活下來。另一個與糞便樣本該如何應用相關的問題則是：我們仍然不清楚關鍵性的微生物存在腸道的哪個區塊。只要比較一下藏身在糞便裡和那些附著在腸道表面的菌群，就能發現它們在組成結構上明顯的差異。歐特因此計畫了一連串移植實驗，他打算從捐贈者腸壁的生物檢體取得樣本，然後在嚴密隔絕氧氣的情況下植入新宿主體內。事實上，按照歐特的說法，他所提出的疑慮和截至目前為止大多獲得良好療效的糞便細菌移植術並未構成矛盾，因為糞便細菌移植術療法所帶來的改善，很多時候也可能是樣本裡的短鏈脂肪酸或其他代謝產物造成的效果，不過利用加拿大人造糞便所進行的實驗性治療倒是不在此限。就我們現有的認知來說，這些問題或許還不是首要必須解決的。「我們之所以這麼做是因為這是

13 譯注：本書原文的出版時間為二〇一四年三月，成書時尚無關於這項研究的最新進展。

有效的方法，」歐特說，「不過至今還是沒有人知道這整個過程中到底發生了什麼事。」

屏除明顯的缺陷不談，糞便細菌移植術療法到目前為止的優異表現為歐特指出了一條未來可行的道路。如果細菌並非是患者症狀獲得改善的唯一功臣，而是腸道可能在這個過程中經由夾雜在糞便樣本裡的代謝產物而得以再次築起防禦工事，那麼只要我們找出真正關鍵的物質，並且將它植入患者體內，也能得到同樣的效果。這麼一來，我們就不用再仰賴細菌，連帶也能擺脫感染的風險或是全新菌群可能帶來的長期後遺症。遺憾的是，目前還沒有人能證實這項假設，或是指出決定療效的關鍵物質。一旦找到這個問題的答案，我們或許就能發現新的方法讓對的物質在正確的位置發揮作用。比方說，我們可以利用膠囊裝盛細菌活性物質，並且讓它們抵達腸道後才開啟；或者像歐特所想的，透過給予特定物質來刺激原有的腸道菌製造具有療效的關鍵性物質。不管怎樣，想必最為此感到開心的非各大藥廠莫屬，因為屆時他們就可以製造並販售這些藥物。

不過也許到時問題又會變得更複雜。像是為什麼感染困難梭狀桿菌、克隆氏症、肥胖症以及多發性硬化症等不同疾病都是用同一種處方治療？或許在某些情況下，我們必須藉助細菌之力重建失衡的生態系統；換成另一種狀況時，就必須利用短鏈脂肪酸來修補損害；再又有不同於前面兩種情形的遭遇則是給予特定物質，刺激細菌作用，為宿主帶來效益。無論如何，重點都在於調控我們體內的生態體系以從中獲益。我們必須成為照護自己體內微生物群系的園丁。

為了盡快替業餘愛好者和專家學者們——也就是一般民眾與醫生——寫出好的園丁指南，愈來愈多的科學家投入這項主題的研究，他們的任務就是在這些入門手冊裡詳載各種適合普羅大眾使用的方法，當然也必須兼顧個體差異提供合適的祕訣。至於這些各形各色的祕訣聽起來如何，我們將在下一章加以討論。

第二十章

細菌策略——為個人微生物群量身打造的醫療

個人化醫療仍是一種還未成為現實的未來想像。微生物和其基因或許將為我們開啟全新可能，因為比起人類遺傳基因，它們更容易受到影響。

醫療的藝術主要由三根樑柱組構而成：照護、診斷與治療。就德國醫療保險的給付習慣來說，通常診療費用（也就是生病）會占其中一大部分，治療費用相則對偏低（也就是試圖恢復健康的過程），至於預防就更不用提了（也就是努力不要成為病患）。仔細想想，這樣的配比實在是很奇特。同樣讓人感到納悶的還有診斷和治療其實只有在理論上才是清楚而明確的。被確診得到「類流感」的人通常會有咳嗽、鼻塞、喉嚨嘶啞，伴隨著發燒、頭痛等症狀，有時也會打冷顫，或是更多其他症狀。然而，光靠這些觀察並無法讓我們得知究竟是哪種致病菌引發了感染？是身體內部或是外部出現了漏洞？亦或者是其他因素所導致的？如此一來，當然也就無法對症下藥（要擊退哪些致病菌？又該補強免疫系統的哪個部分？或是對抗哪些引發不適的特殊病原體？）

一般來說，如果只是輕微的咳嗽，通常一個星期以內就能自然痊癒，並不是什麼大問題。然而，一直以來有許多醫生並沒有先以驗血報告作為依據，或至少藉由明顯徵兆判斷病原體真的是細菌，就直接按照標準流程開立抗生素，實在很難不讓人聯想到石器時代的醫術。要不是一方面後來情況有所改善，像是建立更精確的病歷、根據驗血結果或類似的檢驗做出更精準的診斷，另一方面又有諸多風險與副作用持續威脅，例如因誤診導致病情拖延或出現抗藥性及腸道菌大量死亡等現象，我們或許就沒有機會擺脫這種建立在或然率之上的醫療——畢竟，幾乎所有的病發過程或多或少都有細菌參了一腳。

一種臨床表現、多種致病因素

除了咳嗽和鼻塞這類症狀，許多患者的臨床表現還潛藏著一個大問題。如果有人因為單一或多個檢驗數據而被確診為甲狀腺機能低下，病情卻在服用醫生開立的標準處方後明顯改善，那麼他可說是個幸運兒。不過同一名患者之後會陸續出現愈來愈多狀況，例如從機能亢進一夕間轉為低下，症狀也可能從原本的疲勞變成心搏過速——簡單來說，這一切都只是因為診斷不夠精確。失控的甲狀腺會導致患者無法維持原有的正常生活，只有更加謹慎小心的診斷才有可能找出最適合病患的治療方式：問題是從何而起？或許是某種自體免疫性疾病所引發的？為什麼甲狀腺的標準用藥似乎無法發揮效用——也許它們應該轉換更多具有生物活性的甲狀腺激素？又或者是其他因素所造成的影響，例如腸道菌叢或腸壁受損？

許多「診斷」也有類似情況，背後涉及的成因五花八門——不論是致病菌、毒物，還是分子或基因的突變，或者是先天性因素。正常來說，醫生通常會花時間瞭解患者病情，並且研究病歷後，再透過各種可行的辦法去限縮某種症狀的成因。事實上，他們這種在有限的框架中不斷嘗試的作法正是一向被視為未來願景的醫療：為個人量身打造的治療。自從本世紀初完成人類基因組定序，最常和這項口號連結在一起的就屬遺傳疾病和癌症了。

人們一方面希望透過基因治療來修復基因缺失或功能異常基因，另一方面根據個人基因或某個腫瘤基因的特殊表現所打造的分子標靶療法則應該取代現行的化學療法與放射性治療。[1]比起直接從腫瘤生成的部位著手處理，針對腫瘤特殊之處加以調整的治療方式想必能大幅提升治療效果，因為實際上並不存在所謂的乳癌或攝護腺癌。

1 化療和放射線治療主要是用來對付快速分裂的癌細胞，不過這兩種方式也會傷及其他進行分裂的正常細胞，像是皮膚、毛囊、腸道或是免疫系統，這也是為什麼接受治療的癌症患者經常會出現落髮或嚴重缺乏食慾的副作用。

散彈式療法

基本上，現今的醫療技術已經做得到了。一群美國的腫瘤科醫生在數年前就以實驗證明了這一點，他們只花了不到四週的時間就替兩名腸癌——也就是黑色素瘤（Melanom）——患者完成了腫瘤基因的定序，並且發現了上百個突變基因，其中有一些已有醫療研究找到相應的治療藥物，正在進行測試。然而，他們後來才察覺這兩名患者的狀況並不符合任何醫學研究的設定：像是其中一名男性患者就擁有經常與乳癌一起出現的基因突變，儘管目前專門的治療藥物已經進入測試階段，他卻無法參與這項實驗，即便這種測試用藥可能對他很有幫助。因為他不是女性，也就不可能罹患乳癌。這個理由聽起來當然很荒謬。

然而這些荒謬的論調全都屬於這個系統的一部分，例如在沒有發現致病菌的情況下使用抗生素、缺乏病因診斷的甲狀腺治療，以及集束炸彈[2]式的癌症治療。一旦治療成效良好的案例達到一定比例——就算只比癌症患者的平均壽命多存活了幾個月——也就能順勢成就下列三件事：藥廠收益良好（好一點甚至會大發利市，因為更加精確的診斷使得醫生只會開立患者真正需要的藥劑，實際的用藥量勢必會減少，但患者支付的醫藥費還是一樣多），減少醫護人員的工作量與醫療資源的浪費，進而降低醫療系統的支出——至少乍看之下是如此。不過對患者來說，這就像是買樂透彩——藥效只會在幸運者身上發揮作用。不過按照賭博原理，那些沒有中獎的人會在幾個月後再依據病情發展，嘗試更新的藥物。

個體基因、個體的細菌基因

過去幾年出現不少關於個人化醫療的文章，內容多是談論根據個人基因型或是特別為彼此基因型相似的小群體開立的藥物，主軸也都繞著一種在不遠未來即將實現的可能性打轉，而這樣的醫療絕對不便宜。

假使患者真的可以在未來的某一天獲得針對他個人體質量身打造、對症下藥的醫療，而並非和其他擁有類似基因變異的患者接受同一套療程，這將會是真正的一大進展。同時，這些突破也表示我們已經通過充滿假設和挫敗的第一關，繼續往下一個全新階段挺進，那些先前總是一再宣稱「很有機會在不久的將來獲得證實」的研究結果正要開始一一兌現它們的承諾了。目前至少已經有一些特殊的機構著手分析乳癌患者和她們腫瘤的基因特質，之後再利用和前些年相比明顯更特殊、更符合需求——通常也更加緩和——的方式予以治療。

包含前面提過的基因治療也在讓人失望無數次之後再度崛起，主要是因為我們掌握了新的方

2 譯注：集束炸彈（Clusterbombe），將小型炸彈集合成一般空用炸彈的型態，利用數量的特性增加涵蓋面積和殺傷範圍。

法，能夠從一再失敗的經驗中找出原因並加以修正。舉例來說，製藥廠諾華就透過和美國堪薩斯大學的耳鼻喉科醫生斯塔艾克（Hinrich Staecker）共同合作，希望藉由基因治療讓聽障者能夠辨識聲音，或者說重獲聽覺。[3]

不過這一切和腸道菌有什麼關係？

如果腸道菌會影響所有生命的程序、健康、患病風險、生命的修護、情緒、精神能力，以及其他諸如此類的東西，那麼在討論醫療的同時，我們也應該把它們與其基因當作身體構造的一部分一併納入考量。我們不但可以想像一種不以個人基因，而是以人人皆異的共生菌基因作為基礎的個人化治療，這種醫療模式甚至可能在許多情況中更貼近實際需求，可行性也更高。此外，比起追蹤某些分布在全身或引發疾病的特殊基因，將一些具有合適基因的細菌植入腸道絕對要簡單得多，而且分析現有微生物及其基因也不會比解讀人類基因困難。

我們的細菌和其DNA應該被列入精確診斷的一環，如此才能對症下藥，選擇最合適患者的療法。

醫生們應該將微生物群系與人體構造視為同屬人類超級生物體的不同部分，就像研究學者們長期以來所認知的那樣。一旦累積愈多研究結果與實際的醫療經驗，就會有更多治療方式可供選擇，這麼一來，治療也就不再彷彿散彈式地亂槍打鳥，而是從雷射槍精準發射的一枚子彈，在正確的時間點對症下藥。[4]然而，要實現這種可能或許還得等上一段時間，除了得視後續的研究熱忱和研究結果而定，同樣關鍵的還有投入研發的資金，以及是否有地方政府與國家層級的大型機構將這類研究列為重點輔助對象。

事實上，試著加快研究腳步絕對是值得的。原因在於：要藉助微生物群系之力治療或預防疾病之前，我們必須對腸道菌與其基因——包含身體或腫瘤細胞及其基因——有某種程度的瞭解，甚至最好能清楚知道該怎麼利用它們。然而我們目前對腸道菌醫學的掌握——如果已經有這種專業領域存在的話——明顯遠不如與癌症相關的研究和醫療。

理想的淘汰賽

但是：我們有充分理由相信這種醫療方式很快就會迎頭趕上，因為就算腸內有成千上百種細菌攪和在一起，和腫瘤研究相比顯然還是簡單許多，畢竟腫瘤是由各式各樣突變程度及攻擊能力不一的細胞群所組成。過去幾年間出現許多新的研究方法，使得我們對人體微生物群系的認識比以往還要多更多，不但發現了各形各色的種類與族群，更得以進一步分析整個微生物群系和它們

3 Baker et al.: Repair of the vestibular system via adenovector delivery of Atoh1: a potential treatment for balance disorders. Advances in Otorinolaryngology, Bd. 66, S. 52, 2009

4 Kinross et al.: Gut microbiome-host interactions in health and disease. Genome Medicine, Bd. 3, S. 14, 2011

所擁有的基因與各種可能的基因功能。此外，不論在健康或生病的人體裡，許多細菌產物也和我們早就得知的傳訊或代謝路徑相符，這一點我們先前在第十五章就曾經介紹過。它們有時會以代謝研究裡「失落的環節」現身——或許並非是遺漏的最後一塊拼圖，卻是讓我們更加清楚整幅圖像的重要關鍵。

在許多情況中，干擾細菌顯然比影響身體細胞、腫瘤細胞及其基因容易得多。假設有人希望透過基因治療處理囊腫性纖維化的問題，那麼他就得先找到一個健康的基因，或是一個同時可以消除病徵、卻又不造成其他傷害的基因，然後讓它進入無數肺部細胞裡。當然，他同時也必須設法讓這個基因留在這些細胞裡，甚至最好可以隨著細胞分裂不斷地複製。另外，他也必須確保這項療程不會對身體造成其他傷害。相反地，如果我們想關閉某個害菌的基因功能或癱瘓其運作，通常只要使用抗生素就夠了。抗生素的效力從上個世紀中期開始就已經被證明過不下千百萬次，儘管拯救了數百萬人的性命，我們卻很清楚它可能帶來的後遺症，也因此在使用上仍存有疑慮。

也許原本就存在人體內或仍有待培育的益菌就足以將壞菌驅逐，這可能是常見、甚至是最常發生的情況。而要得到這種效果，人們其實用不著吞服細菌或是讓它們從人體另一端的開口進入，而只需要和擁有好菌的人群接觸。此外，人們也必須盡可能改變原有的飲食習慣，這麼作能增加獲得好菌的機率。高登以實驗證實了同樣給予正確飲食的前提下，好菌會具有傳染性而壞菌則否。同時，這項結論也真的「很有機會在不久的將來獲得證實」。[5]

至於何謂精確的診斷並採取與其相符的細菌治療，舉例來說，阿布瑞尤（Nicola Abreu）和同事發現了引發慢性鼻竇炎的**結核硬脂酸棒狀桿菌**（*Corynebacterium tuberculostearicum*），利用含有**沙克乳桿菌**（*Lactobacillus sakei*）的鼻腔噴霧劑就能加以抑制，至少我們從實驗鼠身上得到了這樣的結果。[6]

但我們必須把話說得更清楚：至今為止尚未有真正健全且精確的方式利用細菌進行的個人化醫療。就算藉助幽門螺旋桿菌之力能減緩潰瘍性大腸炎——也就是對付某種特定的細菌——散彈式的療法還是不免讓許多不相干的微生物一起陪葬。

害群之馬

只要是現存的都算是候選人，不過有些已經揭露的機制則讓我們發現其實還有更多選項尚未浮出檯面。在十六章我們曾提及來自密爾瓦基的研究團隊，選擇性地利用抗生素或益生菌影響了實驗鼠罹患心肌梗塞的風險與嚴重程度，他們也在後續的報告中指出，「為了找出個體微生物群

---

5 Ridaura et al.: Gut Microbiota from Twins Discordant for Obesity Modulate Metabolism in Mice. Science, Bd. 341, S. 6150, 2013

6 Abreu et al.: Sinus Microbiome Diversity Depletion and Corynebacterium tuberculostearicum Enrichment Mediates Rhinosinusitis. Science Translational Medicine 2012, doi: 10.1126/scitranslmed.3003783

系的組成與結構對心血管生物學有何影響，未來的研究必須開啟一個以個人化醫療為主的全新領域，確保各種關於微生物群、心臟、診斷與治療之間的訊息彼此相通。」[7]

所謂個人化醫療不必然只有針對癌症而言，不過在這個範疇裡當然還是有讓人期待的可能性。例如，隸屬於擬桿菌門的脆弱擬桿菌似乎會導致腸癌形成並影響其發展，因此一般被視為健康益菌的擬桿菌門也連帶成了害群之馬。我們的意圖當然是希望藉由相同菌種的其他細菌加以取代，或者至少不借助普遍使用的抗生素，而是透過專門對付這種菌門的藥劑加以阻撓，減低癌細胞分裂速度，同時提升它們自滅的比例。

長期感染困難梭狀桿菌的患者對於這種細菌所帶來的諸多不便與困擾是再清楚也不過了。面對這種疾病，我們同樣可以嘗試利用其他細菌來取代特定致病菌，相較之下，發展至今的糞便細菌移植術就可能因為不具針對性而引來批評。

利用益菌進行的治療也面臨了類似困境。對那些體內缺乏益菌，因而對此有需求的患者來說，我們必須想辦法讓後來補充的益菌長期停留在他們身體裡。然而，要達到這個目標必須克服重重困難，因為許多研究指出，個體的微生物群系大多非常穩固，對於外來的入侵者幾乎一概以敵軍論之，就算陌生來者是個滿懷善意、純粹只想伸出援手的全新好菌也無濟於事。[8]另外，我們也必須在此加以界定：為了確保某一門細菌對人類只有助益而毫無害處，也許每回都還得投入巨額的研究經費。

然而，鑽研醫學的專家們清楚知道，就影響腸道菌來說，除了某種程度被視為普遍有效或至少可以讓多數人獲益的方法，個體的差異以及因應這些差異的預防或治療選項也是他們必須關注的重點，而且不論哪個領域都是同樣道理。好比我們都知道，食物纖維和細菌對肥胖症及代謝症候群患者的腸道菌叢有正面影響，然而，為了真正有所進展，「釐清個體之間腸道菌叢的差異對療效的影響」是重要的，而菌群對益菌生的回應也同樣值得重視，瑞典隆德大學的雅各伯斯多提爾（**Greta Jakobsdottir**）和同事如此寫道。[9]

看來似乎有些細菌能用來預防疾病，有些甚至會助長疾病發生或變本加厲。關於這些細菌的討論，包含如何至少在某種程度上針對特定目標予以回擊，甚至先發制人，我們已經在第七章介紹過了。布雷塞認為，長期以來被證實會引起胃癌的幽門螺旋桿菌其實可以預防食道癌發生，假設他的看法是對的，那麼我們就必須持續照護這種細菌——如果它們不存在的話，甚至應該予以補充——彷彿它們不會造成太多破壞，而是會好好發揮應有的防禦作用。不過之後我們就必須適時關閉其運作。

---

7 Lam et al.: Intestinal microbiota determine severity of myocardial infarction in rats. FASEB Journal, Bd. 26, S. 1727, 2012

8 細菌並不具有性格特質，所以當然也就不可能懷有良善用意或是別有居心，否則它們就成了人類，或者至少是狗或座頭鯨，亦或是諸如此類的生物。事實上，細菌和其意圖只有從宿主的視角來判斷時才會有所謂好壞之別。

9 Jakobsdottir et al.: Designing future prebiotic fibers targeted against the metabolic syndrome. Nutrition 2013, doi: 10.1016/j.nut.2013.08.013

腫瘤所培育的細菌

另一種值得嘗試的辦法則是，面對經常有特殊菌種寄生的腫瘤，也就是擁有自己微生物群系的腫瘤，我們也能從微生物的角度切入加以處置。這裡同樣有大量的研究工作等著我們：哪些細菌總是固定伴隨哪種腫瘤出現？這些細菌在疾病進程中是否扮演著關鍵性角色，亦或者只是無關緊要、連帶發生的現象？單次的抗生素或殺菌劑治療是否會對腫瘤造成影響？我們有可能利用抑癌的微生物取代腫瘤裡助長癌症生成的那些嗎？

事實上，我們至今仍然不清楚大多數的癌症菌群究竟是致病原因之一，或是得病後才衍生的結果？不過就某種程度來說，這件事其實也不是那麼重要，因為最先提出的幾份研究報告裡至少都指出了一點：只有當腫瘤微生物已經寄生在腫瘤上時，才會助長腫瘤生成。它們會驅趕促發炎物質或是酸化周圍的組織，讓腫瘤能持續擴散增生。

我們都知道癌細胞在發展的過程中——也就是它們在人體或動物體內的演化——會善加利用所在器官可能提供的所有資源促進自己的生長。它們會徵募血管、挾持免疫系統、要求肝臟為其製造大量食物、徹底將宿主的代謝功能轉為己用，以及諸如此類的情事。這麼一來，假設癌細胞也會利用微生物的推論聽起來也就沒那麼荒謬了。按照這個邏輯，只要阻斷微生物援助，甚至將微生物之用轉為攻擊癌細胞的力量，就可能抑制癌症的想法也不再是異想天開。為什麼我們不可能找到或發展出一種特洛伊菌，正好可以命中腫瘤的阿基里斯腱呢？

只是這些全都屬於「很有機會在不久的將來獲得證實」的範疇，或許更適合「有趣的主意」這個類別。就算利用腸道菌群進行的個人化醫療還未成為慣例程序，就我們目前所知，已經有一些案例採用這種治療方法了。我們在第十章就曾經提過，治療人員必須熟知藥物和細菌以及細菌產物之間會如何相互影響，又會產生什麼效應，才能配合不同療法開立與之相符的處方。如果患者的腸道菌會將普拿疼轉換為有毒物質，那麼主治醫生或許應該以布洛芬（Ibuprofen）或是另一種止痛劑來取代，而這一點只要透過糞便測試就能加以確認。不過測試的重點並不在於找出某種特殊的細菌，而是造成不良效果的細菌基因。當然這項檢測也能同時找出其他會影響健康的細菌基因，甚至如果直接以糞便樣本進行代謝功能分析事情顯然會簡單許多。不過，單是從個別菌種或是它們的活性基因我們並無法獲悉任何關於代謝功能的資訊，而是——根據由柯爾（Helmut Kohl）所提出的「重要的是隱藏在後面的東西」原則——必須從完整的過程來判斷：我們所關注的物質經由什麼方式以何種程度被轉換成什麼東西。如此一來，我們就能得知相關的細菌是否發揮了應有的功能。[10]

---

10 Clayton et al.: Pharmacometabonomic identification of a significant host-microbiome metabolic interaction affecting human drug metabolism. PNAS, Bd. 106, S. 14728, 2009

邊吃優格邊等待

同樣的道理，我們也可能發現有些患者的腸道菌能善用藥物，比如促進療效。第十章曾提過的佐能安在這裡就是一個極端的例子，佐能安本身其實無法發揮效用，必須經由腸道菌活化才會轉為鎮痙劑的形式。如果總是可以事先知道患者的腸道菌是否具有這樣的能力，那當然是最好不過了。

按照這個原則，我們也能判斷某種飲食習慣對於某個人來說是好是壞，或者沒有特別的影響。好比說大豆與攝護腺：如果有人想要藉助細菌之力將大豆成分代謝成雌馬酚以便預防攝護腺疾病，那麼我們會建議他先測試自己的腸道菌叢，確認體內真的有預期中用來輔助這項轉換功能的工具。要是沒有的話，他也能在專業醫師的協助下，接受調整微生物群的治療並服用藥物，讓必要的細菌進駐體內，並且定期餵食它們大豆製品。同樣地，假設患者體內有助長癌症生成的脆弱擬桿菌，我們也能透過微生物群系分析得知，並嘗試利用其他擬桿菌群予以取代——這麼一來，最後絕大部分的擬桿菌就都會是益菌了。當然，針對個人需求調配專門對付或協助特定細菌的藥劑也是一種可行的方案。

然而，上述這些方式至今尚未在任何地方成為慣例療法。有一些其實早就可行，像是在個體腸內尋找有用的微生物。相較之下，其他的作法就沒那麼容易執行，比如藉助其他細菌之力取代特定的有害微生物或是有目的地植入益菌。要是有任何醫學專家、臨床或是其他治療者宣稱他們還知道其他方法，我們也都應該先抱持懷疑態度觀之。

但是這樣的情況會改變。只是在那之前我們必須先耐心等待，多吃含有活菌的優格和富含纖維的菊芋，並期盼這些食物確實能帶來助益——同時督促醫生、專家學者和管理當局加速與這個領域相關的各項研究。這對患者或保險公司來說也是美事一樁，因為這麼一來，他們就能更加確定細菌療法或類似的處理方式是否值得他們付出大筆醫療費用。至於那些想藉此大發利市的人或許也能幫得上忙，只要他們沒有誇大不實療效的話。這部分我們會在本書的最後加以討論。

第五部

向錢進

第二十一章

清洗、淨化、修復、收費

一般認為，解毒療程與清洗腸道能重新修復負荷過重的消化道，提供相關服務的業者更是因此獲得了可觀的利潤。不過這些方法是否真的有效仍有待商榷，畢竟它們很可能不只傷荷包而已。

凡是骨頭曾經斷裂，又重新經螺絲固定而復原的人，想必腦海裡都曾有那麼一瞬間想到連恩爵士這個人。連恩爵士可說是現代外科醫生的開路先鋒，必須好好感謝他的絕對不只有粉碎性骨折的患者而已。不過對他無數的患者來說，這名醫生對於治療的熱情也不見得總是好事。

連恩出生於一八五六年七月四日的蘇格蘭喬治堡。十六歲那年，他跟著父親前往位於倫敦的蓋氏醫院，並且在那裡展開他的習醫之路，日後也繼續在這家醫院度過了他絕大部分的執醫生涯。一八九二年，由他發起的一項革命運動讓他獲得了「整形外科之父」的稱號。

當時已有不少關於複雜粉碎性骨折的軼事報導，內容指出曾有醫生嘗試利用銀線將碎片重新固定在正確位置上，讓斷裂的部位重新恢復運作。連恩見過許多人在骨頭斷裂後，由於未接受矯正導致畸形癒合，造成終其一生都無法擺脫疼痛的遺憾。他認為應該終結這種錯誤，於是開始將破裂的骨頭重新鎖在一起，有時還會塞進鐵片加強固定。

連恩的作法激怒了不少同事，因為這名年輕醫生大費周章地進行手術，竟只是為了修補他們一般只用木板夾片予以固定的破碎骨頭。雖然也有人按照連恩的方法處理骨折，卻造成了更嚴重的後果，因為他們並不知道這項手術必須在無菌的條件下進行。在那個年代裡，只有少數人講究劃開人體時必須確保純淨無污，而連恩正是其中之一。他發展出一套嚴謹的臨床試驗計畫，詳細說明手術環境應該先以碘和無菌布徹底消毒，護士也必須使用消毒過的鑷子將縫合線穿過針孔。另外，他還為此特地訂製了握柄加長的手術工具，確保任何經過雙手碰觸的部分都不會直接接觸到患者的傷口。

由於連恩手術的技巧實在精煉嫻熟，很快地，甚至連腹部手術他都能輕鬆以對，儘管腹部這個區塊沒有骨頭，但需要仰賴手術修補的地方還是很不少。

德國醫生柯霍在一八七六年首次全面證實細菌會導致疾病形成，自此，人們不免開始懷疑人體寄生菌是否也會對我們的健康造成威脅。畢竟長期便祕——或者如連恩稱之為「慢性腸阻塞」——之所以會引發自體中毒，也就是所謂的「腸毒血症」，很有可能就是人體寄生菌在背後搞的鬼。然而當時除了灌腸也別無他法——否則就只能動刀。連恩的看法是：大腸與腸內那些活生生的內容物都只是源自史前時代、歷經漫長演化過程殘存下來的多餘承載物，要是少了這些東西，相信每個人走起路來一定輕鬆許多。所以應該把它們全部拿出來，或者至少其中一部分。而他實際上也真的開始著手替那些嚴重便祕的患者切除他們的大腸。

成為超級巨星的外科醫生

經過一段時間後，連恩只需要不到一個小時就能完成結腸切除手術，而且如果當初的紀錄屬實，絕大多數的案例都是成功的。接受手術後，根據當時留下的敘述，患者們的體重逐漸增加，重新「恢復健康活力，氣色也明顯改善，揮別無精打采的生活，再次擁抱親人與好友」。[1]至於術後的長期觀察，由於找不到相關紀錄也就無從得知了。另一名見證這一切的人則深深為連恩一雙巧手所展現的過人技藝讚嘆不已，那時他已被應聘為英國皇室專屬的外科醫生。光是一個上午，連恩就幫一名發育異常的嬰兒重建了軟顎，然後再替另一個人切除了下顎，接著又把一根支離破碎的手臂重新緊緊鎖在一起，最後還切除了一條大腸。[2]他無疑是那個年代外科醫生中的超

1 Moynihan: Intestinal stasis. Surgery, Gynecology & Obstetrics, Bd. 20, S. 154, 1915

2 Brand: Sir William Arbuthnot Lane, 1856 – 1943. Clinical Orthopaedics and Related Research, Bd. 467, S. 1939, 2009

級巨星，享有的盛名幾乎與後來的紹爾布魯赫[3]和巴納德[4]無異。《浮華世界》（*Vanity Fair*）在一九一三年最初出刊的前幾期中，就曾經有一期以專題介紹了名醫連恩，報導中提及，在蕭伯納[5]一九〇六年創作的《醫生的兩難》（*The Doctor's Dilemma*）劇作中，有一名角色正是受到連恩的啟發。另外，創造出夏洛克．福爾摩斯的柯南．道爾也曾研習醫學，後來同樣成為一名外科醫生的他則承認自己筆下的天才神探有一部分設定就是套用了連恩的觀察力及其個人特質。

然而連恩擁有的可不只是這些崇拜者。一如他輕巧俐落的手法，他也總是以輕鬆無慮的態度處世。藉由切除大腸治療便祕的作法不但就現今的眼光看來有些失當，同事們也批評他沒有負起身為一名醫生應該承擔的責任。不過，後來第一次世界大戰爆發，更多亟待解決的醫療問題陸續浮出檯面，連恩和反對者的爭論也就沒有再進一步激化。戰爭使得連恩在某種程度上調整了看待事物的方式，對他來說，消化不良一直是個棘手的問題，不過現在他並不再堅持非用外科手術來解決不可，反而更希望可以從健康飲食著手加以改善。

到了一九四三年，時值第二次世界大戰，德軍的連番轟炸使得倫敦籠罩在一片煙霧瀰漫中。彼時已高齡八十七的連恩，因一場由於視線不佳而釀成的車禍離開了人世。

事實上，因排泄不順而導致自體中毒的概念並非首見於十九世紀。據傳古希臘時期的希波克拉底[6]早就確信人體的四種體液彼此和諧混合。而在他之前，蘇美、中國及埃及的醫生也已發展出類似理論，他們利用緩瀉劑與灌腸劑減少毒物和腸壁接觸的時間。另外，「帕奇卡瑪」

（Panchakarma）則是一種阿育吠陀醫學固有的淨化排毒療法。腸道在歷史的進程中面對了「從上方投下的緩瀉劑彈藥，由下方灌入的水療衝擊，還有與外科醫生的正面對決，」英國腸胃病學家赫斯特[7]在一九二二年一場對同事發表的演講上控訴人類是如何對待他們的消化器官。[8]

距離連恩成功以粗糙的方法解決便祕問題約百年後的今天，消化道的淨化工程再度成為一種流行。然而，相較於當初那些顯得有些極端的措施，今日所謂的「腸道修復」其實也沒有提出更有力的科學論據，有時患者必須承擔的風險甚至與舊時無異。至於修復的方式則有腸道清洗（可能是在一間通常由物理治療師執業的專門診所裡，或者也可以在家按照 Youtube 影片分享的步驟自己DIY）、腹部按摩、禁食療法，以及服用營養補給品等各式各樣琳瑯滿目的論調與偏方任君挑選。只是到目前為止，上述各家所宣稱的療效並沒有任何一種是真正經過科學的檢驗與證

3 譯注：紹爾布魯赫（Ferdinand Sauerbruch, 1875-1951）：德國著名外科醫生，史上第一位成功進行心臟手術的醫生。

4 譯注：巴納德（Christiaan Barnard, 1992-2001）：南非外科醫生，史上首例人類心臟移植手術的實施者。

5 譯注：蕭伯納（George Bernard Shaw, 1856-1950），愛爾蘭文學家、劇作家。

6 我們在這裡也可以將「據傳」兩字刪去，寫成：「希波克拉底早就確信……」，因為希波克拉底（Hippokrates, BC460-370）的作品裡確實出現了與這個主題相關的論述。只不過根據目前的研究結果，這些內容極有可能不是或者根本就不是出自希波克拉底之手，這也是為什麼直至今日沒有人能夠明確肯定那些思想的確是由這位古希臘時期的大師所提出的，而哪些又是後來弟子們的觀點。

7 譯注：赫斯特（Arthur Hurst, 1879-1944），英國醫生，英國消化系學會（British Society of Gastroenterology）創辦人之一。

8 Hurst: An Address On The Sins And Sorrows Of The Colon. The British Medical Journal, Bd. 1, S. 941, 1922

實。

腸道的清洗設備與保養工具

如果有人出於一時好奇在搜索引擎輸入「腸道修復」，他將在短短幾秒內得到這樣的印象：整個網絡世界彷彿就只是為了販售某種類健康概念而存在的市場平臺，這些現象的背後則顯然有一個規模龐大且完整的瘦身排毒產業在運作與操控。從亞馬遜的網頁上我們也能見到類似景象：光是關於如何正確照料腸道的德文書籍就超過九十本，另外用來淨化這條消化管道的相關商品，諸如營養補給品與清洗腸道的設備以及各式配件等，則有數百種。

如此龐大的供應量想必是為了因應源源不絕的需求才可能存在。其實無論男女，不管是誰的消化道都可能偶爾出現一些小毛病，這是再正常也不過的現象。而其中最起碼有百分之十的人會一再面臨腹瀉、便祕、腹痛或是脹氣等狀況，面對這些問題，通常只要排除了其他可能的起因，醫生就會診斷為腸道激躁症。我們並不清楚這些疼痛發作起來是如何地要人命，患者的生活品質卻會因此受到嚴重破壞。正常來說，一直到確診為腸道激躁症，然後在醫生的協助下找到合適的解決辦法以前，患者通常早就已經花了好幾年時間嘗試各種不同的自我人體實驗或是腸道淨化工程。當然情況也可能剛好相反。假使醫生遲遲無法提供讓人滿意的療效，那麼我們可能就會在某個論壇裡讀到類似這樣的發言：「傳統醫學」實在是孤陋寡聞，竟然不知道這個或那個替代方案的效果實在棒透了。有些患者就這樣如奧德賽般在一個又一個醫生和治療師之間流轉來去，無視自己的消化器官已經奄奄一息的事實，依舊想方設法地予以打擊。

美國腸胃病學專家、同時也是海軍醫生的亞寇斯達（Ruben Acosta）和凱許（Brooks Cash）前一段時間蒐集了兩百九十七篇講述大腸水療有何益處的文章，之後，他們得出的結論是：完全找不到一篇足以證實水療法有任何效用的文章，[9]甚至在多數案例中只有讓情況變得更複雜。[10]不過令人感到訝異的是，水療法幾乎不會造成身體孔洞或腸上皮破損，如果真要計較的話，最常發生的大概就只有反胃、嘔吐或疼痛感這類副作用。「清洗腸道會讓身體失去許多水分，同時也會打亂身體礦物質含量應有的平衡。」身兼美因茲大學醫院主任及德國消化與代謝疾病協會董事會委員的加勒（Peter Galle）指出。後續還可能引發血壓驟降，甚至腎臟衰竭。尤其對患有克隆氏症、潰瘍性大腸炎、心血管或肝臟疾病，亦或是先前已接受過腸胃道手術的人來說，當然也包含痔瘡患者在內，清洗腸道會造成不堪設想的嚴重後果。「每年都會有幾個情況相當危急的病患被

9 Acosta und Cash: Clinical Effects of Colonic Cleansing for General Health Promotion: A Systematic Review. American Journal of Gastroenterology, Bd. 104, S. 2830, 2009

10 德國另類醫學（Alternativmedizin）研究學者埃德查德．恩斯特（Edzard Ernst）也得出了類似結論，並認為目前宣稱的療效皆不具科學實證性，同時將這種療法大受歡迎的現象稱為「忽視科學的勝利」。

送到我們醫院來，」加勒表示。此外，購買一堆無用的器具、書籍以及設備也是一筆不小的支出。加勒認為，只有在一種情況下才會需要利用緩瀉劑清理腸道：就是準備進行結腸鏡檢查之前。「否則就醫療上來說，就沒有其他理由這麼做了。」

典型的腸道清洗會將多達十公升的液體從肛門灌進身體裡，有時是一般用水，有時則會在水裡另外添加一些增進效果的物質，比如咖啡。另外，為了刺激腸道，還要不停冷熱交替變換水溫。也無怪乎人們在過程中會感到興奮了，因為這種打著自然療法名號的作法和腸道實際上的運作一點關係都沒有。基本上這種療法只會讓人想起後柯霍時代的衛生狂熱，兩者間只有兩個地方不同：其一，腸道清洗並非直接沖刷或擦拭外在的表層，而是從身體的內部清洗內部。其二，針對外部表層所進行的清潔工作在某種程度上自有其意義，這一點無可辯駁，否則小狗、小貓、各種鼠類，以及其他動物就不需要每隔一段時間認真梳理自己。據我們所知，目前還尚未有任何動物演化出專門高壓清洗腸道的器官。

不過從網路論壇上成千上百篇分享個人親身經歷的文章看來，確實有不少人認為清洗腸道後明顯獲得紓解，整個人也輕鬆許多。

聽聞這樣的感想，醫生們並不是太訝異，加勒就是其中一例。清洗腸道的過程中，腸內壓力會大幅增加，一旦這些壓力釋放後，就能獲得一種「彷彿牙醫停止鑽牙」的解脫感。

光是靠著「釋放疼痛的感覺真好」這套公式來說明為什麼大腸水療會獲得這般熱烈的迴

響——至少從商業效應以及腸疾患者的觀感來看是如此沒錯——顯然仍有些不足，或許還得再加上亟具說服力的安慰劑效應，以及可想而知必然會隨著排便而來、卻是便祕患者苦求不得的舒暢感。腸道清洗看似有效的結果也許真的幫了某些人的忙，但也可能只是白忙一場。事實是，至今為止這些所謂的實質幫助對任何人、任何疾病或任何徵兆來說，就連某種程度的科學實證都算不上——儘管有些徒勞的嘗試。倒是伴隨而來的風險一點都沒少。

足浴療法不為人知的伎倆

同樣地，腸道淨化、去酸排毒，以及其他經口服修復腸道的方式也只有屈指可數的科學文獻證實其效力。販售這類排毒療程、茶葉或藥丸的廠商宣稱自家產品能將我們在日常生活中經由速食、酒精、香菸，或者藥物形式——比如殘留在食物中的農藥或是其他破壞環境的藥劑——所吸收的毒素排出體外，這些廣告內容無疑架空了人體的功能，彷彿它再也無法自行處理任何生理機制所製造出來的廢物，同時維持正常運作，因此我們必須不斷進行大掃除。

熔渣其實是在燃燒過程中變得具有黏性的殘餘物，它們會堆積在熔爐底部，所以每隔一段時間就必須清理乾淨，以維持熔爐的正常運作。「但是這種想像簡直錯得離譜，」加勒表示，「腸道可不是煙囪，而是一個複雜的系統，同時也是許多生物生存並活躍其中的空間，我們才正要開始好好認識這個地方。」儘管如此，民眾還是經常在自家廁所拍下照片，寄給那些給予淨化療程負面評價或抱持懷疑態度的雜誌社，希望藉此駁斥刊登的報導內容，而照片底下就寫著：「如果這不是熔渣的話……」

這當然不是有效的論述，它們更適合由沖水按鈕出面處理。不過關於這項主題或相關內容的討論，我們本來就不該期待見到太多有理有據的發言。

除此之外，這些自認為能修復腸道的治療師慣用的宣傳空話還有：不含糖、非精製食品、未添加白麵粉。保守一點的營養學家大概也會對此表示贊同。

可以讓「消化功能恢復正常」的方法或許有成千上萬種，邁爾（Ernst Xaver Mayr）發明的邁爾療法便是其中之一，有不少電影明星和名人因為相信邁爾診所在官網上所宣稱的療效而爭相前往。不僅如此，這套療程據稱還能使腸道酸鹼值重新恢復平衡，「以溫和的方式淨化腸胃道、釋放壓力，並且排毒。」療程結束後，「不但體重減輕，皮膚也會明顯變得更加緊實、氣色紅潤，而且光滑無皺紋。同時，精神也會跟著提昇，整個人更有活力。」這套療程對動脈粥樣硬化（Arteriosklerose）、第二型糖尿病、痛風、風濕症、偏頭痛，以及「膽固醇過高」等症狀和疾病都甚有幫助。上述這些宣稱的效果雖然缺乏可靠的科學實證，卻沒有任何客戶因此打退堂鼓，依舊心甘情願掏腰包，付出至少一千歐的代價換取為期一週的療程。有些診療中心除了提供清淡飲食，還會附上利用電波共振治療的鹽水排毒足浴。我們經常可在週刊雜誌上見到這種療法的相關介紹，按照報導的說法，一旦毒素經由腳部毛孔排出體外，水的顏色就會變深。事實上，只要拿一顆電池，用兩根鐵針當電擊器，然後再加上一碗鹽水——只差沒把腳放進去——不管是誰都能在家裡製造出一模一樣的效果。[11]

另外也有業者利用分子生物學提供有別於其他腸道淨化療程的選項。只要人們把自己的糞便樣本寄給他們，除了可以獲得不錯的報酬，還會收到一張附帶醫療建議的評分表。「如果有人帶著這張表單來找我，通常在打開來看之前，我就已經知道裡面寫了些什麼。」小兒胃腸及營養學協會的恩寧格（Axel Enninger）說。基本上業者提供的都是同一套治療，也就是益生菌，當然還有其他各式各樣的特定產品。提供這些產品的廠商通常會和某家檢驗機構登記在同一個地址，但擁有自己的公司名稱。

恩寧格說，曾經有好幾年，他每隔一段時間就會要求這些廠商提供推薦產品的科學依據，不過從未獲得回應。因此，他認為如果有人前往這些大肆宣稱不實療效的診療中心接受腸道微生物群檢測，最後的結果基本上幾乎沒有效力可言。「很明顯地，等到這些糞便樣本跨越整個德國寄達實驗室，裡面所含的菌種已經和一開始裝填進試管裡的那些不一樣了。」一名任職於斯圖加特醫院的兒童腸胃學家說。最後重點還是在於這些活物脫離了原本不含氧、且維持在三十七度的生

11 班・高達可（Ben Goldacre）說明排毒足浴究竟是怎麼一回事：http://www.badscience.net/2004/09/rusty-results/

態體系。這也是為什麼作為研究之用的糞便樣本通常會被裝填在真空袋裡，全程冷藏寄送，以盡可能維持內含微生物群的原貌，減低發生變異的機率。

更乾淨的肝與危險的黴菌

據說淨化肝臟也會產生不可思議的效應。配方大概是通便用苦鹽、葡萄柚汁，加上橄欖油，然後使用者早上起床後就可以好好往馬桶裡瞧一瞧。這套方法是從一篇一九九九年刊登在知名醫學期刊《柳葉刀》（*The Lancet*）上的某篇文章衍生而來的，主要是透過通便劑引發腹瀉，導致糞便呈軟泥狀後，從肝臟導管清出含有脂肪的沉積物。只不過那些浮在水面上的小球根本不是身體的膽固醇，而是果汁和油的混合物。[12]這一點早就經過多次證實了，但是網路上仍然流傳著各種如何進行這套療程的作法，附帶的標題通常是：「年度身體大掃除」。不可否認，將這些物質混合之後的確有緩和通便的效果，新鮮的葡萄柚汁和天然橄欖油也確實對人體有益，很可能兩種物質都發揮了促進健康的功效。不過最後出現在馬桶裡的綠色泥狀物和肝臟的清潔其實一點關係都沒有。

黴菌感染則是另一個熱中腸道修復者想要對付的問題。十名健康者當中，有八個人的糞便被發現帶有黴菌，它們大多是也會寄生在皮膚上的念珠菌屬（*Candida*）。大量文獻——其中不少富有學術色彩——幾乎一面倒地證實，無聲無息的細菌感染症正是導致腸疾、情緒不穩、極度飢餓，以及粉刺等症狀爆發的罪魁禍首。

真正具壓倒性其實是驚人的文獻數量，包含質性研究蒐集的調查資料也提出了無可辯駁的反證，證實黴菌可能會損害健康狀況並無大礙者的腸道。在分析近兩百篇專業文章後，羅伯特・柯霍研究中心特別任命的委員會認為，不論就臨床流行病學的研究或是治療試驗看來，並沒有任何線索指出念珠菌會引發症候群。[13]儘管酵母菌會隨著食物進入消化道，我們有很好的理由相信在身體各處流轉的它們並不會產生變異，也不致造成明顯波動或影響。它們的確待在那裡，卻什麼都沒做——如果我們信仰的是科學證據而不是印度教的導師。它們沒有導致任何症狀生成，也沒有引發任何症候群。

消化道幾乎不可能發生黴菌感染，如果真的受到感染，那麼多半也會伴隨著與癌症同等級的疼痛與不適。相對於症候群，黴菌感染的診斷相當容易。對免疫系統嚴重失調的人來說，**念珠菌屬**可能會造成不堪設想的後果，例如黴菌經常會在愛滋病患者的嘴裡引起感染。不過正常來說，它們原本就屬人體生態系統動態平衡的一部分，平時受免疫系統的防禦力監控，有時可能也會受

12 Sies und Brooker: Could these be gallstones? The Lancet, Bd. 365, S. 1388, 2005
13 Bundesgesundheitsblatt, Bd. 47, S. 587, 2004

制於細菌。

然而對許多治療師來說，黴菌可是一門足以帶來豐厚收入的好生意。由於疑似黴菌感染的各種徵兆和普遍常見的症狀並沒有太大差異，只要身體受到刺激幾乎都可能歸因於黴菌感染，這麼一來，即便多數時候仍未達申請保險給付的條件，患者還是會選擇接受糞便檢測。多數人經檢驗後都會發現一些問題，診療中心便得以藉機向他們推銷各種黴菌療程，即便兩者間的關聯性仍缺乏科學證據支持。

上述案例只是舉出腸道修復與其他腸道療程較不為人知的一些面向。腸道的修復、淨化、排毒——有些人認為我們能直接取出存在身體裡的特定毒素，並且將這個過程稱為「排出」。然而，它們事實上都只是未經醫學定義的概括性概念，每個人在使用這個字眼時都有自己的認知，有些人想的是毒素、另外一些認為是細菌，有些則是指酸性物質，還有一些不但綜合了所有人提到的東西，甚至把靈魂的淨化也算了進來。不可否認地，的確有很多疾病源自於腸道，但這些並不是在網路平臺販售、或是刊登在有機商店及健康食品超市提供的免費雜誌背頁廣告的療程可以輕易解決的，尤其它們完全無法提出任何可信的證據。

到了最後，這些我們在這裡大致帶過、可信度仍有待商榷的療程，以及其他不足以使人信服的方法反倒會讓真正有效的處理方式失去了應有的價值與意義。好比恩寧格就提到，基本上，試圖利用細菌治療腸道失衡的想法是個好主意，「我們似乎理所當然地認為菌群會影響人體健康，只是還沒有人知道應該將這股影響力引導至哪個方向，或是我們該如何對它們發號施令。」也許有些患者在接受看似有用的腸道淨化及排毒治療的過程中，也一併獲悉了一些調整飲食的建議，結果因此改善了原本不適的狀況。人類雖無法消化富含纖維質的食物或食品，但這些物質經過轉換後會成為對微生物有用的分子，或許能允許益菌就此定居下來。「人們應該試著提醒自己，不要總是攝取固定相同的食物，」恩寧格警告，「否則可能會危害健康。」有些時候，甚至連受人推崇的益生菌或益菌生療法也可能會對人體發動攻擊，當然有些具有安慰劑的效果，但絕大多數其實並無特別的實質效益。

兩個世界在此相遇。一邊是試圖要瞭解腸道運作機制，並從中發展出合適療法的科學，另一邊則是瘋狂蔓延的江湖醫術，這些偏方或祕技有時或許用意良善，但多數時候業者為了商業利益根本不把求助者當作一回事。有些醫生擔心，這些目前僅提供腸道淨化療程的業者日後甚至會跨足到糞便細菌移植術的領域。在腸疾患者的網路論壇裡，我們已經可以見到在自家執行這種療法的相關討論。而對業者來說，要以此發展出新的商業模式只是時間的問題而已。然而，在沒有醫生陪同指導的情況下，又缺乏捐贈者和受試者實際參與的大量實驗測試作為基礎，糞便細菌移植術很可能會帶來難以預期、完全不是清洗消化道或撲殺黴菌可比擬的嚴重後果。

至於其他打算利用活菌和其所具備的神奇療效大發利市的產業則正蓄勢待發。接下來我們將介紹一種源自日本、後經巴伐利亞改良的操作模式。

第二十二章

有效微生物：拯救世界的八十種微生物

一名日本教授發現了一種似乎無所不能的混合菌群，不但能復育自然環境，還可以治癒人類和動物，簡而言之：就是拯救世界！不過這種「有效微生物」到底多有效呢？

只要曾經前往基姆高拜訪費雪（Christoph Fischer）的人想必都對這趟旅程留下某種程度的深刻印象，這多半要歸功於一股瀰漫整個村落、聞來甜美卻又噁心的氣味，飄散在空氣中的味道彷彿在訴說著：這裡有東西腐爛了，不過這也不完全是壞事。費雪在看來壯觀的設備裡加進了微生物，但他可不是隨便抓了一把，而是刻意挑選了「有效微生物」（Effektive Mikroorganismen，簡稱EM）。

製造廠房裡很溫暖，細菌就喜歡這樣。兩只巨大、擦拭得發亮的發酵罐高聳直至天花板，一旁還有一些小一點的培養著各種不同的微生物。剩下的空間則多半被裝滿各式成品的桶子所占據：飼料添加劑、土質改良劑、家庭清潔劑、除草劑、植物生長劑、殺蟲劑、水質淨化劑、室內芳香劑、防塵劑、護木漆、除霉劑——還有更多尚未詳加標示，只簡單注記了EM兩個字母在上面。

這群據悉由大約八十種不同細菌和黴菌所組成的混合物有段神話般的起源：一九八〇年代，任職於日本沖繩國立琉球大學的農學研究者比嘉照夫（Teruo Higa）教授試圖要尋找一種能讓土地重新恢復生命力的物質，他利用了各種微生物進行實驗，卻遲遲一無所獲。直到有次，他在失望之餘一口氣將所有培育失敗的黴菌及細菌全都倒進花園裡，那時他心想，至少這些養分充足的混合物還能當作肥料吧。後來，這塊小園地竟開始接二連三不斷冒出新芽來，他這才明白，單靠一種微生物還不足以恢復地力，而是必須集眾菌之力才可能辦得到。按照比嘉的理解，那桶潑灑到花園各個角落的滿滿微生物顯然不只發揮了肥料的作用，而是讓這塊遭受破壞的土地重新建立起原有的平衡。

他構想出一套理論來解釋這些現象，更貼切地說：是一種哲學。根據這套哲學思想，我們可以將所有微生物分成三類：第一類負責自然界所有的發展與生長，第二類管理退化和腐爛，而第三類則被比嘉博士描述為總是趨附強大勢力的機會主義者。一旦破壞力量當道，土地就會生病；換作微生物占有優勢，土地自然肥沃健康。比嘉認為這套規則同樣也適用在動物身上，人類當然也不例外。

基本上，哈尼曼（Samuel Hahnemann）的遭遇也很類似。他從一路顛簸不平的運輸過程中發現，經過稀釋的藥水在搖晃後反而更能釋放出潛在的效能，這即是今天我們應用的順勢療法與其完整理論的由來。至於比嘉光是靠著那段因丟棄細菌反讓日式花園繁榮茂盛的軼事，就足以建立起一系列打著「有效微生物」名號、涵蓋範圍驚人且歷經三十年仍不衰的各式產品。比嘉的EMRO基金會（主要支持有效微生物研究的組織）不但發給世界各地調配菌群的認證，同時也出口這些混合物。而他的理念也經由地方團體、臉書、網路論壇及有效微生物指導團隊傳播至各個角落，其他諸如協會組織、雜誌期刊，或是一堆疊得半天高的書籍則多半是由販售有效微生物相關產品的人一手創立或編輯撰寫的。另外，當然也有專門銷售有效微生物產品的店家，不過這些東西大多仍是透過網路流通。

根據肥料管理法，有效微生物在德國屬於土壤改良劑，不過比嘉的市場行銷則認為這種混合物的效益絕對不只如此。舉例來說，有效微生物能讓死亡海域[1]起死回生，重新變得清澈，也可以讓貧瘠的土壤恢復地力。當然，有效微生物也足以取代家用清潔劑，或是讓肥料不再臭氣沖天，而且有助於讓具有毒性的氨氣揮發散去。此外，有效微生物不但能讓生病的動物健康起來，也可以協助人體微生物群系回復平衡狀態，使傷口更快癒合，腸道運作更加順利。

這東西聽起來像是擁有無限的神奇魔力。然而，就和許多神奇的物質一樣，這些彷彿無所不

1 譯注：大量施放於土壤中的氮肥、磷肥等化學肥料，隨著雨水、灌溉水流海裡，使得藻類大量生長，隔絕了海中的陽光，使水中植物和動物相繼死亡，而成為死亡海域。

能的效果最終完全禁不起嚴謹且有系統的檢驗。有不少研究試圖要為這些宣稱效果提供證據，不過總地來說，那些一心想替有效微生物證實其功能的研究在理論上——謹慎來說——是有弱點的，而且事實上他們急欲證明的那些功能與作用也能由其他微生物代勞，例如同樣也能在發酵蔬菜汁液裡存活的單一乳酸菌。

似乎只有在農業經濟上我們才見得到有效微生物發揮改善土質的效用，然而，就算在使用前經過加壓加熱處理，導致內含微生物群全面陣亡，仍不影響有效微生物溶劑的功效。顯然這些微生物群的營養劑對土壤來說形同肥料——這也是當初比嘉將這些東西扔到花園裡的主要原因，若是以此當作檢驗理論，勢必也更站得住腳。尤其當土壤愈是貧瘠，就愈能彰顯有效微生物作為肥料的效益，這一點和比嘉在第一塊實驗土地上觀察到的驚人成長力不謀而合。其他如漢諾威萊布尼茲大學細菌學與真菌學系系主任克魯格（Monika Krüger）所進行的研究則顯示，有效微生物能改善馬廄的情況，減少環境中對馬匹有害的細菌。不過同樣的效果單一乳酸菌也辦得到。

「世界上有些東西是無法解釋的」

費雪認得這種評論，他認識不少在知名實驗室工作的研究者就是無法接受把某些效果當作童話故事看待，而且：「世上所有的東西不見得全都可以用人類建立的科學概念加以解釋。」他說得沒錯，但顯然他在這裡也把「具有生命」或「能量」的水和「微妙能量的加持」都算了進來，甚至以此為基礎發展出一套無人能敵的強大論述。憑藉著這套玄說理論，順勢療法的擁護者們不斷地要試圖證明，成千上萬使用者所經歷的親身體驗絕對具有凌駕於科學研究之上的優勢：「如果有效微生物一點用處都沒有，那麼為什麼地方上會有超過八百名農夫願意使用？」這個問題的答案或許就和順勢療法的境況一樣：有效微生物雖然沒有發揮作用，但至少是有益的。

首先，有效微生物為創造者比嘉和其企業EMRO，及EMRO在德國的分支Emiko帶來豐厚利潤，當然還有許多其他的製造商也連帶蒙受這些利益的潤澤，例如費雪，而他也不過是歐洲眾多廠商之一。費雪評估，光是德國市場就有兩億商機，每年仍持續強勁成長，「而我們現在的客戶群還不及全國人口的兩成。」

在畜舍及農場上使用有效微生物的農夫似乎也因此獲得不少好處，多數反映畜舍狀況明顯改善，動物也較不容易發生感染。不過我們並無從得知這些變化是否全是因為農人噴灑了某些細菌的關係，畢竟會利用細菌照料自家牲畜的農人，本來就會比較留心各種可能影響到動物的因素。可以確定的是，只要使用有效微生物一年，費雪的流通平臺就會另外幫他們的產品貼上「EM極品」的標章，而客戶也一向很樂意為了這張貼紙再多掏出一些錢，就算那些麵條或蜂蜜裡根本找不出任何有效微生物。

這些僅有薄弱證據支持的細菌功效竟能創造出這番驚人成績，令人費解的程度一點也不輸長銷不墜的順勢療法——而且這些微生物還不只對人類有效，也能用來治療動物，甚至還可以拯救花園與海洋。

也許透過一堂「有效微生物入門課程」可以幫助我們更加瞭解這種現象。

二〇一三年夏初的慕尼黑：一家專門販售有效微生物產品的商店邀請民眾參加一堂為時兩個鐘頭的研習課程，由於開放名額有限，必須事先報名登記。當天出席的有十二名女性及三名男性，共十五人，其中大多都頂著一頭白髮。不過要在中午過後這種時段出現在這個場合，正常來說，大概也只有退休人士才有這樣的美國時間。課程主講人站在前方，臉上戴著一副配有方形鏡片的無框眼鏡，衣著則是簡單以牛仔褲搭了一件格紋T恤，然後套上一件雙面刷毛的夾克，腳上踩著一雙戶外休閒涼鞋。她先自我介紹是一名香藥草講師，同時也在德國環境及自然保育協會提供導覽服務。接著話題一轉，開始說明土壤是如何形成，以及土壤表層在農業經濟的機制底下是如何受到耕作及化學物質的破壞。

才過不到五分鐘，她已經清楚讓我們知道，有效微生物「當然」不屬於基因改造技術。緊接著她又講述了有效微生物是如何從無到有、破世而出的神話，但要不是拜比嘉的教授之名所賜，這段軼事或許也就沒什麼特別值得一書之處了。她一面口沫橫飛地奮力稱頌有效微生物除了不能拿來澆花、幾乎無所不能的神奇效用，一面也遞了兩杯液體給臺下的聽眾親自「聞香」一番。裝盛在第一個杯子裡的溶液聞起來像是糖蜜，而第二杯則讓人想起發酵的蘋果汁或是費雪的發酵廠房——這項產品的確是從那裡來的。

她花了將近三十分鐘逐一介紹有效微生物各類產品，並說明EM抗電磁波陶瓷貼紙是如何發揮作用，「因為讓人們瞭解到背後的原理是重要的。」看來這些貼紙的設計和「震動」以及「秩序」有點關係，不過我們並無法從任何書籍中找到類似說法，除了那些可能藉由這種論調獲得好處的作者以外。聽眾群中有四名女性顯然早就對有效微生物的神奇魔力深信不疑，講師每介紹一項產品，她們至少都能再想出一種沒有標示在該產品包裝上的功能。她們分享了自己如何利用EM液按摩發癢的皮膚、對抗頭皮屑、讓刀子變得更銳利、將窗戶擦得透亮無痕、戰勝唇皰疹，甚至和洗潔劑一起倒進洗衣機裡，據說這麼做可以讓衣服變得「非常柔軟」。不過講師並不贊同最後一種作法，至於是擔心衣物可能因此受損，或是那些被扔進去的微生物，這點她倒是沒有進一步釐清。否則整場下來，她對參與群眾發表的各式心得都沒有表示任何意見，只是靜靜地在一旁聽著。對此她解釋，根據德國的藥物廣告管理相關法規，她的發言內容不得表明這些微生物可能對健康帶來什麼樣的效果，也因此，建議使用者內服或塗抹在皮膚上的行為是違法的。但另一方面她又暗示：「據說有效微生物也會刺激性早熟並且使人勇於嘗試新事物。」

最後登場的是極其古怪的一項產品。她的建議是，只要放置數根「EM管」在裝有飲用水的容器裡，就能「分解自來水在輸送管線中受到的汙染」，有效改善飲用水的品質，而一小包跟手掌差不多大小的陶瓷管就得要價十塊七歐元。然後她將目光轉向牆面上擺滿茶壺及杯盤的層架，它們全是EM瓷器。雖然細菌會在燒製的過程中死去，但是它們的效用仍以一種神奇的方式保留了下來，按照講師的說法，擺在EM盤上的水果可以延長保鮮期。比嘉發明了一種方法讓「微生物的組成結構維持不變」，而這套方法顯然和我們自啟蒙時期以來對物質世界所累積的知識和邏輯相互矛盾。儘管如此，籠罩在這股有效微生物迷霧之中，或者說沉浸在裡頭的有效微生物入門新生們還是忍不住在活動結束前將現場的細菌溶液和瓷器全部一掃而空。

飄浮在第七層雲端上的教室

這些東西大多堆在費雪家的地下室，當然還有更多其他的品項。他有自己的網路平臺銷售並配送這些商品，而地下室就是物流中心，裡頭存放著貼有「EM極品」標籤的麵條，一旁則有依照月亮週期製造的油品與裝盛混合菌群的容器。另外還有來自基姆湖紳士島「採取EM優質養蜂法」、「在新月之際搖取」的萊姆青檸花蜂蜜。至於瓶身標示「第七層雲端」[2]的「能量噴劑」，按照費雪的說法，只要一噴，就連最躁動的班級都能冷靜下來。

當我們不免追問「裡面含有什麼成分？」，費雪的回答只有：「人們不是為了其中的成分而購買這項產品，而是因為它有效。」擺在噴霧旁的則是EM陶瓷棒。有人向費雪請教這些棒狀物的作用原理，他答覆：「我的解釋是完全無法驗證的，那就是：只要放入EM陶瓷棒，就會產生一種秩序，而這股秩序的架構是經由陶瓷所傳導的。」

不可思議的是，人們還是爭相購買了這些東西——那些擁有電腦、網路以及 PayPal 電子錢包帳戶的人。狹小的室內空間裡有兩名女士正忙著將那些透過網路下單的貨品裝進塞滿回收包裝材的箱子裡，這麼做能避免商品在運輸過程中受損。費雪的企業目前共有十四名員工。

他的經營項目不僅限於自家商品，同時也兼售其他廠商的產品。比嘉雖以跨越國界的網絡、卡特爾式的企業聯盟[3]經營他的有效微生物事業，卻已無法獨占這個市場了。由於這個產業並不受專利保護，所以只要願意，而且擁有必要的相關設備，人人都可以生產自己的混合菌群。

費雪的微生物事業始於一九九五年，那臺出現在老舊照片上的混凝土攪拌器就是他一開始用來進行實驗的器材。透過類似糞便細菌移植術的手法，他利用了健康的液態糞肥讓幾乎瀕死的土地重新恢復平衡。首次聽聞有效微生物的消息後，費雪便於一九九九年動身前往日本拜訪那時仍是青年的比嘉，後來甚至還去了第二次。然而沒多久後，這個大型集團橫跨四十幾個國家的營運模式就讓他感到嚴重受限，於是著手創立自己的有效微生物事業。

---

2 譯注：原文 Wolke 7 直譯為「第七層雲端」，也可解為「第七層天堂」之意，在德文裡常用來形容最純粹的喜悅或陷入熱戀的高昂情緒。

3 譯注：卡特爾為企業間為取得最大利益所締結的正式或非正式聯盟協議，容易形成壟斷。

費雪講述這段過往的神情語氣，隱約帶有大衛對抗歌利亞[4]的傳奇意味。現在的他則是從一名奧地利供應商那裡取得所謂的原液，經發酵後生產更多可販售的培養液。不久前才剛取得飼料添加物許可的混合菌群正是依此模式製造而成，不過根據產品使用說明，這些混合物也能用來復育海洋死區。地方上為他製作乳清的酪農場雖然同樣會在包裝上印製「EM」字樣，其內容物當然不含有效微生物，因為酪農場並不具有製作食品的許可。至於他的孩子們則喜歡在結束瘋狂派對的隔日喝下一種混合綿羊及山羊乳清、穀物、萊姆和洋甘菊的飲品來解酒醒腦，否則他們對這門生意根本一點興趣都沒有，他說。

對研究學者來說，有效微生物是種難以詮釋或理解的現象。我們並不否認農業上的細菌確實能為人體健康帶來不少益處，這一點已有多項實驗報告加以證實。一旦少了土壤裡無數活躍的微生物，舉例來說，植物就可能無法吸收生長所需的氮元素，更不用說植物的生長原本就必須仰賴一套由各種黴菌和微生物共同運作的複雜網絡。然而，如同先前曾經提過，絕大多數的研究幾乎沒有發現任何有效微生物產品所帶來的正面效益，尚且不論產品本身不具特殊「功效」，它們甚至就連幫助人體獲取其他「微生物」也使不上力。

此外，當人們連研究標的都搞不清楚時，要談研究就更是難上加難。比嘉的原始配方始終是個謎，後來仿效這個配方製造的產品其實都與原版相去不遠，但絕非完全一樣。事實上，有效微生物的組成與結構並沒有清楚的規定，每個人都可以隨意將任何一種混合菌群稱作EM，它並非是個受到保護的概念。我們無法確保所有由比嘉出品的產品全都含有這名教授最初混合八十種微生物調製而成的配方，例如營養補充品 Emikosan 就只含有乳酸菌。「EM-X 黃金極品」聽來像是富含多種微生物，實際上卻是一種都沒有，而是只放進了它們的排泄物。究竟誰該來監督這些東西？而且，又該針對什麼進行測試？

對管理當局來說，這個範疇所涉及的東西等同處於灰色地帶。「科學無法加以解釋，」任職於德國柏林聯邦風險評估研究院的生物風險常務委員會會長勃伊寧希（Juliane Bräunig）說。「我並不想宣稱這類產品在作用過程中可能產生致病菌，只是成分標示不清這一點讓我很感冒。」而其中最常讓他們感到頭痛的問題是，人們輕而易舉就能在網路上找到一堆如何在家製作有效微生物的指導影片。「不用說，換作是我也一定會在裡頭添加一些有別於原版混合菌群的東西。」

就目前看來，人們購買的溶液至少沒有造成任何損傷。然而，只要培育細菌的環境沒有受到嚴控管控，菌群的結構和組成就不可避免會發生變異。舉例來說，原本飄散在空氣中具輕微危害性的細菌隨時可能趁機滲入，諸如促進黴菌孢子增殖的細菌，然後因此產生毒素。

勃伊寧希希望持續關注這項議題。二〇一二年三月，委員會首次對此發表聲明。根據會議記

4 譯注：源自《聖經》的故事，通常用來比喻弱勢者出乎意料擊敗強者的勝利。

錄，「委員會認為含有有效微生物的產品可能具有風險，因此主張消費者必須受到保護，」然而之後始終沒有任何人著手進行系統性的研究。「也許官方所屬的監督單位必須詳加確認販售這類產品的商家是否確實遵守相關法規的規定。」舉例來說，不得進行宣稱健康功效的廣告行為。

不過所謂的廣告行為根本就不需要由店家親自操刀，網路上有的是讓人自由發揮的空間。特別是那些有勇氣在飲用水裡滴進有效微生物喝下的民眾更是得以與眾人分享其中的滋味，反倒是那些神奇微生物的忠實擁護者拒絕輕易嘗試，畢竟那些液體的氣味實在令人難以忍受。

另外還有一種微生物醫療的商業模式不只有教授級人物予以背書，甚至還有一整群真正的科學家在背後撐腰。不過這類營運模式至今尚未有值得注目的成功案例，但情況或許會改變。接下來我們將介紹幾個有趣的例子。

第二十三章

腸道有限公司

生技產業還未從千年之交的泡沫幻滅中回復元氣，新一波淘金熱卻已然蓄勢待發，而細菌正是「下一個大事件」。

時值千年之交，人類遺傳物質尚未完全解密。對科學家來說，這個領域仍是一塊未經探索的處女地，而我們清楚知道，就在這片神祕大地的某處蘊藏著豐厚的金礦礦脈。也就在這個時期，人們首次將難以計數的賭注押在基因可能帶來的商機上。當時只要是生物系的學生，沒有哪個人不曾在學生餐廳的餐巾紙上隨手寫下賺錢的好點子。那是生技產業的黃金年代，遺傳學的新知催生了各種天馬行空的想像。什麼都可以透過基因工程定序，然後就能藥到病除！大發利市！投資人大排長龍，爭相挹注資金給最瘋狂的想法。生技類股橫掃股市，相關企業也如雨後春筍般冒出頭來。

時至今日，其中絕大多數早已吹熄燈號，有些雖勉強維持營運，卻因遭其他新興事業合併，或被大型集團收購而換了招牌。

泡沫年代的生技公司無不致力於將知識轉換為

白花花的鈔票。人們深信，過不了多久他們就能掌握人體以及生命運轉的奧祕。基因檢測、新型藥物、創新療法，一切都按照患者基因量身打造，包含飲食也依據個人基因設計調配，這些全是當時承諾療效的作法，其中有些也的確在日後一一應驗。例如，部分癌症患者經由基因測試決定了後續的治療方式，有些憂鬱症患者則透過分析某些特定基因事先得知各種抗憂鬱藥物可能產生的不同效果，至於帶有稀有突變的癲癇患者可以藉由基因檢測獲悉哪些藥物具有副作用。

然而，這些過往的自信卻在許多案例中遭遇無所適從的挫敗，探究其因，主要是我們高估了自己掌控人類基因體的可能。人們不得不忍痛破除美好想像並且認清：光是靠著已在某種程度成為當代圖像學的Ts、As、Cs和Gs基因序列密碼，我們根本無從著手，除非我們先瞭解自然是如何精確地將遺傳分子的生物化學密碼轉譯為生命的DNA。

細菌療法即經濟成長力

二〇一三年，新的希望再次出現。美國執行人類微生物群系計畫已歷時五年，這次的押注對象不再是人類基因，而是轉投微生物與它們的遺傳基因。雖然我們尚未全面掌握人類基因，對微生物群系的認識更是少之又少，不過隨之衍生的各種奇想還是一片「錢」景大好。細菌彷彿成了生技公司的萬靈丹，業者除了亟力發展具有療效的益生菌，同時提供檢測服務，以便患者選擇最適合自身體質條件的療法。此外，與微生物群系相互搭配的飲食、促進或抑制細菌生長的活性物質，以及專殺壞菌的抗生素也都是相關產業關注的重點。

「影響微生物群的可能性是極大的，這塊市場大餅同樣也是，」比利時布魯塞爾自由大學的微生物學者瑞斯（Jeroen Raes）在二〇一三年年初接受專業期刊《自然生物科技》（*Nature Biotechnology*）訪問時如此表示。[1]「十五年後，我們每個人都會喝著個人專屬的益生菌雞尾酒，」他預言道，並且鼓勵所有健康的人先將自己的糞便樣本冷凍起來，以便日後因病接受移植時取用。

儘管還沒有人知道所謂正常未受損的微生物群系看起來應該是什麼樣子，不過受到業者大肆宣傳炒作腸道菌的影響，相關領域的專利數目明顯上升，世界各地的新創公司也接連不斷冒出頭來。光是從二〇〇二到二〇一二年，與這個主題相關的專業刊物就增加超過十倍以上，而每年申請專利的案件也成長了六倍左右。[2]

此外，其中潛藏的商機亦未曾縮減。這些各大連鎖商店以藥物名義販售的暢銷產品，光是一年就能創造超過十億美元的業績。根據最新統計，單單在歐洲因感染**困難腸梭菌**而引發的生態失

1 Translating the human microbiome. Nature Biotechnology, Bd. 31, S. 304, 2013
2 Olle: Medicines from microbiota. Nature Biotechnology, Bd. 31, S. 309, 2013

衡每年都能帶來高達三十億歐元的成長，[3]也難怪各路人馬莫不前仆後繼爭相搶奪這塊市場大餅。假設這套專從微生物下手的治療方式真有一天實現接近百分百的高治癒率，想必屆時會出現更多讓人目不暇給的超級商品。

然而，波士頓創投公司 PureTech Ventures 的歐勒（Bernat Olle）在二〇一三年春季出刊的《自然生物科技》指出，真正主導這波生技榮景的還是既有的食品製造商，也就是絕大多數專利申請的所有者。其中的領頭羊正是國際食品大廠雀巢和達能的關係企業，大型藥廠則至今仍無法與之匹敵，歐勒寫道。這些食品製造廠優先申請專利保護的對象多以不可消化、能有效促進益菌生長的纖維素為主。一般熟悉的益生菌當然也在重點投資的套裝中，這些則多屬容易培育加工的乳酸菌屬和雙歧桿菌屬。

至於需要投入大量研發的創新配方，這些大廠就留給各個新創小公司競相發揮了。以下我們將列舉數例：

美國 Rebiotix 公司致力研發一種能夠掌控糞便細菌移植術成效的人造糞便，也因此，Rebiotix 談論的不再是糞便細菌移植術，而是微生物群系的修復治療（Mikrobiota-Restaurationstherapie，簡稱MRT）。這家公司的研發人員從實驗室培育出一種原先名為 RBX2660 的混合菌群，當然，之後市場行銷部門會以更響亮的品名予以包裝（也許沒多久後就會叫作 NeoPoo、OptiStool，也或者是 BacPack？）他們從二〇一三年十月開始以那些一再感染困

難腸梭菌的患者為對象，利用這群混合細菌進行一連串的臨床試驗，然後大約在二〇一四年夏季有了初步報告。事實上，在執行這項實驗計畫前，Rebiotix 長期以 MikrobEx 公司的名義持續提供進行細菌療法的醫生糞便樣本，讓他們用於治療感染**困難腸梭菌**的患者。這項政策一直到二〇一三年二月才停止，不過顯然這並不是一種成功的營運模式，當然也可能和美國藥物管理當局為糞便細菌移植術療法設置的重重監管關卡有關。

同樣位於美國的 Viropharma 公司則試圖利用單一菌種減低**困難梭狀桿菌**復發的可能性。這類菌種將取代壞菌原本佔據的位置，阻止它們定居下來。根據這家公司提出的一份初期報告，這套方法成功讓大約一半的患者免於感染復發。

另一家美國公司 Osel 同樣嘗試利用乳酸桿菌治療一再發生泌尿道感染的女性患者，並且在首次臨床試驗中得到理想的結果。照理說，這套治療模式也可望提高人工受孕的機率，只是目前我們所掌握的數據資料仍不足以證實這一點。Osel 同時還計畫將歷史悠久的日本益生菌**宮入菌芽孢型**（Miya-BM）引進歐美市場，這種由丁酸代謝產物**丁酸梭菌** MIYAIRI 588（*Clostridium butyricum* MIYAIRI 588）所組成的菌種能有效抑制服用抗生素所引發的腹瀉。除此之外，研發人員也希望此種型態的細菌能發揮一般熟知的丁酸功能，改善大腸激躁症及其他腸道疾病。

---

3 Jones et al.: Clostridium difficile: a European perspective. Journal of Infection, Bd. 66, S. 115, 2013

英國企業 GT Biologics 目前則是將他們研發清單上最具受矚目的菌種全力投入克隆氏症兒童患者的治療，也就是藉助腸內多形類桿菌（*Bacteroides thetaiotaomicron*）製造抗發炎物質的能力來緩和慢性發炎的情形。

美國的 Vedanta Biosciences 公司同樣想透過細菌之力來壓制腸道的發炎反應。這家創立於二〇一〇年的公司試圖混合常見的腸道菌來刺激免疫系統的防禦細胞。出乎意料的是，現階段後勢最為看好的候選者竟是梭狀桿菌，不過當然只有那些不會製造破壞性毒素導致宿主生病的族群。[4]而它們首要處理對象是腸道發炎，之後才是自體免疫性疾病。

經基因科技改造的乳酸菌

有不少企業其實只利用了調節免疫系統的活性物質，其中亦不乏大型食品廠。理論上這些活性物質的作用就等同於健康人體內訓練免疫系統的無害細菌，可以避免無害的食品成分或是身體結構遭受免疫系統的攻擊。

其他尋求過敏及自體免疫性疾病解決之道的廠商同樣也偏好從活物著手。例如位於德國蓋爾森基興的 Protectimmun 公司從二〇〇七年起便致力鑽研預防過敏發作的物質，他們觀察到住在農莊的兒童比起其他不常有機會接觸畜舍的同齡孩子，幾乎不易發生呼吸道過敏的情形。於是在波鴻大學科學家的協助下，共同研發出一種讓新生兒的免疫系統處於模擬畜舍情境的藥物。而目前最具發展潛能的有力人選即是無害的**雷特氏乳酸球菌**，估計日後將會和其他免疫調節劑一同調配製成專用的噴鼻劑。

並非所有企業都把擺脫病痛的可能性侷限在健康的人類腸道裡。像是比利時的 Actogenix 公司就直接調整**雷特氏乳酸球菌**的遺傳物質，讓這類細菌製造出抗發炎活性物質散佈到腸道裡。由於這些微生物單純負責製造及載送有效成分，和免疫系統之間並不會產生任何互動，因此患者可以直接吞服，毋須再仰賴含有活性物質的噴劑。在一份最初的臨床試驗報告中，一種名為 **Actobiotics** 的細菌至少沒有造成損害，甚至還減緩了某些患者的症狀；除此之外，這些調整過的細菌也明顯改善了實驗鼠疑似糖尿病的癥狀。[5]這套治療模式基本的運作概念就是藉由經基因科技改造的細菌盡可能仿製出人類體內所有的傳訊物質。

美國的 Vithera Pharmaceuticals 公司也進行了類似實驗。這家公司利用基因科技改變原本不具殺傷力的腸道好菌，讓它們製造出抑制發炎的蛋白質內生多肽（Elafin）。其實人類的腸道細胞自己就會製造這種具保護作用的物質，不過當這類物質匱乏或發炎情況嚴重時，Vithera 公司生

4 Atarashi et al.: Treg induction by a rationally selected mixture of Clostridia strains from the human microbiota. Nature, Bd. 500, S. 232, 2013

5 Takiishi et al.: Reversal of autoimmune diabetes by restoration of antigen-specific tolerance using genetically modified Lactococcus lactis in mice. Journal of Clinical Investgation, Bd. 122, S. 1717, 2012

產的細菌可以提供必要協助。同時，這家公司也致力於研發保護雞隻不受沙門氏桿菌感染的細菌。

同樣位於美國的 Enterologics 公司則專門向其他企業及研究單位購買 Knowhow，再予以改良。Enterologics 的研究人員希望利用**大腸桿菌 M17 型**協助患者擺脫大腸長期處於發炎的困擾，外科醫生縫合小腸及直腸的環狀切口處是不少患者數年後容易再次發炎的區塊，而這種細菌可以抑制類似情況發生。現階段研發人員雖然已從動物實驗中取得良好成效，但是他們仍舊必須進一步釐清這類細菌是否可能對人類有害。

細菌的奧祕與商業機密

法國的 Enterome 與瑞典的 Metabogen 是最早想從微生物群系找出治療處方的兩家企業，他們利用定序儀從糞便樣本裡找出和疾病或疾病風險有關的基因標記，希望有日能為受到破壞而失去平衡的菌叢提供一帖重建原有秩序的良方。現今最受關切的熱門議題是：我們是否也能從成群的患者間找到疾病標記？這些標記究竟是疾病的後果或是起因？再者，如果我們擁有更多關於修復微生物群系的知識，是否就表示可以找出更好的療法？不管怎麼說，理論上我們確實可以根據患者的微生物群系將他們大致分成適用不同療法的群組，身兼法國 Enterome 公司創始人之一及董事會成員的海德堡微生物遺傳學家勃爾克說。至於這家公司主要致力於哪些疾病藥物的研發，勃爾克並不願多談，他只表示：和多數民眾容易發生的毛病有關，也因此牽涉到龐大商機。不過這些產品並無法直接販售給一般消費大眾，而是以提供給醫生和醫院使用為主。相關的檢測想必也絕不便宜，勃爾克推估大概需要花上「好幾千歐」。

至於美國的 Second Genome 公司並沒有嘗試將活物運用到醫療上，而是希望透過「微生物群系調節器」——也就是消化道內所有的微生物基因——控制人類的第二基因體。基本上這只是一個在益菌生一詞逐漸陳腐之際代之而起的新市場概念，重點在於：混合菌群經由正確的飲食習慣往健康的方向調整，並藉此改善諸如糖尿病、慢性發炎性腸道疾病或是感染等問題。這是一項極為艱鉅的任務，還好清單上可能符合條件的活性物質也不是特別多。儘管如此，製造藥品及清潔用品的嬌生集團仍選擇在二〇一三年六月挹注資金給 Second Genome（同年秋天這家大廠則展開與 Vedanta Bioscoences 公司的合作），不過這項研發計畫直至目前為止還尚未進入臨床試驗的階段。至於這種療法具體可行的程度有多高，只要瞄一眼專業顧問團的名單上出現多位美國頂尖科學家的名字就不難想像了。

另外也有公司為了避免可能衍生的抗藥性問題，試圖在不仰賴廣效性抗生素的前提下對抗細菌。歐勒在他的文章裡列舉了其中一些，而規模最大的就屬二〇一三年十月被 Cubist Pharmaceuticals 併吞的美國 Optimer Pharmaceuticals 公司。有種名為 Fidaxomicin 的活性物質據說不但可以有效對抗困難腸梭菌感染，而且不會一併撲殺所有益菌。目前已有不少類似這樣具選擇能力的抗生素處於研發階段中，例如美國公司 AvidBiotics 就想藉助蛋白質來達到這個目的，因為一般來說，蛋白質可以促進細菌增加防禦能力。相反地，法國新創公司 Da Volterra 則選擇專注於降低困難腸梭菌感染的破壞力。在這波競爭激烈的候選名單中，發展前景最受看好的活性物質已經從二〇一三年春天開始在患者身上進行臨床試驗，這些有效成分的任務便是及時制止過剩的抗生素分子全面撲殺腸道益菌。

把細菌當藥

各製藥大廠雖然積極投入研發，但據我們所知，實際上的態勢仍是保守觀望居多。舉例來說，暢銷花粉症藥物 Ceterizin 的製藥廠ＵＣＢ利用實驗室老鼠測試人體微生物的效能，希望找出對人體健康有益的腸道菌產物；ClaxoSmithKline 公司則試圖瞭解疾病和發生變異的混合菌群間有何關聯。[6] Second Genome 的執行長迪勞拉（Peter DiLaura）表示，現有的數據資料對這個產業來說還不足以說服他們投入更多成本，相信未來有日我們將能透過控制微生物群系治癒疾病，因此賺進大把鈔票。[7]

和錢的問題相比，回答關於康復，或者至少改善症狀的可行性都要簡單得多。

既然糞便細菌移植術療法成功擊退了糾纏不清的困難梭狀桿菌感染，說明個體身上的微生物群系可以輕易被另一群取代。某種程度這就像複製貼上，只是這類干預性治療的長期效果仍屬未知數，日後很可能會出現不可避免的風險也說不定。不過這套療法一方面顯示了微生物強大的影響力，另一方面也證明了我們具有影響微生物的能力。看來**把細菌當藥**（bugs as drugs）的概念，也就是微生物療法，至少在原則上是可行的。

至於我們又該如何從中創造商機呢？目前的食品及營養補給品製造商多以販售含有益生菌的優格、飲品、粉末、滴劑及膠囊獲取利潤，然而這些產品對消費者或患者的效益卻至今未曾經過任何客觀或至少具公信力的檢驗，只是就現階段來說，若是保持原狀也尚能接受。

或許要為昂貴的研發費用找到投資的金主才是其中最大的挑戰，因為細菌很可能根本無法獲得專利認證，這也是為什麼它們遲遲無法獲得藥廠青睞的原因。多倫多麥克瑪斯特大學研究腸道及大腦之間生物化學及神經學連結的比恩斯托克認為，現階段有辦法從中嗅到商機的還是以食品及營養補給品製造商為大宗，但他們多半會捨棄嚴謹的檢測過程。

這可能是一種詛咒，或是救贖。不管是兩者間的那一種，都不太可能是純粹碰巧的機遇。假

---

6 Schmidt: The startup bugs. Nature Biotechnology, Bd. 31, S. 279, 2013

7 SecondGenome 執行長彼得．迪勞拉接受富士比雜誌專訪全文：http://www.forbes.com/sites/matthewherper/2013/06/05/jj-pairs-up-with-a-human-microbiome-focused-biotech/ abgerufen im November 2013

設真的有人找到有效的混合菌群，同時沒發現任何副作用，或者至少不是嚴重的副作用，我們不但能立即加以運用，而且費用也比藥廠推出的新藥便宜。萬一效果不如預期，消費者頂多就是不再掏出錢來購買這些細菌，最糟糕的情況則是微生物產生意料之外的效果，導致使用者生病、甚至死亡。由於這些營養補給品可自由購得，醫生並無法掌握或追蹤消費者服用的情況，因此要判斷突然死亡的原因有其困難度。

「假設我今天吃下一杯益生菌優格，然後猜想這種東西對我有益或有害？又是為什麼？那麼答案就是：我不知道。」比恩斯托克說。古語有云：「沒有不具副作用的效果。」這句話相當適合拿來形容腸道菌療法的境況，姑且不論細菌一旦被調配為處方就可能失去它們原本在腸內運作的機制與功能。歸根究柢，腸道菌的存活、繁衍、代謝生成有效物質或許只在特定條件下才可能發生或成立。也因此，就現階段而言，要在不久的將來從超市買到調節微生物群系的相關產品幾乎是不太可能的事，更別提就連這類產品許可的相關規範都還不存在。

進程中的高壓

至今為止，這些企業運用的都是人們長久以來熟悉的細菌，真正讓人感到期待的反而是國際間各個微生物群系計畫可能發現的新菌種。到目前為止，我們對自己同居室友的認識還是相當淺薄，它們絕大多數都住在人體的腸道裡，有時也允許我們在實驗室加以培育。這些小傢伙大多還未擁有自己的名字，不過我們可以經由分析糞便樣本看見它們的遺傳物質浮游其中，或是透過定序儀捕捉到前所未見的DNA片段。這一小片段可能屬於某個全新的菌種，又或者可以被歸納到某種已知微生物的範疇裡。每種新的細菌都可能成就一派新的生物療法，或是成為人體生態系統中不可或缺、同時可透過活性物質加以調節的一員。

每個人的微生物群系都含有成千上萬種菌種，不同的兩個人所擁有的菌種也會有部分出入。至於到底有多少不同的種類與變異株，而這些細菌又有多少不同的代謝基因和可能影響人類心理的基因作用，我們目前所掌握到的可說微乎其微。基本上，這些細菌的變異株，甚或是每個細菌基因，都可能成為醫療用途的藥物。相較於部分新創生技公司僅鎖定數個具有發展潛能的活性物質加以研發，連接人體胃部和肛門的管道反而塞滿了各式有力人選。只是哪些才是真正具有療效的菌種，而我們又該如何加以利用，仍有待更多深入的研究。

法蘭克福未來研究所在「二〇一三年趨勢報告」中將附著或寄生於人體內外的細菌稱為「尚待研究的龐大市場商機守門人」。根據透明度市場研究的估計，光是二〇一八年全球的益生菌收益就可望高達四千五百億美元，而其中最大的一部分將來自亞太地區及歐洲市場。[8]

8 二〇一八年益生菌消費研究：http://www.transparencymarket research.com/probiotics-market.html

倘若我們今日對微生物群系的描述只有部分經過證實，那麼由此衍生的各種市場絕對極具吸引力。然而聳立在我們前方的守門人不但寡言少語，還硬生生張開雙臂頑固地橫阻在通往無限商機的道路上。至今為止，即便我們加快腳步（forsch）也無法穿越這道屏障，但若持續研究（forschen）[9]，或許終將一日可望跨過這道阻礙。

9 譯注：作者在此處利用了雙關語，藉由德語 forsch（有輕快、快步通過之意）及forschen（研究）兩字的對比強調持續研究之重要性。

[結語]

「敬重你身上的共生菌。」——傑佛瑞·高登

將腸道視為生存空間的研究基本上和洪堡德在一七九九年展開的拉丁美洲探索之旅並沒有太大差異，我們對這個藏在人體內的世界雖不至於一無所知，卻也不甚瞭解。儘管坊間充斥著關於這個世界的各式傳聞及軼事，然而之中經過科學方法檢驗的卻寥寥可數。這是一個嶄新的世界，只不過今日的研究者不再是抓著捕蟲網和植物採集箱穿過茂密的灌木叢，而是利用定序儀分析那些隱藏在我們體內的假影。藉助上述兩種迥異的研究工具，我們不但發現了一種異常少見、甚至前所未聞的生命形態，更對這些生命彼此間的互動往來，以及它們與周遭環境的聯繫感到好奇。

洪堡德和同事邦普蘭（Aimé Bonpland）帶回歐洲的大量物品中，仍舊有不少堆置在各大博物館的儲藏室裡，儘管歷經兩百多年，我們還是無法以科學方法全面地一一檢視。至於當代微生物研究從

腸道發現的東西則一概收入基因資料庫，這些線索當然也需要經過科學的解讀與詮釋，雖然希望這次的速度能更快一些，不過分析微生物的科學工作並沒有比較輕鬆：人體有超過六成以上的細菌雖實際存在，但由於它們無法在實驗室的培育皿裡繁衍生長，因此也沒有人能夠取得進一步的認識。我們只知道它們是簡短但陌生的遺傳序列，在分析微生物群系所有細菌基因的過程中，通常可以見到它們的蹤跡。這種情況就好比古人類學家在肯亞裂谷的某處發現了一顆原始人的犬齒之後，就必須試圖用其拼湊出原始人的模樣和生活模式。

人類微生物群系的研究之所以遲至二十一世紀初期才真正起步並非出於偶然。在首度完成人類基因體的解碼後，許多實驗室裡的定序儀突然閒置了下來。引領生物科技的先鋒凡特曾經一度讓人類基因解構成為一場備受媒體矚目的競賽，參與這場賽事的正是由他一手創立的瑟雷拉基因公司和人類基因體組織[1]。現在的他則開始利用閒置產能研究海洋微生物：他航行至世界各地採集海洋樣本，並且著手替海洋微生物的多樣性進行歸納與分類。這可不是什麼創造就業機會的方案，好讓那些沒事可做的研究人員和閒置的定序儀重新啟動運轉；而是人們逐漸體認到，光是將目光聚焦在人類、老鼠以及其他多細胞生物的基因上，很容易讓我們忽略生命中另一個圍繞著我們且占比甚重的一個部分。

以及我們體內。因此，其他研究者決定釐清人類糞便所含微生物的結構與組成。為了徹底解開人體微生物基因之謎，雷爾曼和伐爾柯（Stanley Falkow）兩位加州史丹福大學的微生物學家在二〇〇一年五月啟動「人類第二基因體計畫」。事實上，這項行動的發起距離人類首次完成基因體定序的媒體發表會也才過了三個月。[2]

對現今的微生物學來說，定序儀就如同舊時代的顯微鏡。近年來，這種儀器的處理速度幾乎是以倍數成長，上千名研究者耗費十年才完成人類基因體約三十億個DNA鹼基對的定序，現代的DNA分析儀卻只需要幾個小時就能搞定這項解碼工程。對世界各地的研究者來說，這些儀器已經成為他們探索人體內在世界不可或缺的重要工具。至於研究所需的經費則多數由國家資助，例如美國國家衛生研究院[3]就投注了一億七千萬美金到該國的人類微生物群系計畫，歐洲則有人類腸道菌叢誌基因辨異研究計畫（MetaHIT），另外還有加拿大的微生物組計畫（Canadian Microbiome Initiative）、國際人類微生物組聯盟以及一系列由私人贊助或基金會執行的計畫。總計到二〇一三年已有二億八千九百萬美元投入人類微生物多樣性的相關研究。[4]

如果我們將這些研究成果換算成一堆一堆的紙張，勢必會是相當可觀的一幕景象。若以年度

---

1 HUGO: 人類基因體組織（Human Genome Organisation），關於人類基因組計畫（Human Genome Projects, HGP）詳見: web.ornl.gov/sci/techresources/Human_Genome/index.shtml

2 Relman und Falkow: The meaning and impact of the human genome sequence for microbiology. Trends in Microbiology, Bd. 9, S. 206, 2001

3 國家衛生研究院（National Institutes of Health, NIH），人類微生物群系計畫（Human Microbiome Project）官網：commonfund.nih.gov/hmp/

4 Olle: Medicines from microbiota. Nature Biotechnology, Bd. 31, S. 309, 2013

結算與人類微生物群系相關的科學出版品，光是在二〇〇二年到二〇一二年間就增加了十倍之多。不僅如此，就連醫學報導的數量也急遽上升。[5]

身體的核心領域

在所有探索身體核心領域的研究當中，有項在二〇一一年進行的實驗獲得了眾多矚目。海德堡歐洲分子生物學實驗室的勃爾克和他的同事相信，他們發現了三種不同的「腸道型態」（Darmtypen，比較科學的說法是 Enterotypen），而世界上的每個人都能分別對應到其中一種。很快地，報紙上就刊登了這三種腸道型態不但大致與血型分類符合的消息，甚至可能還比這種舊有的區分更值得重視。

在對外發表這項研究結果之前，身為基因學家的勃爾克一向過著平靜無波的學者生活，或忙於提出研究申請，或埋頭寫作，還要撥出時間參與研討會議或是和同事相互切磋、交換意見。這樣的生活方式卻在後來發生了劇烈又深遠的改變。成果才剛發表後兩天，勃爾克回想，就有兩名來自韓國的醫生登門拜訪，希望可以獲得更多相關資訊；接著記者們也跑來爭相採訪，過沒多久，各方科學家的合作邀約更是紛沓而至，無不期待能與他一同共事。

然而，現實旋即跟著登場。

另一間實驗室的團隊試圖複製勃爾克的研究成果，不過無論他們怎麼嘗試，最終都只得出兩種腸道型態；但是也有其他實驗室同樣找到了三種。事情就這樣陷入你來我往的反覆爭論，而在此期間，光是探討人類腸道到底可以分為幾種型態的專業論文就超過三十篇以上。目前可以確定的是，這個問題的答案主要取決於研究者使用哪一種數學方法來分析實驗數據。然而，有鑑於演算法不斷發展進步，我們求得的答案也愈加明確清晰。換言之，現階段看來實際上最多只可能存在兩種腸道型態，其一會帶有大量**普雷沃氏菌屬**（*Prevotella*），另一種則剛好相反，只擁有極少量的該屬細菌。至於這項結論的實質意義為何？和人體健康又有何關聯？目前則仍未有進一步的解釋。

對勃爾克來說，這個例子正好說明了處於關鍵階段的人們是如何過度解讀僅有的少量資料——或者根本沒有好好花心思解讀。不過就算如此，這種態度仍屬求知過程中一個重要階段，他說。

人們容易在忘我的陶醉感中犯下錯誤，或者持平而論：同樣的觀察雖然可能會有不同解讀，人們的理解和研究的工具卻會與時俱進，那些經不起考驗的看法或觀點自然會在知識發展的過程中逐漸遭到淘汰。

5 同注4。

當你閱讀或書寫任何有關微生物的著作時，必須隨時謹記這一點；或者，當任何人向你建議看似正確或對微生物群系有益的做法時，也應該不斷提醒自己這一點。又或者，當你聽聞有人讚揚某種產品或療程能讓腸道菌變得更強壯時，更應該要謹慎以對。

早在求學時期，勃克爾的免疫學教授就不斷灌輸他一個重要概念：每兩份公開發表的研究報告中至少就有一部分含有錯誤訊息。傳染病學家約安尼季斯（John Joannidis）甚至設定了一個更嚴格的界定標準。[6]這裡指的當然不是蓄意造假的研究結果，而是本質上不可避免的過度解讀或者是預設立場的影響。事實上，就算發現所有和微生物群系相關的描述都有此嫌疑的話，姑且不論是已發表的或未來即將發表的，想必許多包含勃爾克在內的研究者也都不會感到太驚訝。「現階段什麼都和微生物脫不了關係，」這位基因學家表示，「我想這的確有點過頭了。」

市場研究員通常會將一種新興技術必須歷經的不同階段稱做「技術成熟度曲線」。勃爾克認為微生物群系的研究進程同樣會有類似的高低起伏，而且這些波動無論在哪個階段都不會超越「過度預期的高峰」，如果套用市場研究員的行話來說，就是投入研究初期那股興奮的勁頭。一旦過了巔峰，就得面臨「跌落谷底的挫敗」，直到消費者、研究者和投資者修正原先抱持的過度期待，然後再次重起振作。不過勃爾克倒是認為在這波可預見的打擊之後，微生物群系反而會釋出一股「巨大的」潛能。不過為了躲避墜落谷底的慘痛教訓，也有其他的微生物群系研究者試圖要拉住一開始那股過頭的熱度，像是聖路易斯華盛頓大學的高登便是其中一例。如果這條技術成熟度曲線很快就趨於平穩，我們或許可以就此推論，很可能是挹注給該研究領域的資金在第一個波段結束後就開始慢慢捉襟見肘。

「人們還是可以持續在知名的專業期刊上發表簡單的觀察心得，」勃爾克指出，不過情況很快會有所改變。所謂「簡單的觀察心得」對勃爾克來說，就是指出一名患者的微生物群系在組成結構上異於健康者所擁有的，或是委內瑞拉原住民的微生物群系含有柏林居民所沒有的菌種，又或者是其他諸如此類的觀察。例如描述受試者在實驗過程中因為攝取了大量糖分或是一杯優格，或者捨棄了某種食物或服用了某種藥物，導致微生物群系發生了什麼樣的變化。這類型的研究被稱做關聯研究，單是二〇一三年，每個星期就有好幾篇這種調性的文章產出。文章內容雖然不乏有趣的發現，但是基本上就和主張南美洲的蝴蝶有別於歐洲品種的論述沒什麼不同。換言之，研究者單純將觀察到現象記錄下來，卻沒有進一步加以說明。然而，如果我們希望這些研究結果可以在將來的某一天發揮實質效益，那麼光是知道誰出現在哪個生態系統中的哪個地方，以及這個

6 Ioannidis: Why Most Published Research Findings Are False. PLoS Medicine, Bd. 2, S. E124, 2005

誰叫做什麼名字，是絕對不夠的。[7]我們必須深入瞭解作為觀察對象的有機體在所處的生態系統中扮演著什麼樣的角色，比方說，是腸內的細菌或是草地上的飛蛾。

你們是誰？都在做些什麼？

所以，究竟是什麼原因導致腸道菌群的組成和結構會在人類生病時跟著發生變化？如果我們讓腸道回復正常狀態，是否就能有效對抗疾病？若是，又該怎麼做？在回答這些問題之前，我們必須先掌握腸道菌的功能，以及它們的作用會對身體其他部位造成什麼影響。釐清這些前提的同時，我們也發現了為什麼人們在研究資金逐漸緊縮後，會慢慢不再執意探尋的原因：因為實驗室裡的研究團隊、生技公司的行政高層以及風險資本家早就認識到，描述腸道環境以及住在裡頭的居民或許輕而易舉，不過若要進一步解開上述那些困難程度不一的問題可就沒那麼簡單了。

慕尼黑科技大學的營養科學專家丹妮爾（Hannelore Daniel）每每談到與日俱增的關聯研究都難以壓抑語氣中的激動情緒。「這些內容談論的多是預言，而且氾濫程度教人不可思議，」真正的運作機制卻鮮少成為這類研究關注的重點，「人們還停留在關聯性的層次，所以才會在專業期刊裡利用思考來填補這些缺口。」對丹妮爾來說，這就和倒退回過去沒什麼兩樣。定序儀做為基因科學的現代化工具雖然可以顯示腸內多樣性的繽紛色彩，「但是我們現在需要一種新型態的研究，」丹妮爾表示，而她指的就是釐清人類生態體系的運作機制。「真正的工作現在才正要展開。」問題是，幾乎沒有人擁有足夠能力承接這個急迫的任務。我們缺乏熟悉細菌培育技術的微生物學家，因為他不能光是會操作或設置定序儀；我們也找不到可以精確測量能量儲備狀態的專家，不論對象是實驗動物或人類。

我們甚至沒有符合研究需求、配備齊全的實驗室。例如丹妮爾就相當後悔在十多年前把一臺生理測量儀扔出實驗室，儘管這臺機器仍可幫她測得人體內有多少食物確實被轉換為可運用的能量，但在當時這種型態的研究明顯已跟不上時勢潮流。時至今日，雖然這些設備在某個程度上可算是生理研究中重新拋光的恐龍化石，卻還是再次被添購回實驗室裡。像是美國國家衛生研究院不但再次採購這臺儀器，同時也利用它進行許多繁重的研究工作。丹妮爾認為，這才是一條通往真相的正確道路，我們終於得以一窺腸道菌群實際上是如何運作。

然而，要測量微生物的功效並不是一件簡單的事，因為就理論上來說，這些效果並不如感染**困難梭狀桿菌**那樣顯而易見。在正常菌叢協力合作的大型演奏會中，單一菌種或菌屬所造成的影

7 物理學家費曼（Richard Feynman, 1918-1988）曾在某次訪談中提到，幼年時期的他是如何向其他玩伴吹噓自己認識許多鳥類的名稱。針對此事，他的父親只說：「你或許有辦法以世界各地不同的語言指稱某一隻鳥，但即便如此，你對這隻鳥還是一無所知。這樣吧，讓我們仔細觀察這隻鳥，並且留意牠的一舉一動。只有這麼做，才算是真正的認識。」也因此，根據費曼的說法，他「很早就學習到知道某個東西的名稱和真正認識這個東西是截然不同的兩回事。」

響多是極為細緻巧妙且不易察覺的，不過我們可以透過觀察能量儲備的情形加以推敲。舉例來說，假設腸內某種菌屬每日多提供二十千卡路里的熱量給人體使用——約等同於一顆方糖的熱量，那麼往後四十年，這些額外的熱量就會在皮下囤積超過十公斤以上的脂肪。當然，這個例子純粹是從理論上來說。因為個體消耗熱量的平均值不可能維持不變，尤其目前已證實，熱量的消耗會隨著年紀產生顯著改變。此外，個體也可能調整原有的飲食習慣，甚至可能出現一種控制飲食的機器，讓某些人剛好減少攝取這二十千卡，卻一樣感到飽足。不過這個例子也同時顯示，就算是微小到連現代儀器都難以測量的影響力也可能在經過好幾個世紀之後才展現潛在的驚人效果。

另外，經由這個例子我們得知，極為敏銳精密的測量技術是必要的，因為只有以這種方式我們才得以捕捉或追蹤那些細微卻重要的改變。這不僅關係到掌控熱量的儲存狀態，其他像是細菌傳訊物質的數量，即便微小到難以偵測也可能造成重大效應。不過動物實驗在這個範疇裡可以提供的協助卻有其限制，雖然它們還是保有在過往案例中為研究者指出正確線索的功能，證實細菌可能影響老鼠行為、腫瘤生長、熱量的儲存以及心血管疾病。但是根據這些實驗數據我們並無法推估菌群可能對人體造成的大規模影響。菌群在老鼠身上引發的效應規模之所以看起來都比它們對人類的影響劇烈，極有可能是因為老鼠的消化系統佔去瘦小身軀的絕大比例，使得微生物群系分布的範圍連帶相當廣泛。因此我們應該更加謹慎小心，避免直接將老鼠實驗的結果直接代入人體。不少人在思考微生物群系的效應時似乎都忘了這一點。

正是上述諸多因素使得人類生態系統的探索一點都不簡單，連帶導致細菌療法的發展顯得錯綜複雜。但這並不表示我們應該放棄嘗試，因為就執行人工干預的可能性來說，直接從細菌及其作用著手處理絕對要比面對同樣會影響人體健康的人類基因要容易得多——只要我們事先確知它們的運作與功能。

人類微生物群經由飲食、個體自願或被迫身處的環境、生活水準、生活方式或是藥物等不同管道日復一日影響著我們；反之亦然，我們對微生物的影響也未曾間斷。也許要瞭解這種彼此相互影響的關係最好的辦法就是長時間觀察人類和他們身上的微生物，好比德國就相當適合做為「微生物觀測臺」，高登說，主要是由於兩德統一導致社會整體及生態環境產生變化，加上「許多文化傳統」匯聚合流，不斷相互激盪。

生命聯盟——全新的人類圖像

這趟探索之旅才剛踏出了第一步，還有許多未知尚待我們釐清與思考。不過可以確定的是，這一切都必須建立在一幅全新的人類圖像之上。我們的自我圖像另外增添了一些細節，精確地說，是好幾十億個；我們不再只是身體所有細胞的總合，還必須將其他有機體全部一起涵納進來。這麼一來，「我」就成為了一個由不同物種藉由共同生活與成長匯集而成的整體。但這並不表示我們會就此失去原有的個體性、甚或是個人的身分；相反地，正是因為這些與我們共組生命聯盟的細菌，我們才得以擁有今日的面貌，成為人類。

當然，我們也不見得非其不可，只不過少了它們，日子絕對不好過。透過觀察在無菌環境成長的實驗鼠，我們可以大致推敲可能面臨的狀況。這些老鼠不但必須攝取大量飼料，才得以擁有正常體重，牠們的行為舉止也明顯異於其他有菌動物，更不用說免疫系統根本無法正常運作；此外，無菌鼠的大腦發展也和一般鼠類截然不同。

我們生下來就注定與微生物共同存活，早從我們遠古的祖先還是一塊漂游在海洋中的細胞團時就是如此，未曾改變。微生物補強我們身體各部的機能，不論是消化作用或是對抗致病菌的防禦力；少了它們和許多經由共生模式而另外獲得的基因，我們勢必將若有所失、無所適從。[8]

光是少了它們其中的一部分就可能造成不堪設想的後果。一旦我們身上那些助益良多的共生菌消失不見，各種被統稱為文明病的病痛就會隨之而來：肥胖症、糖尿病、過敏、自體免疫性疾病。至少有愈來愈多的醫生和科學家們是這麼認為，各種直指實際情況確實如此的證據也陸續浮出水面，再再顯示心血管循環系統及癌症病變都和細菌的有無脫不了關係。

細菌的需求

有什麼辦法可以阻止細菌死去？現代醫學不但可以選擇放棄使用抗生素，也有足夠的後盾支持這項決定。在開立這些殺菌劑前，醫生們應該審慎考量，因為稍有不慎，就可能使抗藥性的問題更加惡化。事實上，我們可以根據不同的治療需求研發只撲殺特定菌種的新式有效成分，畢竟應該不會有人想要徹底回歸抗生素問世之前的古老年代。

既然我們希望在非必要的情況下盡量避免使用化學成分攻擊細菌，那麼如果想要影響腸道菌，最簡單的辦法就是從飲食著手。假設我們想知道細菌對人類的貢獻為何，勢必就得先釐清我們為細菌做了些什麼。或許我們還不是那麼清楚應該以什麼樣的方式為它們做些什麼，不過我們顯然可以根據它們好幾十萬年以來的習性滿足其需求。但是我們必須供應的並不是糖、白麵粉或是防腐劑，而最好是幾乎沒有加工過的食品，因為人體消化道的演化已經遠遠落後食品加工業發

8 少了微生物的生命從來都不在討論範圍之內，因為一旦我們離開這個世界上少數幾個真正無菌的空間——好比聽來有些諷刺的微生物實驗室——馬上就會有細菌進駐我們身體。此外，這種假設也絕對不是理想的做法，因為我們在本書已經提過：在出生當下以及之後的第一年裡，獲得正確的微生物群是一件重要的事。萬一有天一名在無菌環境下長大的成人突然不小心踏進一個無處不充斥著細菌的世界裡，他的免疫系統基於缺乏訓練，根本就無法適當處理致病菌和無害的細菌；另一方面，致病菌也很可能佔據他身上或體內尚未有細菌定殖的空間。類似情況也會發生在實際生活中，好比困難梭狀桿菌會在患者結束一段抗生素療程後，趁機佔地為王。

展的腳步很長一段時間了。按照美國考古學家利奇（Jeff Leach）的認知，石器時代的食物才是最適合人類的飲食，也就是綠色植物、根莖類，加上一些莓類、堅果類和肉類，精確來說就是魚類。至於這些食物對微生物來說是否也算理想餐點，就連利奇本人也無法肯定，也許細菌們會為了沒有太多變動、幾乎保持原有型態的食物感到開心也說不定。換句話說，就是要捨棄精製麵粉烘烤而成的白麵包，選擇全麥麵包；不能只取用綠蘆筍前端鮮嫩的部分，而是要整根食用，反正尾端不易消化的粗糙纖維自然會被細菌像狗啃骨頭般吃乾抹淨。烹煮花椰菜時也是一樣的道理，不能光吃美味的花球，而是連花梗也要一併下鍋。纖維質沒有壞處，利奇說，不過這當然不包括某些可能因食用纖維質而導致病情惡化的患者。

多吃蔬菜，其他食物則必須適量。避免糖分、精製麵粉，以及任何經過高度加工的食品。若是覺得上述建議不知怎地似曾相識，也不用感到困惑，因為這些就是近來被視為「健康飲食」的基本法則。事實上，這些建議早就將腸道菌群的一舉一動全都納入考量了——就算沒有人意識到這一點，甚至到今天為止還是沒有人可以掌握其中細節。其實只要在飲食上稍加留心，某種程度就算是幫了腸道菌不少忙了。

利奇尤其推薦洋蔥以及其他相近的植物，因為他認為這類植物含有對健康最有幫助的菌群，而蒜頭則是可以抑制有害物質的成長。不喜歡蔥蒜類的人或許可以找到其他同樣富含果聚醣，而且對菌群有益、或多少有些幫助的蔬菜取代。雖然目前仍然欠缺明確有力的科學證據，但這麼做是好的：經由嘗試人們就能找出什麼東西對自己是好的，只要與過去病史不相衝突，然後不要只吃單一的食物（光吃洋蔥是行不通的！），就可以根據自身的喜好和心情進行這項飲食實驗。

補充細菌也是一樣的道理。根據流行病學的資料顯示，平均來說，經常攝取發酵食物的人要比其他人來得健康。雖然這樣的結果不見得是這些人從優格、克菲爾、酸菜或韓式泡菜裡攝取了大量細菌，很可能是，但也可能只是其中一部分原因，或者也可能是這個族群的生活方式要比其他人來得健康。比方說，他們可能比較常運動，或是另外攝取其他對健康有益的營養補給品。優格、克菲爾或韓式泡菜對人體造成傷害的可能性幾乎微乎其微，因此沒有理由不去嘗試這些食物。不過如果只實驗個一兩天是絕對不夠的，在做出任何結論以前，最起碼要花四個星期的時間嘗試調整飲食。儘管透過基因學家的定序儀可以更快證實微生物群發生改變，然而這項觀察仍不足以說明這些變化造成了哪些我們察覺得到的效果——如果有的話。

我們無法改變與生俱來的基因，但我們應該試圖讓共生菌的基因變得有用，因為每個微生物基因都可能是讓人變得更健康的一個契機。既然幾顆洋蔥或幾杯克菲爾就能影響微生物基因，顯然基因科技就不再有用武之地了。

為了讓自己身上的共生菌們過得好一些，今日的我們可以做出的具體改變的是這麼地少，又或者是那麼地多。

細菌與個人性格

先前已經提過，要瞭解照護微生物群系的各項細節，同時按照個人需求予以強化並不是一件簡單的事。若要研究人類和微生物這兩種截然不同的生物系統，勢必需要仰賴分屬各個不同領域的專家學者以及他們的專業知識。光靠消化道專家並無法全面解釋人類生態系統，他們不只需要微生物學家的協助，也必須和荷爾蒙專家、基因學家以及生化學家一同合作，當然也少不了生態學家的支援。而且最後還得有人想辦法統合這些知識，整理出一幅全新的人類圖像。

甚至日後可能也需要道德學家、人類學家和哲學家提供他們的看法與見解。因為假設細菌對人類的重要性真的就如同我們現階段所理解的那樣，我們就不得不思考，當人們影響這些共生菌的同時，自身又會有何種程度的改變？一般接受器官捐贈或任何一個身體部位的移植手術都會有心理學家參與其中。雖然要求糞便細菌移植術患者同樣接受這套醫療模式可能會顯得有些奇怪，不過畢竟我們無法預期這種新式療法後續的長期效應，很可能除了腸道健康，還會產生其他影響。也許全新的腸道菌群會改變一個人的性格，但我們應該問的是：假設益生菌真的可以讓人感到心情愉快，我們又該如何定位它們？正確的微生物群是否真的可以提振人們的工作效率？若是，道德上又是否允許？而我們又該如何確認，或至少嘗試確認所有人——不論貧富或先天健全與否——都具有同等機會獲得這些「增強子」（Enhancer）？

這些微生物群系又到底屬於誰？假設有名研究者無意間從一份志願提供給科學研究使用的糞便樣本中發現一種有效幫助許多患者減低血壓的細菌：這名研究者能否為這些微生物申請專利，然後把它們添加進優格或製成膠囊販售？他是否必須支付權利金給捐贈者？或者這些人類的老友將由全體人類共享，人人皆有權使用？最後一項提議聽來似乎是目前符合邏輯也最具體可行的一種做法，不過這麼一來，日後發現新菌群的機會或許將大幅減少。因為一旦企業的突破創新不受專利保障，廠商自然不再會有動力投入任何新品研發或相關技術的研究。

細菌與私有領域

撇開宿主體質不談，其實還有其他更需要優先處理的問題。除了臨床試驗的受試者，另外有一批數量日漸遽增的民眾志願參與名為美國腸道（American Gut）、uBiome 或是 myMicrobes 的群眾研究計畫。[9]這些志願者會將自己的糞便樣本寄給研究團隊，然後支付一筆介於八十九美元和一千歐元之間的費用，金額多寡則主要視微生物分析的精確程度而定，另外還會附上一張評估表，詳載著個人的生活習慣、疾病、用藥狀況、家族病史以及諸如此類的資料。藉由這張表格研

9 http://americangut.org / http://ubiome.com / http://microbes.eu

究人員得以獲悉更多關於志願者個人及其微生物群的資訊，以及哪些生活方式或疾病可能與哪些細菌的出現有關。

這類型的諮詢服務引起了極大迴響，可能是由於患有腸疾的民眾都希望藉此改善長期以來的困擾。為了避免造成誤解，上述三家機構都表明無力為患者做出任何診斷，因為就他們現有的專業能力確實還不足以提供這樣的醫療服務。不過參與計畫的志願者只要在各機構官網輸入密碼，就可以得知自己和他人的微生物群系有何差異。至於這些龐大的資料庫是否具有任何科學研究的價值，則仍待專家學者進一步釐清與討論。但可以確定的是，志願者在填寫問卷的過程中勢必會掩蓋或修飾掉不少重要細節。此外，三家機構亦各有一套處理生物樣本的方法：MyMicrobes 會要求參與計畫者以冷凍方式寄送糞便樣本，其他兩家則捨棄這種保存方式，只要以一般郵寄交遞封裝在塑膠管裡的樣本即可。

對執行這些計畫的研究團隊來說，所有參與其中的志願捐贈者都是無價的；另一方面，從參與計畫的民眾的角度來看，這其實就和接受私人機構的基因檢測沒有兩樣，同樣必須承擔類似風險，而這部分在先前已經討論過了。在所有提供基因檢測服務的公司中，美國的 23andMe 大概是最廣為人知的。只要把少許唾液裝進一只塑膠管裡，再匯款九十九美元，這家公司的基因分析師就會替你解讀隱藏在個人基因裡的遺傳訊息。之後只要登入某個網頁，就能得知自己是否屬於容易罹患阿茲海默症或是乳癌的高危險群。然而這家公司在二〇一三年年底遭美國食品和藥物管理局要求，在他們有能力為預測結果提供可靠的證據之前，不得再提供類似的診斷報告。這道禁令形同為 23andMe 設下了一道難以跨越的關卡，因為絕大多數的案例幾乎都不具任何有效論據。[10]

我們可以輕易想像，如果有人從基因檢測的報告裡得知自己可能屬於罹患癌症的高風險群，他會感到多麼震驚，就算馬上有人告訴他這份報告根本不值得參考。

基於同樣的理由，我們也不建議神經衰弱的族群嘗試微生物群系檢測。當你從一份經由電腦程式分析的報告得知自己身上的變形菌門細菌遠高於正常值，可能因此引發慢性發炎、心血管疾病以及癌症等問題，那麼除了陷入恐慌，你還能做出什麼反應？

然而，每個人要如何因應這些資訊只不過是其中一個面向。如果這些屬於私人的資訊遭到公開的話，又代表著什麼？保險業者會基於特殊風險而拒絕受理？雇主會因可預期的疾病而予以解聘？這些都是現階段受到熱烈討論的議題。不過人們必須清楚，一旦接受細菌檢測的分析，就等於公開大量關於自己的資訊。儘管所有相關業者一再保證他們絕對會嚴密保護個人資料，但是資料一旦經過提取就可能落入某些人的手裡，引發不堪設想的後果。不過就算這些檢測服務目前確

10 在管理當局的強烈要求下，美國23andMe公司在本書付印之際停止了這項服務，不過你還是可以到這家公司接受基因檢測分析，之後同樣可經由另一個管道，從線上得到一份類似診斷書的結果報告。

實不具特別的參考價值，並不表示未來幾年不會發生快速劇烈的改變。11

體內的園丁

人類微生物群系的研究是生物學在本世紀所面臨的一項艱鉅任務，因為它不只和每個人有關，也牽涉到整個人性。各種關於共生菌的新知在不斷累積之際，也為全體人類帶來了全新契機。至於該如何利用這個機會，則掌握在我們手裡。我們，可以是許多單一的個體，也可以做為一個社會整體。好幾個世紀以來，道德學家和哲學家致力鑽研分子生物學、基因科技與基因體學之間的蘊含關係、機會與風險；同樣的道理，我們也必須從道德及人類學的角度為微生物學提供解釋。此外，除了相關領域的專家學者，我們也應該廣邀各個社會階層的群眾參與這項議題的討論，聽聽他們對於自己肚子裡的世界有何見解，以及從彼端看待這個內在世界的感想。不論是我們體內或身上的微生物，或是我們與共生菌的互動往來，全都必須被納入生物政治的考量與決策過程。我們不該只是在一片迷霧中從偏頗的個人視角理解細菌，而是應該提升並擴展我們的視野：我們想要怎麼利用那些既有的，以及有待發現的研究成果，好讓每個人變得更健康，或者徹底擺脫疾病的困擾，讓貧困世界的人們獲得更好、更健康的飲食，甚或讓這顆星球上的資源永續保存？

微生物本身就是這些寶貴的資源之一。維護地球上各種動植物的續存不但是我們的責任，也是人類的志趣所在。因此，我們也應該試圖確保人類微生物的延續。倘若世界上還存有某種程度尚未受到破壞的正常菌叢，一旦發現，也許我們應該盡可能將它們集中到人煙稀少的偏遠角落，為未來世代留下一艘備用的細菌方舟。不過要在人體之外打造儲放細菌的冷凍櫃或保存箱是相當困難的，每個人就只能想方設法地處理屬於自己的那部分。

這裡的重點並不在於要復歸於前工業化時期的生活模式，因為我們很有可能根本無法順利地替每個人重建原始、未受現代化藥物及養分影響的微生物群。人們當然可以質疑這種做法是否具有任何意義，畢竟今日的我們無論吃住都已經有別於擁有古老微生物群的先祖了，而且就人性來說，也不可能再次回歸到如此原始的生活模式。但或許還有另一種可行的辦法，甚至還更有意義：把我們體內的生態系統當成一座花園培育，細心地用雙手調整養分；萬一行不通，還可以舉起十字鎬栽種新的細菌。

11 由於分子生物學的分析技術持續不斷獲得改善，有愈來愈多的罪犯深刻體驗到這項技術溯及既往的神奇功力。過去，這些惡人都曾在犯罪現場留下了不足為證的資訊，也就是他們的DNA。不過，到了今天，這些線索卻成為讓他們百口莫辯的有力罪證。如果將這些資料全數保存下來，以我們所舉的例子來說，就是犯罪現場的證物，我們就能在今日將這些罪犯逮捕到案。假設某人所處的年代尚未具有足夠能力判讀微生物群系的資料，但是只要他將自己的資料留給另一個人，就代表它們有機會在未來的某一天——一旦分析技術成熟時——派上用場。

就算文化地景並非渾然天成，而是由人類一手打造，仍舊可被視為一個富有價值、功能完整的生態系統，例如多數的石南花地景或是果園都屬於這類生態環境。那麼為什麼我們不能以同樣的方式經營腸道呢？

實際上又該如何進行呢？我們可以從所有的資料、經驗、基因定序，以及後設分析裡逐漸看到照亮出路的曙光。藉由本書，我們試圖呈現當前各種與人類微生物相關的知識發展現況，以及這項議題受到關注的情形。諸如「這十種微生物可以讓你變得漂亮又健康」這類的終極解決方案或訣竅並不存在，雖然難免讓人感到遺憾，但若是現在有人跳出來宣稱某些做法不但可行而且有效，顯然都只是吹噓。

不過，或許很快就會有另一番新局出現。至於為什麼有這樣的可能性，以及面對多樣複雜的人類生態系統，人們在抽絲剝繭的研究過程中面臨無數挑戰的同時，又為什麼得以持續抱持著樂觀態度？我們也在這本書裡一一做了解釋與說明。

為什麼細菌是我們的朋友？

有一件事是肯定的。我們把細菌錯當敵人看待已經太久太久了。我們想方設法要將它們趕盡殺絕，不分青紅皀白地把許多友善的益菌一併當作壞菌處理。我們應該學著把它們視為我們的一部分，將它們當作伙伴般敬重。雖然不斷有人提出警告，不該將其他物種人性化。但我們不僅應該接受和敬重那些陪伴我們的無害益菌，把它們視為與我們互利共生的活物，甚至如同我們的朋友一般。不過這種賦予細菌人性的做法很可能招來批評。人性化這個字眼通常被用來形容一頭忠心耿耿的狗、一隻聰明的海豚或是一臺有手有腳、還會開口說話的掃地機器人，然而我們卻無法從細菌的行為舉止發現任何帶有人性之處。但實際狀況是，它們比我們想像的還要更「富有人性」，因為它們就是人類的一部分，是每個獨立個體的「細菌我」，也是人性的細菌社會。

它們是人類的親密好友，因為它們一直守在我們身邊；是值得信賴的摯友，除非我們以惡劣至極的態度相待，否則它們不會輕易離去或是反過來咬我們一口；是惠我良多的益友，因為一旦少了它們的活躍，我們的日子就會很難過；是久遠的老友，因為我們從很久很久以前就一直和它們攪和在一塊兒；是把酒言歡的飯友，因為我們總是一同吃吃喝喝。正因如此，它們是獨一無二的朋友，因為它們總是在一旁含蓄低調地默默付出，沉默到，直到不久前我們才終於留意到它們的存在。

專有名詞對照表

（按照中文字首筆劃排列）

δ-變形菌 Deltaproteobakterien

乙醯胺酚 Acetaminophen

丁酸梭菌 MIYAIRI 588 *Clostridium butyricum* MIYAIRI 588

三甲胺 TMA

三氯沙 Triclosan

三聚氰胺 Melamin

大腸桿菌 *Escherichia coli*（*E. coli*）

大腸桿菌 M17 *Escherichia coli* M17

大腸桿菌 Nissle 1917 *Escherichia coli* Nissle 1917

弓蟲症 Toxoplasmose

不動桿菌屬 *Acinetobacter*

內生多肽 Elafin

分歧桿菌屬 *Mycobacterium*

毛地黃 Fingerhut

古菌 Archaea

可操作性分類單元 OTU

史氏甲烷短桿菌（史氏菌） *Methanobrevibacter smithii*

甘比亞瘧蚊 *Anopheles gambiae*

地高辛 Digoxin

多形擬桿菌 *Bacteroides thetaiotaomicron*

多胺類 Polyphenol

多醣 APolysaccharid A

有效微生物 Effektive Mikroorganismen

米麴菌 *Aspergillus oryzae*

色胺酸 Tryptophan

佐能安 Zonegran

克雷伯氏菌屬 *Klebsiella*

困難梭狀桿菌 *C. difficile*（*C. diff*）

尿石素 Urolithine

沃茲沃斯氏嗜膽菌 *Bilophila wadsworthia*

沙門氏桿菌 *Salmonellen*

乳果糖 Laktulose

乳桿菌屬 *Laktobazillen*
乳酸桿菌屬 *Lactobacillus*
乳酸球菌屬 *Lactococcus*
乳酸菌 *Lactobacillales*
念珠菌屬 *Candida*
果寡糖 Oligofruktose
果聚糖 Fruktane
金小蜂 *Nasonia*
厚壁菌門 Firmicutes
幽門螺旋桿菌
Helicobacter pylori（*H. pylori*）
柯林斯菌屬 *Collinsella*
流行性感冒嗜血桿菌
Haemophilus influenzae
紅黴菌 Neurospora
苯丙氨酸 Phenylalanin
埃格特菌 *Eggerthella*
根瘤菌 *Rhizobium*
氧化三甲胺 TMAO
益生菌 Probiotica
益菌生（益生源）Präbiotika
真桿菌屬 *Eubacterium*
脂多醣體
Lipopolysaccharide（LPS）
脆弱擬桿菌 *Bacteroides fragilis*
假單胞菌屬 *Pseudomonas*
桿菌 *Bacillus*
梭菌屬 *Clostridium*
硫細菌 Schwefelbakterien
細胞毒素攜帶抗原 AcagA
細胞核轉錄因子 NfkappaB
細梭菌 *Fusobacterium*
陶斯松 Chlorpyrifos
頂孢黴菌屬 *Acremonium*
普拉梭菌
Faecalibacterium prausnitzii
普雷沃菌 *Prevotella*
棉子糖 Raffinose
痤瘡丙酸桿菌
Propionibacterium acnes
結核硬脂酸棒狀桿菌
Corynebacterium
tuberculostearicum
菊芋 Topinambur
菊醣 Inulin
費氏弧菌 *Vibrio fischeri*
嗜黏蛋白阿克曼氏菌
Akkermansia muciniphila
微球菌屬 Micrococcus
葡萄球菌屬 *Staphylokokken*
酪胺酸 Tyrosin
厭球氧菌屬 *Anaerococcus*

嘉磷塞 Glyphosat

酵母菌屬 *Saccharomyces*

雌馬酚 Equol

瘦素 Leptin

豬鞭蟲 *Trichuris suis*

遲緩真桿菌 *Eubacterium lentum*

擬桿菌門 Bacteroidetes

擬桿菌屬 *Bacteroides*

雙歧桿菌屬 *Bifidobakterien*

鞣花酸 Ellagsäure

羅斯氏菌 *Roseburia*

鏈球菌 *Streptokokken*

麴菌屬 *Aspergillus*

變形菌門 Proteobakterien

國家圖書館出版品預行編目資料

細菌：我們的生命共同體／哈諾．夏里休斯（Hanno Charisius）, 里夏爾德．費里柏（Richard Friebe）著；許嫚紅 譯. -- 初版. -- 臺北市：商周出版：家庭傳媒城邦分公司發行, 民105.02
面： 公分
譯自：Bund fürs Leben : Warum Bakterien unsere Freunde sind
ISBN 978-986-272-978-6（平裝）
1. 細菌 2. 生物醫學 3. 生命科學
369.4 105000790

細菌：我們的生命共同體

原著書名／Bund fürs Leben : Warum Bakterien unsere Freunde sind
作　　者／哈諾．夏里休斯(Hanno Charisius)、里夏爾德．費里柏(Richard Friebe)
譯　　者／許嫚紅
企畫選書人／林宏濤
責任編輯／賴芊曄

版　　權／林心紅
行銷業務／李衍逸、黃崇華
總 編 輯／楊如玉
總 經 理／彭之琬
發 行 人／何飛鵬
法律顧問／台英國際商務法律事務所　羅明通律師
出　　版／商周出版
城邦文化事業股份有限公司
台北市民生東路二段 141 號 9 樓
電話：(02) 25007008　傳真：(02) 25007759
Blog：http://bwp25007008.pixnet.net/blog
E-mail：bwp.service@cite.com.tw
發　　行／英屬蓋曼群島商家庭傳媒股份有限公司城邦分公司
台北市民生東路二段 141 號 2 樓
書虫客服服務專線：(02) 25007718、(02) 25007719
服務時間：週一至週五上午09:30-12:00；下午13:30-17:00
24 小時傳真專線：(02) 25001990、(02) 25001991
劃撥帳號：19863813；戶名：書虫股份有限公司
讀者服務信箱：service@readingclub.com.tw
城邦讀書花園：www.cite.com.tw
香港發行所／城邦（香港）出版集團有限公司
香港灣仔駱克道193號東超商業中心1樓
E-mail：hkcite@biznetvigator.com
電話：(852)25086231　傳真：(852) 25789337
馬新發行所／城邦（馬新）出版集團【Cité (M) Sdn. Bhd.】
41, Jalan Radin Anum, Bandar Baru Sri Petaling,
57000 Kuala Lumpur, Malaysia.
Tel: (603) 90578822　Fax:(603) 90576622
email:cite@cite.com.my

封面設計／李東記
排　　版／新鑫電腦排版工作室
印　　刷／韋懋實業有限公司
經 銷 商／聯合發行股份有限公司
地址：新北市231新店區寶橋路235巷6弄6號2樓
電話：(02) 2917-8022　傳真：(02) 2917-0053

■ 2016年（民105）2月初版
■ 2021年（民110）6月3日初版4.5刷

Printed in Taiwan
城邦讀書花園
www.cite.com.tw

定價400元

 ISBN 978-986-272-978-6

商周出版

廣 告 回
北區郵政管理登記
台北廣字第00079
郵資已付，免貼郵

104台北市民生東路二段141號2樓

英屬蓋曼群島商家庭傳媒股份有限公司　城邦分公

- -

請沿虛線對摺，謝謝！

商周出版

書號：BU0122	**書名：**細菌：我們的生命共同體	**編碼：**

請於此處用膠水黏貼

商周出版

讀者回函卡

感謝您購買我們出版的書籍！請費心填寫此回函卡，我們將不定期寄上城邦集團最新的出版訊息。

不定期好禮相贈！
立即加入：商周出版
Facebook 粉絲團

姓名：__________ 性別：□男 □女

生日：西元______年______月______日

地址：__________

聯絡電話：__________ 傳真：__________

E-mail ：

學歷：□ 1. 小學 □ 2. 國中 □ 3. 高中 □ 4. 大學 □ 5. 研究所以上

職業：□ 1. 學生 □ 2. 軍公教 □ 3. 服務 □ 4. 金融 □ 5. 製造 □ 6. 資訊
□ 7. 傳播 □ 8. 自由業 □ 9. 農漁牧 □ 10. 家管 □ 11. 退休
□ 12. 其他__________

您從何種方式得知本書消息？

□ 1. 書店 □ 2. 網路 □ 3. 報紙 □ 4. 雜誌 □ 5. 廣播 □ 6. 電視
□ 7. 親友推薦 □ 8. 其他__________

您通常以何種方式購書？

□ 1. 書店 □ 2. 網路 □ 3. 傳真訂購 □ 4. 郵局劃撥 □ 5. 其他______

您喜歡閱讀那些類別的書籍？

□ 1. 財經商業 □ 2. 自然科學 □ 3. 歷史 □ 4. 法律 □ 5. 文學
□ 6. 休閒旅遊 □ 7. 小說 □ 8. 人物傳記 □ 9. 生活、勵志 □ 10. 其他

對我們的建議：__________

請於此處用膠水黏貼